Verbesserung von Effizienz und Zuverlässigkeit der Produktentwicklung durch adaptives Anforderungsmanagement

Improvement of Efficiency and Reliability of Product Development through Adaptive Requirements Management

Von der Fakultät für Maschinenwesen
der Rheinisch-Westfälischen Technischen Hochschule Aachen
zur Erlangung des akademischen Grades eines
Doktors der Ingenieurwissenschaften
genehmigte Dissertation

vorgelegt von

Tobias Pickshaus

Berichter/in:

Univ.-Prof. Dr.-Ing. Robert Heinrich Schmitt
Univ.-Prof. Dr.-Ing. Georg Jacobs

Tag der mündlichen Prüfung: 28. Mai 2021

Diese Dissertation ist auf den Internetseiten der Universitätsbibliothek online verfügbar.

ERGEBNISSE AUS DER PRODUKTIONSTECHNIK

Tobias Pickshaus

Verbesserung von Effizienz und Zuverlässigkeit der Produktentwicklung durch adaptives Anforderungsmanagement

Herausgeber:
Prof. Dr.-Ing. T. Bergs
Prof. Dr.-Ing. Dipl.-Wirt. Ing. G. Schuh
Prof. Dr.-Ing. C. Brecher
Prof. Dr.-Ing. R. H. Schmitt

Band 30/2021

WZL | RWTH AACHEN UNIVERSITY

Fraunhofer
IPT

Bibliografische Information der Deutschen Nationalbibliothek
Die Deutsche Nationalbibliothek verzeichnet diese Publikation in der Deutschen Nationalbibliografie; detaillierte bibliografische Daten sind im Internet über https://portal.dnb.de abrufbar.

Tobias Pickshaus:

Verbesserung von Effizienz und Zuverlässigkeit der Produktentwicklung durch adaptives Anforderungsmanagement

1. Auflage, 2022

Gedruckt auf holz- und säurefreiem Papier, 100% chlorfrei gebleicht.

Apprimus Verlag, Aachen, 2021
Wissenschaftsverlag des Instituts für Industriekommunikation und Fachmedien an der RWTH Aachen
Steinbachstr. 25, 52074 Aachen
Internet: www.apprimus-verlag.de, E-Mail: info@apprimus-verlag.de

Druck: CPI Druckdienstleistungen GmbH, Ferdinand-Jühlke-Straße 7 I 99095 Erfurt

ISBN 978-3-98555-015-9

D 82 (Diss. RWTH Aachen University, 2021)

Danksagung

An dieser Stelle erwartet der geneigte Leser ein überschwängliches Lob der am Promotionsprozess beteiligten Personen aus dem privaten und professionellen Umfeld, oft nach einem gewissen Schema. Die Anforderungen sind also klar (und gut begründet). 😉

Während ich diese Zeilen schreibe, sind meine Gedanken zuallererst bei den Menschen, die mir in vielerlei Hinsicht den Abschluss dieser Arbeit am meisten ermöglicht haben: Meine Frau Özlem und meine beiden Kinder Ediz und Teoman: **Danke** dafür, und dafür, dass ihr in meinem Leben seid!

Prof. Georg Jakobs gebührt mein Dank für die Übernahme der Rolle des Berichters sowie Prof. Marek Behr für den Vorsitz der Prüfungskommission. Bei Prof. Schmitt bedanke ich mich für die Ermöglichung einer in vieler Hinsicht fantastischen Zeit am Fraunhofer IPT sowie seinen Beitrag an dieser Arbeit als Doktorvater und Prüfer.

Kommen wir nun zu den Menschen, die während meiner Zeit am Fraunhofer IPT und darüber hinaus wesentlich zu diesem Abschluss beigetragen haben: Dr. Philipp von Cube, Johannes Kerkhoff, Dr. Peter Becker, Dr. Guilherme Mallmann, Prof. Eike Permin, Dr. Thomas Vollmer, Dr. Ina Heine, Dr. Andreas Witte, Dr. Florian Lindner, Martin Plutz, Dr. Markus Große Böckmann, Jörn Riedel, Dr. Sebastian Günther, Dr. Emily Harnisch, Dr. Jonathan Krauß, Maik Frye und noch viele mehr: Danke, ihr wisst selbst wofür! Darüber hinaus gilt mein herzlicher Dank den damaligen studentischen Hilfskräften und Mitarbeitern, deren wissenschaftliche Arbeiten ich betreuen durfte: Dardan Berisha, Godwin Ebosele, Michael Guan, Stephan Hesse, Benjamin Hückes und Janik Stahl. Diese Arbeit wäre auch nicht möglich gewesen ohne die sehr gute Zusammenarbeit mit Kollegen von anderen Forschungsinstituten, namentlich genannt seien hier Marc Bollen, Grit Dudeck, Tania Drissen, Dr. Karsten Fleischer, Alexandra Kandt und Dr. Michael Wagner. Nicht zuletzt möchte ich mich auch bei jenen am Fraunhofer IPT und Werkzeugmaschinenlabor WZL der RWTH Aachen bedanken, ohne die ein Arbeiten dort nicht möglich und nicht so schön gewesen wäre, stellvertretend für alle danke ich hier Carina und Kübi sowie Marita und Elke.

Abschließend sei all denen gedankt, die mich als Mensch in dieser Zeit privat begleitet und geprägt haben: meinen Eltern, meinen Geschwistern und meinen Freunden; bei letzteren möchte ich mich stellvertretend für viele namentlich bedanken bei: Achim, Akis, Julia, Kamil, Martin, Melle, Peps, Philipp und Walter.

Enden möchte ich meine Danksagung (und damit zum eigentlichen Thema überleiten) mit einem Zitat eines von mir verehrten Autors:

"A common mistake that people make when trying to design something completely foolproof is to underestimate the ingenuity of complete fools."

— Douglas Adams, Mostly Harmless

Kurzfassung

Die Produktentwicklung physischer Produkte stellt in produzierenden Unternehmen eine Kernaufgabe dar, die die Unternehmensstrategie und den Unternehmenserfolg nachhaltig beeinflusst. Nach wie vor ist die Entwicklung neuer Produkte unter technischen und finanziellen Unsicherheiten aber einer der Kernprozesse von Unternehmen, deren Erfolg immer wieder durch Projektabbrüche, Projektverzögerungen, ausufernde Kosten oder fehlerhafte Endergebnisse gefährdet oder gar in Frage gestellt wird. Insbesondere in frühen Phasen der Produktentwicklung lässt sich empirisch eine mangelnde Komplexitätsbeherrschung und eine zu geringe Ressourcenallokation zu Entwicklungstätigkeiten beobachten. Konsequenterweise sollte eine Verschiebung von Entwicklungsressourcen zu Aktivitäten der frühen Phasen wie das Anforderungsmanagement bei diesen Unternehmen weithin verbreitet sein. Einer Studie zufolge stellen aber insbesondere mittelständische Unternehmen des Maschinen- und Anlagenbaus in Deutschland eine starke Diskrepanz zwischen dem hohen eigenen Bedarf und der geringen eigenen Kompetenz im Bereich Anforderungsmanagement fest. Eine effiziente Nutzung von etablierten Software-Lösungen für das Anforderungsmanagement gestaltet sich aus unterschiedlichen Gründen schwierig. Zudem sind die realen Kosten sowohl für die Einführung als auch für die Anwendung im täglichen Gebrauch für die Unternehmen kaum abzuschätzen.

Ziel dieser Arbeit ist die Herleitung und Entwicklung eines Modells, dass unter Einbezug relevanter Einflussfaktoren ein adaptiv gestaltetes Anforderungsmanagementsystem entwirft. Im Kern wird der Frage nachgegangen, wie dieses System gestaltet sein muss, um zu einer optimalen Komplexität in der Produktentwicklung zu führen. Durch das Prinzip der Adaptivität ist das Modell insbesondere auf die Produktentwicklung von mittelständischen Unternehmen anwendbar. Auf einen „Prozesszwang" bei der Gestaltung des Anforderungsmanagementsystems wird verzichtet, da die Prozessgestaltung als Teil des Modells generisch gehalten ist.

Um den Nutzen eines individuellen Anforderungsmanagementsystems zu ermitteln, werden in dieser Arbeit aus den Begriffen „Effizienz" und „Zuverlässigkeit" Kenngrößen abgeleitet, die eine Messbarkeit auf Basis einer Selbsteinschätzung ermöglichen. Zur *Validierung des Modells* wurden Anwendungsfälle aus dem industriellen Umfeld mit unterschiedlichen Ausprägungen der Modulkombinationen des Modells simuliert. Dabei wurde ein Software-Demonstrator verwendet, der die jeweils individuellen Anforderungen an das Anforderungsmanagementsystem erfüllte. *Ergebnis der Arbeit* ist die Beantwortung der Frage, ob und wie ein vorgehensorientiertes Prozessmodell des Managements von Anforderungen und dazugehöriger Produktinformationen in der physischen Produktentwicklung eine Verbesserung von Zuverlässigkeit und Effizienz im Produktentstehungsprozess erwirken kann.

Abstract

Product development is a key task of producers of industrial goods that greatly affects a company's success and business model. As of today, the development of physical products underlies great technical and financial risks that lead to delayed market entries, higher costs, error-prone products, or project aborts. In early development phases these unwanted results often originate from deficient control of complexity within the development process and an insufficient allocation of resources to development activities. Consequentially, shifting resources to those activities, also called frontloading, should be widely disseminated in these companies. Yet a study in Germany finds that especially medium-sized enterprises of the machinery and equipment sector greatly lack competence in the field of requirements management. Reasons can be found in the complex alignment of an individual requirements management system for a company with an appropriate software solution. This is further complicated through the difficulty to estimate the true initial and recurring costs for the establishment of such a requirement management system.

The *goal of this thesis* is the derivation and development of a model that proposes an adaptive and integrated requirements management system based on company specific and product specific influence factors. In essence, the question is pursued how a requirement management system should be designed, so that it establishes an optimal level of complexity. The adaptive character of the proposed model makes it applicable to product development environments of medium-sized companies. Process design is part of the model, so any existing requirements management processes can be adapted.

To assess the benefit of an individually designed requirements management system, this thesis introduces its own parameters that embody 'efficiency' and 'reliability'. These parameters enable measurability and can be used in self-assessment. This is consequentially applied to the use cases that were designed to *validate the model of the thesis*. Therefore, two different industrial use case scenarios based on the proposed model were simulated and analysed. The *result of this thesis* is an integrated model for establishment and application of a requirements management system that can lead companies to improving efficiency and reliability of product development.

Inhaltsverzeichnis

Abbildungsverzeichnis

Tabellenverzeichnis

Abkürzungsverzeichnis

AF	(adaptives Modul) erweitertes Anforderungsmanagement
AiF	AiF Arbeitsgemeinschaft industrieller Forschungsvereinigungen „Otto von Guericke“ e.V.
AM	Anforderungsmanagement
AMS	Anforderungsmanagementsystem
AMSW	Anforderungsmanagement-Softwareprodukt
AP	(adaptives Modul) erweitertes Prozessmanagement
APQP	Advanced Product Quality Planning
B2B	Business-to-Business
B2C	Business-to-Customer
CAD	Computer Aided Design
CAE	Computer Aided Engineering
CFD	Computational Fluid Dynamics
CPS	cyber-physikalisches System
DeCoDe	Demand-Compliant Design
DIN	Deutsches Institut für Normung
DNA	Desoxyribonukleinsäure
ECM	Engineering Change Management
ECR	Engineering Change Request
EM	Entitätsmodell
EN	Europäische Norm
ERP	Enterprise Resource Planning
ESB	Enterprise Service Bus
EU	Europäische Union
F	Funktionalität
F&E	Forschung und Entwicklung
FDM	Fused Deposition Modeling
FEM	Finite-Elemente-Methode
FMEA	Failure Mode and Effects Analysis (auch: Fehlermög-

	lichkeits- und Einflussanalyse)
GUI	Graphical User Interface
HbS	Hohe Komplexität der betrieblichen Systeme
HE	Hohe externe Komplexität
HO	Hohe Organisationskomplexität
HPd	Hohe Produktkomplexität
HPz	Hohe Prozesskomplexität
IBD	Internes Blockdiagramm
ID	Identifikationsnummer
IEC	Internationale Elektrotechnische Kommission (engl.: International Electrotechnical Commission)
IEEE	The Institute of Electrical and Electronics Engineers
IGES	Initial Graphics Exchange Specification
INCOSE	International Council on Systems Engineering
ISO	International Organization for Standardization
KMU	Kleine und mittlere Unternehmen
IT	Informationstechnik
LPD	Lean Product Development
MBSE	Model Based Systems Engineering
MH	Must-Have
ModelicaML	Modelica Modeling Language
NLP	Natural Language Processing (auch: Natural Language Parsing)
OEM	Original Equipment Manufacturer
OMG	Object Management Group
OP	organisatorische Prozesse s.5.2.2
PaaS	Platform as a Service
PDM	Produktdaten-Management
PEP	Produktentstehungs-/Produktentwicklungsprozess
PIM	Produktinformationsmanagement
PLM	Produktlebenszyklusmanagement
PP	projektbezogene Prozesse s. 5.2.2

ProdHaftG	Produkthaftungsgesetz
ProdSG	Produktsicherheitsgesetz
PTE	Personentag-Equivalente
QFD	Quality Function Deployment
R	Requirements
RE	Requirements Engineering
ReqIF/RIF	Requirements Interchange Format
RF	Reifegrad
RoHS	EU-Richtlinie 2011/65/EU „Restriction of Hazardous Substances"
RoI	Kapitalrentabilität, engl. Return on Investment
RM	Requirements Management
RoM	Rollenmodell
SPH	Software-Prozess-Hybrid
SSO	Single Sign On
STEP	Standard for the Exchange of Product model data
SysML	Systems Modeling Language
TPS	Toyota Produktionssystem
TR	Technischer Report
TTCN-3	Testing and Test Control Notation
TTM	Time-to-Market
UML	Unified Modeling Language
VDA	Verband der Automobilindustrie
VDI	Verein Deutscher Ingenieure

Formelzeichen

$\alpha_{RF,n}$	-	Gewichtungsfaktor der Anforderungserfüllung
c_{ges}	€	Gesamtkosten der Produktentwicklung
c_n	€	notwendige Kosten der Produktentwicklung
E_{PD}	-	Gesamteffizienz eines Entwicklungsprojekts
σ	N/mm^2	Spannung, Zugfestigkeit
σ_c		Verschwendung durch unnötige Kosten
σ_{In}		Verschwendung durch Informationsdefizite
σ_{It}		Verschwendung durch unnötige Iterationen
R_m	N/mm^2	Zugfestigkeit
RF_n	-	Grad der Anforderungserfüllung
t_{ges}	h	Verwendete Gesamtzeit für die Produktentwicklung
$t_{I,ges}$	h	Zeit für alle Iterationen innerhalb einer Produktentwicklung
$t_{I,n}$	h	Zeit für notwendige Iterationen innerhalb einer Produktentwicklung
t_w	h	Verschwendete Zeit zum Suchen vorhandener Informationen
Z_{PD}	-	Zuverlässigkeit eines physischen Produkts, bezogen auf die Anforderungserfüllung

1 Einleitung

Unternehmen aus Hochlohnländern wie Deutschland, die sich auf internationalen Märkten langfristig behaupten wollen, müssen in der heutigen Zeit neue und geänderte Kundenwüsche schnellstmöglich erfassen und in entsprechende innovative Produkte umsetzen [GANO12, S. 11]. Kritische Erfolgsfaktoren sind hierbei zum einen die Wirtschaftlichkeit beziehungsweise Umsatzmaximierung bei der Umsetzung dieser Kundenwünsche, zum anderen die Fähigkeit, diese Kundenbedarfe zu erkennen und zu erschließen [SCHUH12, S. 60f.]. Das Ziel der Umsatzmaximierung erfordert oftmals enge Vorgaben hinsichtlich Kosten und Time-to-Market (TTM), um die geplanten Umsatzziele zu erreichen [MCGR96, S. 4]. Gleichzeitig entsteht für die Unternehmen ein Dilemma aus den parallelen Trends, dass Kunden[1] einerseits in immer kürzeren Zyklen neue Produkte zu konstanten oder sinkenden Preisen fordern, dass andererseits die Komplexität der Produkte durch aufeinander aufbauenden Innovationen und größere Variantenvielfalt weiter steigt [FEGR13, S. 5f.]. Zusätzlich sehen sich Unternehmen einer steigenden internen Komplexität ausgesetzt durch verstärktes Multiprojektmanagement, dezentral arbeitende Projektteams, erhöhten Bedarf an Dokumentation, hohe Mitarbeiterfluktuation und eine steigende Anzahl erzeugter Daten und genutzter Informationstechnik (IT)-Systeme [ALRL12, S. 19-21; SCSC15, S. 35ff; WIEN14, S. 15]. Während also von den Kunden sowohl kürzere Produktentwicklungszyklen als auch geringere Kosten gefordert werden, forcieren die oben erwähnten Trends und Einflussfaktoren tendenziell eine längere TTM und steigende Kosten.

1.1 Theoretische und praktische Problemstellung

Da die externen Einflussfaktoren von Unternehmen oftmals nicht beeinflusst werden können, sind die Unternehmen gezwungen, die intern erzeugte Komplexität soweit zu reduzieren oder zu beherrschen, dass sich Effizienzsteigerungen durchführen lassen. Insbesondere bei der gezielten Reduzierung von Komplexität gilt es aber zu beachten, dass die Zuverlässigkeit des Prozesses und des zu erbringenden Endproduktes negativ beeinflusst werden können. So wäre das Verkürzen der Testphase durch Eliminieren geplanter Testfälle zwar ein Mittel zur Reduzierung von Komplexität und zur Verkürzung der TTM, jedoch steigt mit dem Auslassen funktionaler, nicht-redundanter Testfälle die Gefahr von Produktversagen und somit auch die Wahrscheinlichkeit notwendiger Kundenrückrufe. Insbesondere in der Automobilindustrie haben Hersteller in der jüngsten Zeit vermehrt mit mängelbedingten Rückrufen zu kämpfen [RUPP14, S. 10]. Große Stellhebel für die Erhöhung von Effizienz und Zuverlässigkeit bei der Produktentwicklung werden dem Trend des „Frontloading“ bescheinigt, da sowohl die Kosten als auch der Aufwand für die Fehlerbehebung in frü-

[1] Aus Gründen der besseren Lesbarkeit wird in dieser Arbeit auf die gleichzeitige Verwendung männlicher und weiblicher Sprachformen verzichtet. Sämtliche Personenbezeichnungen gelten für jegliches Geschlecht.

hen Phasen am geringsten sind [MALE08, S. 20f.]. YOUNG bezeichnet den geringen Anteil des Projektbudgets für Tätigkeiten des Anforderungsmanagements von nur 2 bis 3 Prozent als Hauptgrund für das Scheitern von Entwicklungsprojekten [YOUN04, S. 5f.].

Die Produktentwicklung physischer Produkte stellt in produzierenden Unternehmen eine Kernaufgabe dar, die die Unternehmensstrategie und den Unternehmenserfolg nachhaltig beeinflusst [COKL95, S. 381ff.]. Nach wie vor ist die Entwicklung neuer Produkte unter technischen und finanziellen Unsicherheiten aber einer der Kernprozesse von Unternehmen, deren Erfolg immer wieder durch Projektabbrüche, Projektverzögerungen, ausufernde Kosten oder fehlerhafte Endergebnisse gefährdet oder gar in Frage gestellt wird [EBER12, S. 10-15]. Unternehmen behelfen sich zur Eingrenzung des Risikos solcher Ereignisse mit rigiden Plänen und Absicherungsmethoden sowie einem Projektcontrolling. Doch gerade die steigende Anzahl an Absicherungsmethoden und der erhöhte Aufwand für das Projektcontrolling tragen zu einer erhöhten Gesamtkomplexität bei [SCSC15, S. 32-35].

Während in späten Phasen der Produktentwicklung oft unvorhersehbare Ereignisse oder externe Faktoren zu den erwähnten Misserfolgen führen, lässt sich insbesondere in frühen Phasen eine mangelnde Komplexitätsbeherrschung und eine zu geringe Ressourcenallokation hin zu Aufgaben der frühen Phasen beobachten, obgleich ein solches „Frontloading“ allgemein als kostensenkende Vorgehensweise anerkannt ist [SCHU13, S. 125]. Insbesondere dem Anforderungsmanagement kommt hier eine Schlüsselrolle zu. In einer allgemeinen Studie zum Projektmanagement (unabhängig vom Kontext der Projekte) wird von den befragten Unternehmen die Ursache „Unklare Anforderungen und Ziele“ als eine der beiden häufigsten Ursachen für das Scheitern von Projekten genannt [ENQU08, S. 3]. Einer weiteren Studie zufolge sehen insbesondere mittelständische Unternehmen des Maschinen- und Anlagenbaus in Deutschland bei der Selbstbewertung eine starke Diskrepanz zwischen dem hohen eigenen Bedarf und der geringen eigenen Kompetenz im Bereich Anforderungsmanagement [GDSC13, S. 48]. Dies mag darin begründet liegen, dass sich zwar der Gedanke durchgesetzt hat, dass Anforderungen aufgrund der Komplexität von Produkt, Prozess und Umwelt nicht mehr adäquat mit einfachen Textverarbeitungs- und Tabellenkalkulationsprogrammen effektiv gehandhabt werden können. Gleichwohl ist ein Übergang zu etablierten Software-Lösungen für das Anforderungsmanagement zumeist aus unterschiedlichen Gründen schwierig. Zudem sind für die Unternehmen die realen Kosten sowohl für die Einführung als auch für die Anwendung im täglichen Gebrauch kaum abzuschätzen. Wissenschaftliche Lösungen missachten oftmals diese Dynamik der Unternehmenswelt und stellen Lösungen bereit, die zwar auf bestimmte Produktgruppen, Unternehmensgrößen oder Branchen zurechtgeschnitten sind, die gleichwohl die Frage der Rentabilität außer Acht lassen. Die daraus resultierende Kernfrage lautet daher, **wie eine adaptive und integrierte Systematik zu gestalten ist, die sowohl die Vorgehensweise zum Managen der Anforderungen als auch die technische Umsetzung umfasst und darüber hinaus die individuellen Gegebenheiten des Anwenders und seiner Produkte berücksichtigt**.

1.2 Forschungskonzeption

Um die im vorigen Kapitel aufgeworfene Kernfrage untersuchen zu können, bedarf es zunächst einer Auseinandersetzung mit der dafür angewandten Methodik. Im Rahmen wissenschaftlicher Arbeiten bedeutet dies, die eigene Perspektive auf das Problem im Feld der Wissenschaftstheorie zu verorten. Erst danach kann bestimmt werden, welche Aspekte der Problemstellung vertieft betrachtet werden sollen und mit welcher wissenschaftlichen Vorgehensweise diese Untersuchung durchgeführt wird.

1.2.1 Wissenschaftstheoretische Positionierung

Die grundsätzlichen Ansätze der verschiedenen Wissenschaftszweige sind mitnichten gleich. Das Themenfeld der Wissenschaftstheorie befasst sich mit den grundsätzlichen Systemen, Vorgehensweisen und Arbeitsmethoden, die die verschiedenen Wissenschaftszweige kennzeichnen. Für diese Arbeit sei zunächst die Unterteilung nach ULRICH und HILL kurz dargelegt (vgl. Abbildung 1-1). Die Autoren unterscheiden grundlegend zwischen den Real- oder Erfahrungswissenschaften einerseits [ULRI01, S. 93] und den Formalwissenschaften andererseits [ULHI76, S. 305]. Während sich Formalwissenschaften mit Zeichensystemen ohne Realitätsbezug befassen, werden bei Realwissenschaften sinnlich wahrnehmbare Ausschnitte der Realität untersucht. Die Realwissenschaften werden wiederum in Grundlagenwissenschaften und angewandte Handlungswissenschaften unterteilt [ULHI76, S. 305]. Grundlagenwissenschaften fokussieren sich auf das Beobachten und Beschreiben der Wirklichkeit und setzen sich insbesondere mit Problemen auseinander, die durch Unterschiede zwischen beobachteter Realität und Theorie charakterisiert sind [ULRI81, S. 5]. Demgegenüber steht bei den angewandten Wissenschaften das Gestalten zukünftiger Realitäten durch Gestaltung von sozialen, technischen und soziotechnischen Systemen im Fokus [ULHI76, S. 305-306].

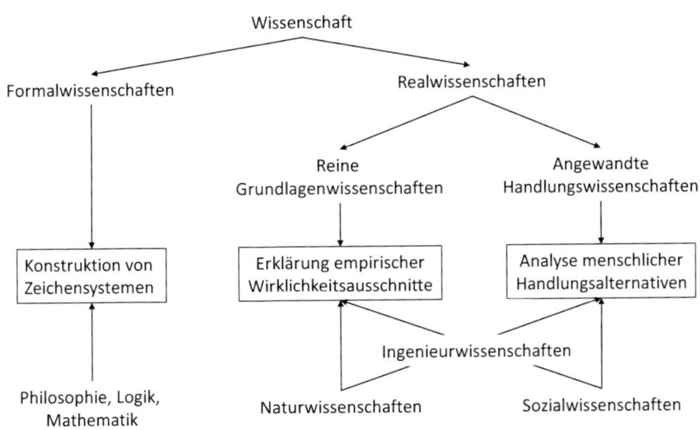

Abbildung 1-1: Wissenschaftssystematik nach ULRICH und HILL [ULHI76]

Bei den Handlungswissenschaften liegt der Fokus auf der Lösung von Problemen, die in der Praxis entstehen und durch komplexe Situationsbedingungen gekennzeichnet sind [ULRI81, S. 5-6]. Dazu bedient man sich Theorien, die auf Hypothesen aufbauen, welche ihrerseits „empirisch gehaltvolle Aussagen [darstellen], deren Überprüfung durch Faktenanalyse grundsätzlich möglich ist“ [ALBE62, S. 50]. Im Gegensatz zu den Formal- und Grundlagenwissenschaften geht es in den Handlungswissenschaften nicht darum, Hypothesen durch Falsifikation auf ihre Wahrheit hin zu überprüfen [ULRI81, S. 7]. Vielmehr sollen die aufgestellten Theorien und Hypothesen auf ihre praktische Anwendbarkeit hin untersucht werden [ULRI81, ebd.]. Im Anschluss wird ihre Anwendbarkeit durch Erprobung und Bewährung in zuvor bestimmten Wirkungsbereichen überprüft [ULRI01, S. 94]. Die zugrundeliegende Problemstellung dieser Arbeit weist, wie im vorangegangenen Kapitel beschrieben, einen hohen Praxisbezug auf. Überdies sind die in dieser Arbeit entworfenen Gestaltungsansätze durch die praxisnahe Auseinandersetzung mit dem Thema entstanden und werden durch Anwendung in der Praxis erprobt. Sie ist daher klar den angewandten Handlungswissenschaften zuzuordnen.

Ein Grundproblem des Praxiszusammenhangs ist, dass die aufgestellten Theorien und Hypothesen zwar durch empirische Beobachtungsaussagen bestätigt oder falsifiziert werden können, jedoch nur für die in dem speziellen Praxisfall geltenden und auftretenden Umweltbedingungen und für die durch den Forscher angenommenen Verknüpfungsregeln zwischen Beobachtung und Theorie [KROM06, S. 93-96]. ULRICH geht sogar noch weiter und stellt fest, dass „eine endgültige Verifikation erfahrungswissenschaftlicher Theorien nicht möglich“ ist [ULRI01, S. 94]. Grund dafür ist die enorme Varietät möglicher Zustände von komplexen dynamischen soziotechnischen Systemen, die einen deduktiven Schluss vom analysierten Einzelfall auf alle relevanten weiteren Fälle faktisch unmöglich macht [ULRI84, S. 181]. Die Lösung dieses Dilemmas ist nach ULRICHS Verständnis in zwei wissenschaftstheoretischen Grundhaltungen zu suchen: Erstens muss der Wissenschaftler eine Komplexitätsreduktion durch deduktive Gesetze (etwa Naturgesetze), Verhaltensregeln und die Auswahl relevanter Systemzustände nicht-deduktiv in Kauf nehmen [ULRI84, S. 181f.]. Insbesondere im Hinblick auf Verhaltensregeln für Systeme ist es möglich, bereits vorhandene heuristische Grundkonzepte, sogenannte „Leitideen“, als Basis für die Arbeit zu verwenden [SCHA00, S. 89f.]. Zweitens und folgerichtig kann und sollte es bei erfahrungswissenschaftlichen Forschungsarbeiten nicht um den Wahrheitsgehalt aufgestellter Handlungskonzepte gehen, sondern um ihre praktische Nutzbarkeit sowie um die Zuverlässigkeit und Anwendbarkeit dieser Konzepte [ULRI84, S. 175-203]. Diese wissenschaftstheoretischen Haltungen und Prämissen finden sich auch in dem in Kapitel 1.3 vorgestellten Aufbau dieser Arbeit wieder.

Um unternehmerisches Handeln in seiner Komplexität zu erfassen, wird in dieser Arbeit der „Systemansatz“ nach Ulrich zugrunde gelegt. Demnach sind Unternehmen als ziel- und zweckgerichtete Institutionen zu begreifen, die als dynamische, komplexe, offene und soziale Systeme in vielschichtigen Beziehungen mit einer Umwelt verbunden sind [ULRI01, S. 176; ebd., S. 205]. Dabei sind die Strukturen in Unternehmen nicht notwendigerweise systemimmanent oder werden extern vorgegeben, sondern sie werden durch die Unternehmen selbst zum Zwecke der Erreichung der Unternehmensziele geschaffen [ULRI01, S. 199]. Durch die stetige Dynamik und die hohe Komplexität wie auch durch den Faktor Mensch als autonom handelnden Teil des Systems, stellt die rationale Gestaltung des Unternehmensgeschehens eine nie vollständig lösbare Aufgabe dar [ULRI01, S. 201]. Um dennoch einmal erkannte Hindernisse bei der Erreichung der Unternehmensziele zu überwinden, bietet es sich insbesondere bei schwierigen oder wiederholenden Problemen an, durch Bildung von Entscheidungsmodellen, die wesentliche Gegebenheiten und bekannte Wirkzusammenhänge berücksichtigen, zu einer wissenschaftlich fundierten Lösung zu gelangen [ULRI01, S. 186-187]. Sehr komplexe (Teil-)Probleme des Unternehmens lassen sich zudem besser lösen, indem man das Problem in Sub-Probleme zerlegt. [ULRI01, S. 188]

ULRICHS Ansatz aus der Betriebswirtschaftslehre ist als interdisziplinär, integrativ und praxisnah zu betrachten und weist insbesondere durch seine Fokussierung auf die Lösung praktischer Problemstellungen eine große Nähe zu den Ingenieurswissenschaften auf [ULHI76, S. 308].

1.2.2 Theoretischer Bezugsrahmen der Arbeit

Angewandte Wissenschaften betrachten nach ULRICH immer komplexe Systeme mit hoher Varietät bezüglich der annehmbaren Zustände. Diese Systeme sind daher nicht vollständig erfassbar. Es ist deshalb essenziell notwendig, dass bereits im Vorfeld eine möglichst sinnvolle Abgrenzung des Systems erfolgt [ULRI84, S. 176].

Zur Abgrenzung dient die Verwendung des heuristischen Bezugsrahmens nach KUBICEK. Der heuristische Bezugsrahmen kann als Gesamtheit des Vorverständnisses angesehen werden, das der Arbeit zugrunde gelegt wird, und soll die Perspektive zum Ausdruck bringen, aus der das wissenschaftliche Problem betrachtet wird [KUBI77, S. 19-23]. Speziell im Fall angewandter Wissenschaften ist damit unmittelbar verbunden, dass durch diesen Bezugsrahmen auch die vom Forscher eingebrachten Werturteile offengelegt werden, die seine Perspektive nach ULRICH zwingend beinhaltet [ULHI76, S. 306; ULRI84, S. 188-191]. Der Bezugsrahmen dient aber auch der Darstellung der Problemstellung in seinen vom Forscher als relevant identifizierten bestehenden Konzepten und Analyseeinheiten, die in der Arbeit konkretisiert und in Bezug zueinander gebracht werden [KUBI77, S. 23-25]. Final ermöglicht die explizite Darstellung des Bezugsrahmens die Herausarbeitung der für den Forschungsprozess essenziellen Forschungsfragen. Sie ist zugleich Ausgangspunkt für das im Forschungsprozess zu gewinnende Erfahrungswissen [KUBI77, S. 30-35].

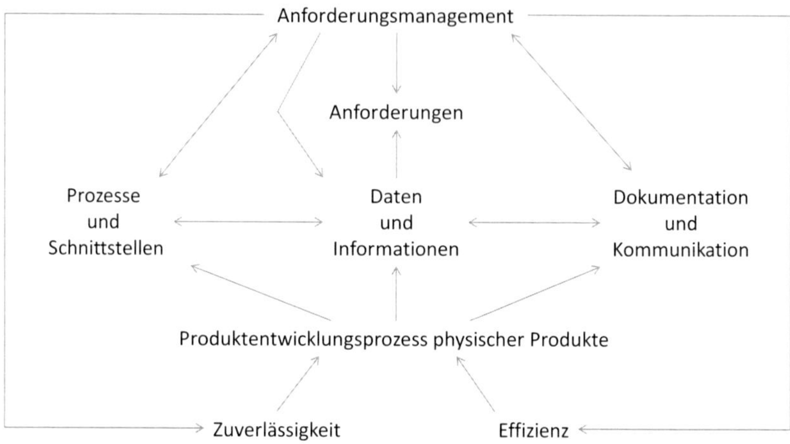

Abbildung 1-2: Heuristischer Bezugsrahmen dieser Arbeit

Der heuristische Bezugsrahmen dieser Arbeit ist in Abbildung 1-2 dargestellt. Als Ausgangspunkt ist der Objektbereich des Produktentwicklungsprozesses zu nennen, welcher seinerseits in den Analyseeinheiten „Daten und Informationen", „Dokumentation und Kommunikation" und „Prozesse und Schnittstellen" näher untersucht wird. Eine weitere zentrale Sub-Analyseeinheit der Daten ist der Begriff der „Anforderungen". Aus diesen Anforderungen sowie weiteren Daten und Informationen setzt sich das Anforderungsmanagement zusammen, welches zudem in Wechselwirkung mit den beiden Analyseeinheiten „Prozesse und Schnittstellen" und „Dokumentation und Kommunikation" steht. Nicht zuletzt hat das Konzept „Anforderungsmanagement" vielfältigen Einfluss auf die Dimensionen „Zuverlässigkeit" und „Effizienz" des Entwicklungsprozesses.

Eine Forschungskonzeption, die für die beschriebene Problemstellung eine Lösung erarbeitet, muss also zunächst das Verständnis dieser Begrifflichkeiten und ihrer Beziehung zueinander explizieren.

1.2.3 Forschungskonzeption und -methodik

Diese Arbeit orientiert sich an der Forschungskonzeption nach Ulrich. Demzufolge beginnt der Forschungsprozess der angewandten Forschung „in der Praxis, ist zur Hauptsache auf die Untersuchung des Anwendungszusammenhangs gerichtet und endet in der Praxis" [ULRI81, S. 19]. Unabhängig von dem im folgenden Kapitel beschriebenen linearen Forschungsprozess sieht Ulrich eine iterative praxisbegleitende Forschung als notwendig an, in der Modellbildung und Validierung iterativ erfolgen [ULRI84, S. 194]. Grundlage bilden die aus der Analyse der Problemstellung und des Bezugsrahmens durch den Autor destillierten Forschungsfragen, die es durch vom Autor aufgestellte Lösungshypothesen und durch daraus abgeleitete Erfahrungen und Beobachtungen zu beantworten gilt [KUBI77, S. 22-30]. Dieser Vorstellung entspricht auch der Forschungskonzeption der vorliegenden Arbeit, da die praxisrelevanten Probleme zunächst im Kontext eines von der Arbeitsgemeinschaft industrieller Forschungsvereinigungen „Otto von Guericke“ e.V. (AiF) geförderten Forschungsprojekts mit Industriebeteiligung erfasst wurden und sukzessive im Laufe des Projekts mit mehreren (Teilbereichs-)Modellen untersucht wurden, um diese Modelle in der nächsten Iteration zu verbessern und erneut anzuwenden. Durch den interdisziplinären Charakter des Forschungsprojekts konnten die Hypothesen aus dem Theoriezusammenhang mit Wissenschaftlern aus anderen Fachbereichen diskutiert und erweitert werden.

Für die der Arbeit zugrunde liegende Forschungsmethodik wird die im Systemansatz von ULRICH vorgestellte „**Black-Box-Theorie**“ angewandt, mit der die Untersuchungsobjekte analysiert werden [ULRI01, S. 167-169]. Die Black-Box-Theorie besagt, dass bei der Analyse komplexer Systeme für die Untersuchenden lediglich die beobachtbaren „Outputs“ erfahrbar und in Zusammenhang mit den variierbaren „Inputs“ zu stellen sind (vgl. Abbildung 1-3). Zwar können keine Aussagen über die genauen Vorgänge im Inneren der Black-Box getroffen werden, jedoch ist es sehr wohl möglich, durch die gezielte Manipulation der Inputs bei anschließender Analyse der Outputs Schlussfolgerungen über das Verhalten des Systems zu ziehen. Mit dieser Technik lassen sich aber nicht nur Systeme hinsichtlich ihres Verhaltens beschreiben (was ja Gegenstand der Grundlagenwissenschaften ist), sie kann auch bei der Gestaltung von Teilsystemen angewandt werden, die in Unternehmen eine Rolle spielen [ULRI01, S. 169]. Die tatsächlichen Entwicklungsprozesse in Unternehmen sind als „Black Boxes“ anzusehen, und der Beobachtung von „Inputs“, wie verwendeten Anforderungen und Methoden, sowie der erzeugten „Outputs“, wie Produktdaten und Kennzahlen, kommt daher eine wichtige Rolle in dieser Arbeit zu.

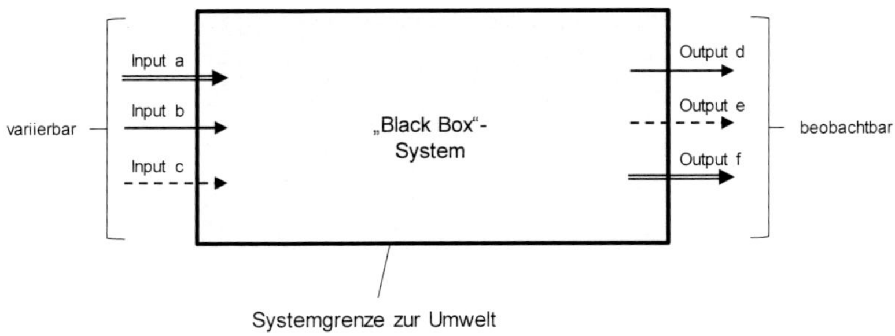

Abbildung 1-3: Black-Box-System in Anlehnung an ULRICH [ULRI01, S. 168]

Die in dieser Arbeit untersuchten Entwicklungsprozesse und der Bereich des Anforderungsmanagements stellen insgesamt vielschichtige, komplexe und dynamische Systeme dar. Dies gilt insbesondere unter Berücksichtigung der Wechselwirkungen mit anderen dynamischen Systemen innerhalb des Unternehmens sowie der Einmaligkeit jedes Produktentwicklungsprojekts. Der Erfassung des relevanten Anwendungszusammenhangs in der Praxis kommt daher in dieser Arbeit eine Schlüsselrolle zu, da diesem ein wesentlicher Einfluss auf die Handlungsalternativen zukommt, aus denen sich das entwickelte Modell zusammensetzt. Kann ein geeigneter Anwendungszusammenhang hergestellt werden, so vermag der Autor daraus zunächst Anforderungen an eine Lösungshypothese und im Folgenden eine Lösungshypothese selbst aufzustellen, die im gewählten Anwendungszusammenhang eine Lösung für einen Teilbereich der Problemstellung beschreibt. Zur Validierung ist als abschließender Schritt der Forschungsmethodik eine Überprüfung in der Praxis durchzuführen und darzulegen. Auf Grund der Komplexität des Untersuchungsgegenstands und der Einmaligkeit der Entwicklungsprojekte findet dazu die **Expertenbefragung** als Validierungsmethode Verwendung. Dazu ist eine sorgfältige Auswahl von Experten essenziell, denn Experten mit reichhaltigem Erfahrungswissen können trotz einer geringen Anzahl an Befragungen ein hohes Maß an gewissermaßen simulierter Systemzustände in ihre Antworten einbeziehen. Die hier befragten Experten verfügten über jeweils mehr als 20 Jahre Branchen- und Entwicklungsprojekterfahrung. Damit die Lösungshypothese und die Beschreibung der Validierung einer Analyse durch den kritischen Leser standhalten, wird bereits in der Beschreibung des Anwendungszusammenhangs die Messmethode für den Erfolg der Lösungshypothese vorgestellt und in der Expertenbefragung angewandt. Dazu werden in dieser Arbeit für die Analyseeinheiten „Effizienz“ und „Zuverlässigkeit“ geeignete Metriken vorgestellt und in der Validierung aufgegriffen.

1.3 Forschungsfrage und Aufbau der Arbeit

Ausgehend von der praktischen und theoretischen Problemstellung und dem dargelegten heuristischen Bezugsrahmen leitet sich die zentrale Forschungsfrage dieser Arbeit ab:

Kann ein vorgehensorientiertes Prozessmodell des Managements von Anforderungen und dazugehöriger Produktinformationen in der physischen Produktentwicklung eine Verbesserung von Zuverlässigkeit und Effizienz im Produktentstehungsprozess erwirken?

Basierend auf dieser Hauptforschungsfrage leiten sich zwei weitere Nebenforschungsfragestellungen ab, die im Zuge dieser Arbeit erörtert werden müssen.

1. *Wie muss eine hinreichende Messbarkeit von Effizienz und Zuverlässigkeit für die Produktentwicklung gestaltet sein?*
2. *Welche Anforderungen an die einzelnen Teilprozesse und an das Gesamtmodell müssen erfüllt sein?*

Zur Beantwortung dieser Fragen ist die Arbeit wie in Abbildung 1-4 dargestellt aufgebaut und orientiert sich am Forschungsprozess von ULRICH. In **Kapitel 2** wird zunächst der Objektbereich, wie im heuristischen Bezugsrahmen (Kapitel 1.2.2) dargelegt, präzisiert und durch relevante Problemstellungen aus der Praxis konkretisiert. **Kapitel 3** bringt zunächst problemrelevante Zusammenhänge in Verbindung mit Theorien aus den Grundlagenwissenschaften, um erste Hypothesen für ein Modell zur Schaffung von Handlungsmöglichkeiten zu bilden. Auf Basis dieser Hypothesen und Definitionen wird eine strukturierte Erörterung von Anforderungen an ein Modell zur Lösung der Forschungsfrage gestellt und die *zweite Nebenforschungsfrage* beantwortet. Das Kapitel schließt mit der Analyse der für die Forschungsfrage relevanten Dimensionen Effizienz und Zuverlässigkeit und beantwortet hierdurch die *erste Nebenforschungsfrage*. Aufbauend auf den Anforderungen erfolgt in **Kapitel 4** eine Analyse bestehender problemrelevanter Lösungsalternativen aus Theorie und Praxis, aus deren Analyse sich der Handlungsbedarf sowie die konkrete Zielsetzung der Arbeit ableiten. In **Kapitel 5** wird ein Modell vorgestellt, dass im Zuge dieser Aufgabenstellung entwickelt wurde, um die gestellten Anforderungen zu erfüllen. Daran schließt eine Validierung des Modells durch reale Fallbeispiele in **Kapitel 6** an.

Kapitel 7 fasst schließlich die wissenschaftlichen Grundlagen, das Vorgehen sowie die Reflexion der Forschungsergebnisse zusammen, beantwortet die *Hauptforschungsfrage* und benennt künftigen Forschungsbedarf.

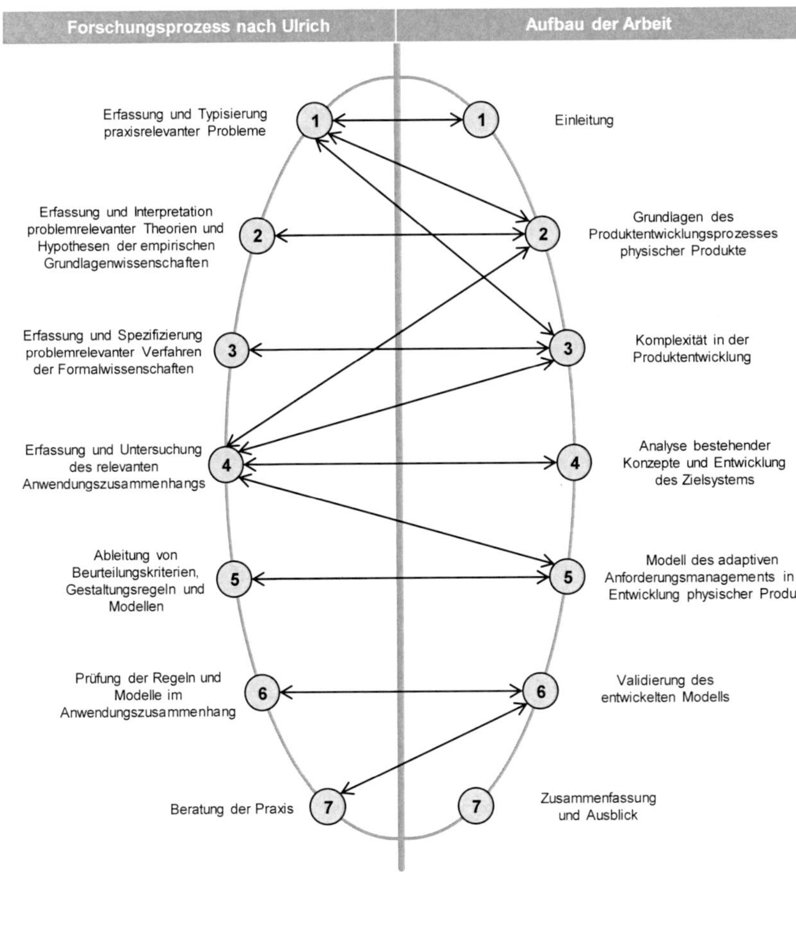

Abbildung 1-4: Gliederung des Forschungsprozesses in Anlehnung an ULRICH [ULRI81, S. 20, ULRI84, S. 193]

2 Grundlagen des Produktentwicklungsprozesses physischer Produkte

Zur systematischen Ergründung der Forschungsfrage ist eine Einordnung der Problemstellung in den relevanten wissenschaftlichen wie realwirtschaftlichen Kontext nötig. Dazu werden in Kapitel 2.1 einige relevante Analyseeinheiten des Bezugsrahmens, speziell des Objektbereichs „Produktentwicklung“ präzisiert. Im Anschluss werden wesentliche Elemente der Produktentwicklung definiert, der Entwicklungsprozess und seine wesentlichen Determinanten (Kapitel 2.2), die im Entwicklungsprozess entstehenden Daten und Informationen und ihre Bedeutung (Kapitel 2.3), die Kommunikation und Dokumentation von Daten und Informationen (Kapitel 2.4) und die Bedeutung von Prozessen zur Steuerung des Entwicklungsprozesses und seiner Objekte (Kapitel 2.5). Auf dieser Basis kann die besondere Rolle der Anforderungen als gestaltende Elemente und ihre Einordnung im Entwicklungsprozess erfolgen (Kapitel 2.6). Das Kapitel schließt mit einem ersten Zwischenfazit (2.7).

2.1 Definition wesentlicher Merkmale der Entwicklung physischer Produkte

Innovationen gehören zweifelsohne zu den wichtigsten Prioritäten erfolgreicher Unternehmen. Dies belegt auch eine jährlich global durchgeführte Umfrage unter Führungskräften der Boston Consulting Group, in der zuletzt 79% der befragten Führungskräfte Innovationen als eine der drei wichtigsten Aufgaben ihres Unternehmens ansahen [RITZ15]. Dies liegt daran, dass es im Wettbewerbsumfeld in der Regel nur zwei Strategien gibt, um langfristig auf einem Markt die Marktführerschaft zu erringen oder diese auszubauen: Unternehmen können ein aus Kundensicht „überlegeneres“ Produkt als die Konkurrenz herstellen (Technologie- und Qualitätsführerschaft) oder ein für den Kunden wirtschaftlicheres (Preisführerschaft) [SIMO12, S. 133-145]. Insbesondere Unternehmen mit Standorten in Hochlohnländern sind oft gezwungen, eine Strategie der Technologie- und/oder Qualitätsführerschaft zu verfolgen, da ihre Herstellungskosten mit den Herstellungskosten von Unternehmen aus Niedriglohnländern nicht konkurrieren können. Des Weiteren erzielen Unternehmen mit Technologieführerschaft oft höhere Renditen und sind besser gegen Krisen gerüstet als ihre Konkurrenten [SIMO12, S. 101, 343]. Darüber hinaus verlangen viele Kunden von Unternehmen in immer kürzeren Abständen neue innovative Produkte, so dass Unternehmen ihre Marktanteile nur durch konsequente Neu- bzw. Anpassungsentwicklungen ihrer Produkte halten oder ausbauen können. Die vorherrschende Strategie zur Erbringung von Innovationen und neuen Produkten ist die Definition von Aufbau- und Ablauforganisationen für die Produktentwicklung sowie die Etablierung zugehöriger Entwicklungsprozesse und Vorgehensweisen innerhalb des Unternehmens. Ziel dieser Strukturen und Prozesse ist es, antizipierte oder bekannte Marktforderungen möglichst effizient in neue Produkte umzusetzen und sie zur Marktreife zu entwickeln. [BEGE16, S. 401-408].

2.1.1 Produktentwicklung

Die Entwicklung neuer Produkte ist der langfristig erfolgreichste Treiber für Wachstum und Erfolg von Unternehmen in der heutigen Zeit und Gegenstand vielfältiger Untersuchungen. Als zentraler Objektbereich dieser Arbeit soll zunächst eingeordnet werden, welche Sicht der Autor auf die Begriffe „Produkt“ und „Produktentwicklung“ hat und welche Überlegungen sich daraus in Bezug auf die aufgeworfenen Forschungsfragen ergeben.

Definition der Begriffe „Produkt“ und „System“

Aus technikphilosophischer Sicht ist ein physisches Produkt zunächst ein „Sachsystem“, eine vom Menschen absichtlich geschaffene Hervorbringung [ROPO09, S. 117f.]. Es soll an dieser Stelle nicht diskutiert werden, inwieweit nicht-physische Hervorbringungen, die somit keine Sachsysteme nach der obigen Definition darstellen, auch Produkte darstellen. ROPOHL bringt mit dem Teilbegriff „System“ eine weitere wichtige Definition ein, die er aus der allgemeinen Systemtheorie entnimmt. *Systeme* sind prinzipiell durch eine strukturelle, eine funktionale und eine hierarchische Betrachtungsebene gekennzeichnet. Die strukturelle Ebene besagt, dass Systeme immer aus Elementen bestehen, die in *Relation* zueinander stehen. Die funktionale Ebene besagt, dass Systeme stets über die definierten *Systemgrenzen* hinaus mit ihrem *Umfeld* reagieren, und das bestimmte *Inputs* in das System zu bestimmten *Outputs* führen. Die hierarchische Ebene besagt, dass Systeme aus *Subsystemen* bestehen können und ihrerseits wiederum Teil größerer *Supersysteme* sein können. Ergänzend fügt WIENDAHL hinzu, dass auch Abseits festgelegter Subsystemhierarchien Gruppierungen von Systemelementen gebildet werden können, die er *Teilsysteme* nennt [WIEN14, S. 22]. Abschließend sei für diese Arbeit die Definition ROPOHLS gültig, die ein System als „*Modell einer Ganzheit, die (a) Beziehungen zwischen Attributen (Inputs, Outputs, Zustände etc.) aufweist, die (b) aus miteinander verknüpften Teilen bzw. Subsystemen besteht, und die (c) von ihrer Umgebung bzw. von einem Supersystem abgegrenzt wird*“ definiert. [ROPO09, S. 75-77, EHME13, S. 21]

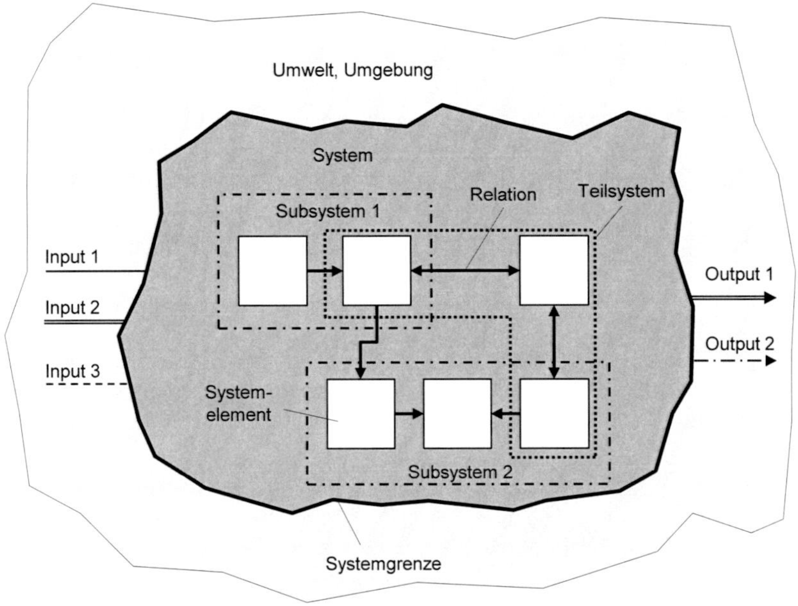

Abbildung 2-1: Schematische Darstellung eines Systems und seiner Bestandteile (in Anlehnung an [WIEN14, S. 23; EHME13, S. 23])

Des Weiteren lassen sich physische Produkte als *technische Systeme* konkretisieren, die EHRLENSPIEL und MEERKAMM als „künstlich erzeugte geometrisch-stoffliche Gebilde" bezeichnen, die einen bestimmten Zweck erfüllen [EHME13, S. 27]. Streng genommen handelt es sich hierbei um eine Eingrenzung, da auch natürlich erzeugte geometrisch-stoffliche Gebilde wie etwa Lebensmittel physische Produkte darstellen. Diese sind allerdings nach obiger Definition keine Sachsysteme. Für diese Arbeit relevant sind die Entwicklungsprozesse physischer Produkte, die industriell hergestellt werden. Nicht-industriell hergestellte physische Produkte und ihre Entwicklungsprozesse, etwa Produkte des Kunsthandwerks, sind von den Problemstellungen aus Kapitel 1.1 oft weitestgehend nicht betroffen. Ein Großteil dieser geometrisch-stofflichen Gebilde ist im Zuge des Vormarsches der Mechatronik durch nicht-physische, informations- und kommunikationstechnische Subsysteme erweitert worden, namentlich Software und Maschinencode [ALHI07, S. 1ff.]. Darüber hinaus sei noch der erweiterte Produktbegriff des hybriden Leistungsbündels erwähnt. Hybride Leistungsbündel beschreiben die integrierte Betrachtung von Produkt und produktbezogener Dienstleistungen als eine Produkteinheit [MEUH12, S. 2-4]. Dieser erweiterte Begriff entspricht in der heutigen Realwirtschaft gerade im Bereich Maschinen- und Anlagenbau sowie im branchenübergreifenden Endkundengeschäft deutlich mehr dem tatsächlich gehandelten (und somit auch weiter bzw. neu zu entwickelnden) Gut als der Begriff des „reinen" technischen Systems. Daher sei für diese Arbeit ein *physisches Produkt definiert als ein industriell hergestelltes technisches System, das gegebenenfalls um nicht-technische und nicht-physische (Sub-)Systeme und Leistungen ergänzt ist.*

Für die physische Produktentwicklung hat gerade der systemtheoretische Ansatz eine hohe Bedeutung, da das Systems Engineering sich wesentlich auf die Systemtheorie stützt und dieses aufgrund einer Reihe von Vorteilen einen immer wichtiger werdenden Gestaltungsansatz in der Produktentwicklung darstellt (vgl. auch Kapitel 3.3) [EHME13, S. 19-21].

Definition der Produktenwicklung

Industriell hergestellte physische Produkte werden von den Unternehmen zunächst basierend auf Ideen konzipiert und anschließend in einem komplexen Prozess zu einem Produkt entwickelt. Diese „Produktentwicklung“ vollzieht sich laut einer Richtlinie des Vereins deutscher Ingenieure (VDI), der VDI-Richtlinie 2221, durch „zielgerichtetes Auswerten und Anwenden von Forschungsergebnissen und Erfahrungen“, wobei nach PONN und LINDEMANN nahezu alle Produktentwicklungen als übergeordnete Hauptziele die Erfüllung expliziter oder antizipierter Kundenbedürfnisse sowie die Wirtschaftlichkeit der realisierten Lösung gemeinsam haben [VDI93, S. 39f.; POLI11, S. 9]. Dabei ist eine der Kerntätigkeiten das Vorausdenken der Funktionen und der Gestaltungselemente des Produkts sowie das Explizieren dieser Gedanken zu produktumschreibenden Informationen [HACK02, S. 12, LIND09 S. 16]. Abstrakter formuliert es DYLLA, der das dahinterliegende Prinzip des Problemlösens als Aufgabe des Entwicklers identifiziert und beschreibt [DYLL91, S. 12ff.]. Wurden solche Lösungen eines Problems beschrieben, ist eine weitere Tätigkeit die Analyse der Informationen durch Vorhersage oder Ermittlung von Verhalten und Charakteristiken, beispielsweise durch Simulationen oder in Tests [ZAFI14, S. 80]. Durch die Menge der Eigenschaften und Elemente sowie durch die Abhängigkeiten der Funktionen und Designelemente untereinander und einen Mangel an Informationen über Verhaltensweisen des zu entwickelnden Produktsystems ist die relative Komplexität des Systems oft sehr hoch, weswegen vielfach auf Modelle und Partialmodelle des zu schaffenden Systems zurückgegriffen wird [SUH05, S. 7-9; DYLL91, S. 12-13, FEGR13, S. 12-14]. Als Folge dieser Komplexität ist die oben beschriebene Kerntätigkeit sehr anspruchsvoll, es unterlaufen häufig Fehler und die Planung der Produktentwicklung ist mit viel Unsicherheit hinsichtlich der Höhe des Aufwands und der Wahrscheinlichkeit des Erfolgs behaftet [LIND09, S. 32; EHME13, S. 141f].

Während theoretisch eine Produktentwicklung in realen Unternehmen oftmals auch dann als solche bezeichnet wird, wenn bestehende Produkte umbenannt oder nur leicht überarbeitet werden, geht die klassische Produktentstehungstheorie davon aus, dass neue Produkte stets auf Basis von Innovationen und neuen Technologien entstehen [ROPO09, S. 266]. Da eine Reihe der für diese Arbeit relevanten Komplexitätstreiber durch die Integration neuer Technologien entstehen (vgl. Kapitel 3.2.1), soll der Begriff der Produktentstehung für diese Arbeit mit der Integration von Innovationen einhergehen. Ob die entsprechenden Innovationen in den Unternehmen selbst entstehen oder durch Kooperation mit Lieferanten, Konkurrenten, Kunden oder Universitäten oder ob sie von extern eingekauft werden, spielt für den Prozess der Produktentwicklung nur eine untergeordnete Rolle. Dennoch gibt es auch bei der innovationsgetriebenen Produktentwicklung viele Unterschiede, so dass in der Literatur oft die Abgrenzung nach dem qualitativen Grad der Neuheit eines Produkts in die Kategorien *„Neuentwicklung"*, *„Anpassungsentwicklung"*, *„Variantenentwicklung"* und *„Wiederholentwicklung"* vollzogen wird [WIEN14, S. 126].

Unabhängig von Branche, Produkt und Innovation kann festgehalten werden, dass die Produktenwicklung ein Kernprozess von innovativen Herstellern physischer Produkte ist, der in der Regel zwischen die Prozesse der strategischen Produktplanung und des Produktionsanlaufs eingebettet ist [SCPF15, S. 293, GANO12, S. 14-16; VDI93, S. 8]. Die Organisation der Tätigkeiten bei der Produktentstehung ist anspruchsvoll und fehlerbehaftet, weswegen Unternehmen insbesondere auf Standardisierungsmaßnahmen bauen, um die Komplexität zu handhaben und effizient Produkte entwickeln zu können [EHME13, S. 180f.; COOP98, S. 3].

Merkmale standardisierter Produktentwicklung

Über die Kerntätigkeit des Vorausdenkens und Detaillierens des Produktes hinaus sind grundsätzlich eine große Anzahl weiterer Tätigkeiten bei der Entwicklung industrieller Produkte durchzuführen, etwa das Entwerfen von Testfällen und Versuchsumgebungen, die Diskussion von Ergebnissen und neu erlangten Erkenntnissen im Team, die Entscheidung zwischen unterschiedlichen Lösungswegen für Problemstellungen oder das Verfassen und Überwachen von Projektplänen [HACK02, S. 65-142]. Aufgrund der Menge und Vielfalt der Tätigkeiten werden diese in Unternehmen durch Arbeitsteilung von mehreren Personen, zum Teil parallel, erledigt, was wiederum zusätzliche Arbeit zur Koordinierung des Informationsflusses und der Schnittstellen erfordert [EHME13, S. 167-173]. Dabei sind die Tätigkeiten oft aufeinander aufbauend, unterliegen häufig Änderungen, ihre Ergebnisse beeinflussen das weitere Vorgehen und sie sind im Voraus kaum genau planbar. Auf einen Punkt gebracht: „Komplexe Sachsysteme können nur mit komplexen Handlungssystemen erstellt werden" [EHME13, S. 48, LIND09, S. 31].

Zur Beherrschung und Reduktion der Komplexität bei der Entwicklung von Produkten haben sich weltweit Standards etabliert. So ist es beispielsweise branchenübergreifend üblich, den Entwicklungsprozess in Projekten zu organisieren, um über Abteilungs- und Firmengrenzen hinweg schnell und unbürokratisch zu kommunizieren und flexibler und effektiver auf Unsicherheiten und unvorhergesehene Ereignisse reagieren zu können [vgl. COOP98, S. 2; HOBD98, S. 703f.]. Ein Projekt zeichnet sich durch die Einmaligkeit hinsichtlich der Gesamtheit der konkreten Bedingungen aus, etwa des definierten Ziels, des innovativen Lösungswegs, der zum Einsatz festgelegten Ressourcen und Kapazitäten, der definierten Zeitspanne, des Budgets und der Projektorganisation [DIN09, S. 11]. Damit diese Entwicklungsprojekte so erfolgreich wie möglich verlaufen, haben Unternehmen das Projektmanagementsystem zumeist standardisiert, bilden Projektmanager dafür aus und setzen in internen Richtlinien fest, wie Entwicklungsprojekte zu gestalten und durchzuführen sind. Weitestgehend treffen für diese Richtlinien die Regeln und Grundsätze zur Projektorganisation der Norm des „deutschen Instituts für Normung“ (DIN), der DIN 69901-1, zu [DIN09, S. 6-9].

Auch die Standardisierung von Prozessen, die innerhalb eines Entwicklungsprojekts ablaufen, hat sich weltweit etabliert. Dies geschieht, weil die Unternehmensführung die Standardisierung als notwendig erachtet, auch dank ihrer Vorteile wie größere Transparenz, bessere Wiederholbarkeit und bessere Messbarkeit, nicht zuletzt aber auch durch die Verbreitung der Zertifizierung von Managementsystemen nach international gültigen Normen wie der europäischen Norm (EN) DIN EN ISO 9001 der „International Organization for Standardization“ (ISO), die eine Prozessplanung in der Produktentwicklung explizit fordert [ISO15b, S. 35ff., EHME13, S. 12]. Dabei geht es sowohl um den übergeordneten Entwicklungsprozess an sich, der oft in mehrere Prozessschritte eingeteilt wird (siehe Kapitel 2.2), als auch um kleinschrittigere Teilprozesse, die oftmals in unternehmensspezifischen Richtlinien oder Prozessanweisungen beschrieben werden. Beispielhaft sei der Prozess der Zeichnungserstellung angeführt, bei der ein mit Methoden- und Fachwissen ausgebildeter Entwicklungsingenieur auf der Basis von Informationen wie Anforderungen und dem Wissen über physikalische Gesetze mit einem Softwareprogramm den Entwurf der Geometrie eines Bauteils erstellt. Solche Prozesse lassen sich natürlich weiter in Arbeitsschritte einteilen, die jedoch in der Regel nicht mehr sinnvoll im Detail beschrieben werden. Auf Standards in der Prozessdarstellung und -beschreibung wird in Kapitel 2.1.2 eingegangen.

Darüber hinaus sind auch die eingesetzten Werkzeuge in der Regel standardisiert und in den entsprechenden Prozessbeschreibungen genannt, beispielsweise das durch die Entwickler zu verwendende Computer Aided Design (CAD)-Softwareprogramm oder die Methodenbeschreibung zur Durchführung einer Failure Mode and Effects Analysis (FMEA).

Die Produktentwicklung ist hochkomplex, teamorientiert, meist projektartig organisiert; ihre Performance ist maßgeblich für den Unternehmenserfolg. Nahezu alle Hersteller physischer Produkte gehen heutzutage bei Entwicklungen strukturiert vor und definieren einen gezielten und dokumentierten Entwicklungsprozess.

2.1.2 Merkmale des Produktentwicklungsprozesses

Bedingt durch unternehmensrelevante Vorteile, wie erhöhte Transparenz, bessere Steuerbarkeit und gesteigerte Effizienz, aber auch durch die expliziten Forderungen der weit verbreiteten zertifizierbaren Norm DIN EN ISO 9001 sowie durch zahlreiche branchenspezifische Industriestandards ist eine Standardisierung der Produktentwicklung in Unternehmen anhand von definierten Prozessen heutzutage unumgänglich geworden.

Prozesse und Prozessdarstellung

Eine der zentralen Standardisierungen in der Produktentwicklung ist die normative Planung von Produktentwicklungsvorhaben durch festgelegte Prozesse. Die weltweit am stärksten verbreitete Normenreihe „DIN EN ISO 9000 ff.“ zum Qualitätsmanagement in Organisationen versteht unter einem Prozess einen „Satz zusammenhängender oder sich gegenseitig beeinflussender Tätigkeiten, der Eingaben zum Erzielen eines vorgesehenen Ergebnisses verwendet", wobei mehrere zusammenhängende Prozesse auch zusammenfassend als Prozess bezeichnet werden können [ISO15a, S. 33]. Weiter vermerkt die DIN EN ISO 9001:2015, dass „das Verstehen und Steuern zusammenhängender Prozesse als ein System zur Wirksamkeit und Effizienz einer Organisation beim Erreichen ihrer beabsichtigten Ergebnisse beiträgt“ [ISO15b, S. 10]. Eingaben können dabei Ergebnisse anderer Prozesse sein, aber in Ergänzung zu der Definition der Norm laut LINDEMANN vor allem auch Informationen und Wissen [LIND09 S. 16]. Auch können die Ergebnisse aus einem Prozess aus Informationen oder Wissen bestehen, die üblicherweise in Form von z. B. Zeichnungen, Berechnungsergebnisse oder Prinzipskizzen verschriftlicht sind. Laut MASING muss der Ablauf der Prozesse in Unternehmen zielorientiert und wirtschaftlich gestaltet werden. Dazu muss der Prozess durch Verschriftlichung der Forderungen in Form von Anweisungen, Richtlinien und Spezifikationen explizit gemacht werden, denn nur durch Überprüfung von realer Ausführung mit solchen Forderungsbeschreibungen lässt sich die Prozessqualität messbar und kontrollierbar machen. [MASI14, S. 8f.] Auf Basis solcher Prozessbeschreibungen und messbarer Prozesse kann eine Prozesssteuerung und Prozessoptimierung erfolgen, die durch erhöhte Zielerfüllung und Leistungsverbesserung die Wirtschaftlichkeit und Wettbewerbsfähigkeit eines Unternehmens langfristig absichern kann [SCPF15, S. 9, 50f.]. Die Verschriftlichung der Prozesse und ihrer Eigenschaften geschieht in Unternehmen durch Prozessmodelle und Prozessvisualisierungen, wobei oft je nach Zweck verschiedene Modelle und Visualisierungen vorhanden sind [ELLR14, S. 78ff.].

Auch wenn Unternehmen individuelle Prozessmodelle in verschiedenen Detailtiefen erzeugen, finden sich doch inhaltlich für den Bereich der Produktentwicklung gewisse gleichartige Kernprozesse in den meisten Unternehmen.

Kernprozesse der Produktentwicklung

Für die Kerntätigkeit des Problemlösens und Beschreibens des Produktes haben sich im deutschsprachigen Raum die Richtlinie „VDI 2221 Methodik zum Entwickeln und Konstruieren technischer Systeme und Produkte" und die Richtlinie „VDI 2206 Entwicklungsmethodik für mechatronische Systeme“ etabliert [VDI93 VDI04]. In der VDI 2221 wird der Entwicklungsprozess dazu in vier generische Phasen, die branchenspezifisch benannt werden können und beispielhaft für ein Maschinenbauunternehmen „Aufgabe klären“, „Konzipieren“, „Entwerfen“ und „Ausarbeiten“ genannt werden [VDI93, S. 9-18]. Die Teilschritte dieses Vorgehensmodells basieren auf dem systemtechnischen Problemlösungsprozess, der durch den Erfolg des Systems Engineering große Verbreitung erfuhr [VDI93, S. 3; DAEN76]. Aus Produktsicht entsteht zunächst eine Sammlung von Anforderungen, die die Problemsicht des Produkts beschreiben. Anschließend werden Lösungsprinzipien entworfen, die die Problemstellungen theoretisch lösen sollen. Diese Lösungsprinzipien oder Prinziplösungen werden wiederum in Funktionen zerlegt, die dann mittels gestalterischer Elemente, den Produktkomponenten, wiederum theoretisch realisiert werden. Diese zunächst theoretischen oder virtuellen Produktkomponenten können anschließend beschafft oder hergestellt werden. WINZER findet diese Produktsicht in ihrer Literaturrecherche bei vielen Autoren und spricht von drei Sichten auf das System (abseits vom realen System): *Anforderungen*, *Funktionen* und *Komponenten* [WINZ16, S. 128]. Zwar finden sich auch andere Darstellungen in der Literatur, in dieser Arbeit soll aber aus Gründen der hohen Verbreitung und der intuitiven Verständlichkeit auch auf diese drei Sichten zurückgegriffen werden, wobei statt des Begriffs „Komponente" der Begriff „*Lösungselement*" verwendet werden soll. Analog soll in dieser Arbeit von „*Systemelement*" im Kontext eines zu entwickelnden Produktes gesprochen werden, wenn sowohl Anforderungen als auch Funktionen oder Lösungselemente gemeint sind.

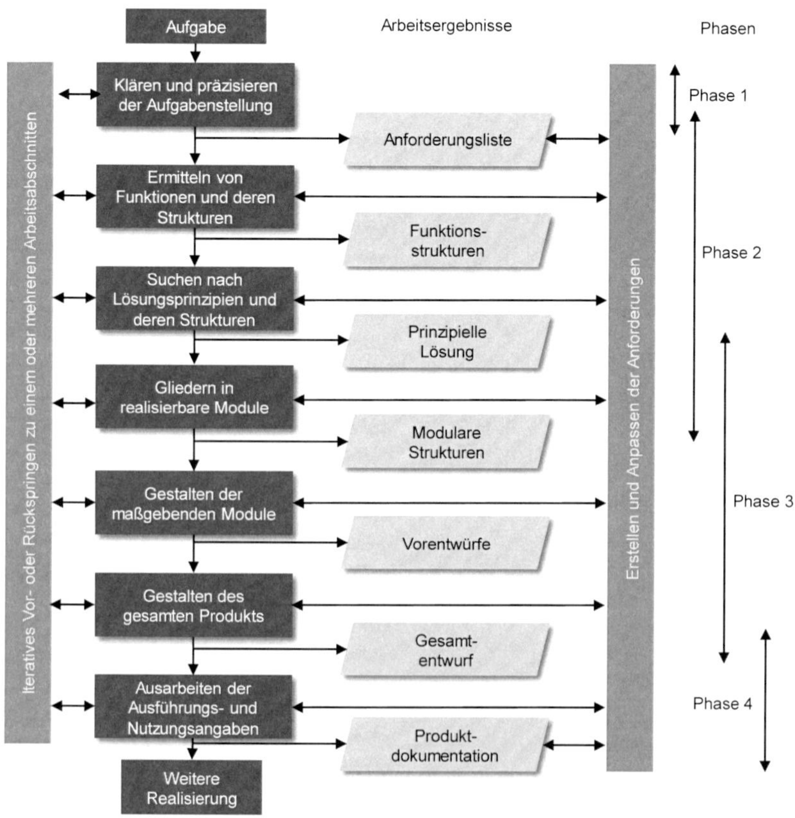

Abbildung 2-2: Generische Prozessschritte beim Entwickeln und Konstruieren nach VDI 2221 [VDI93, S.9]

Darüber hinaus sind diese Kernprozesse entgegen der vereinfachten Darstellung selten seriell, sondern laufen für viele Bereiche parallel ab (vgl. dazu Concurrent Engineering, Kapitel 2.2.1). Zudem ist ein wichtiger Bestandteil das iterative Zurückspringen zu einem vorgelagerten Prozessschritt, in der Regel dann, wenn sich ein Arbeitsergebnis im weiteren Verlauf als nicht sinnvoll oder nicht realisierbar herausgestellt hat. Häufig kommen aber auch neue Informationen im Laufe des Entwicklungsprozesses hinzu, beispielsweise durch angepasste oder konkretisierte Wünsche des Kunden oder durch Änderungen und Vorgaben des eigenen Managements.

Eine wichtige Dimension ist die gestalterische Freiheit im Laufe des Projekts. Das Projektteam hat, insbesondere in den ersten Phasen, viele mögliche Lösungen vor Augen [POHL07, S. 21]. Mit jeder Entscheidung des Projektteams für eine Teillösung wird der Lösungsraum für folgende Arbeitsschritte kleiner, wie Abbildung 2-3 veranschaulicht. Der Zeitpunkt der jeweiligen Eingrenzung des Lösungsraums ist dabei entscheidend für das Managen von Projektrisiken: So kann eine zu frühe Festlegung von Lösungsprinzipien erhöhte Mehrkosten durch späte Änderungen nach sich ziehen, eine zu späte Festlegung hingegen zu einer verlängerten Entwicklungsdauer führen [LEND09, S. 34].

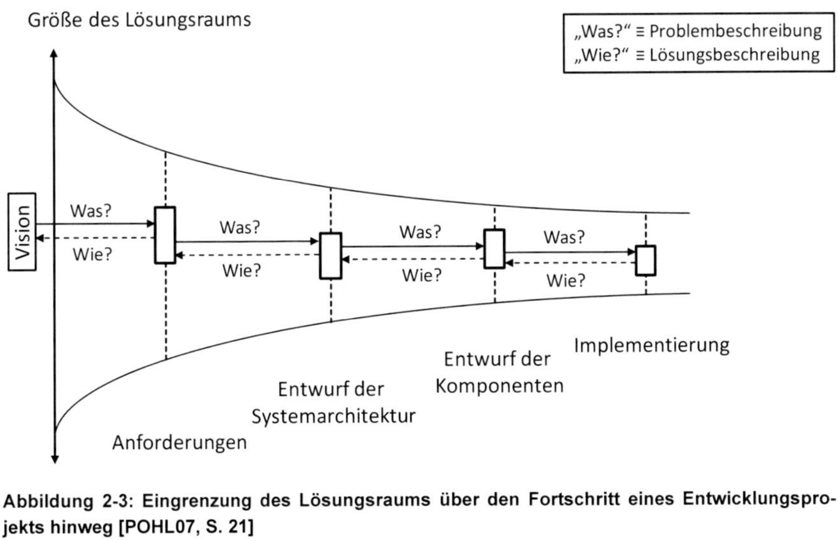

Abbildung 2-3: Eingrenzung des Lösungsraums über den Fortschritt eines Entwicklungsprojekts hinweg [POHL07, S. 21]

Systems Engineering

Das Systems Engineering ist laut des „International Council on Systems Engineering (INCOSE)“ ein interdisziplinärer Ansatz, Systeme strukturiert zu konzipieren und erfolgreich umzusetzen [HFKW11, S. 7]. Kerngedanke des Systems Engineering ist die Abgrenzung eines Systems von seiner Systemumgebung sowie die Unterteilung eines zu schaffenden Systems in Teilsysteme auf mehreren Ebenen. Durch die Black-Box-Betrachtungsweise (vergleiche Kapitel 1.2) können auch Systembestandteile als „Black Boxes“ in das Gesamtsystem aufgenommen werden, über die man zum Betrachtungszeitpunkt noch nichts weiß [DAEN76, S. 21-24]. Konzentrierten sich frühe Publikationen wie die von DAENZER noch auf das reine Planen und Konzipieren von Systemen, so verstehen neuere Werke wie das von ALT unter Systems Engineering „die Gesamtheit der Entwicklungsaktivitäten, die notwendig sind, um ein System zu entwickeln" [ALT12, S. 8]. Der Hintergrund für den Erfolg dieses Ansatzes liegt sicherlich zu großen Teilen an der gestiegenen Fähigkeit, hohe Komplexität und steigende Risiken in der Produktentwicklung besser zu handhaben [HFKW11, S. 14], aber auch an der zunehmenden Interdisziplinarität, die bei vielen modernen Produkten in der Entwicklung gefordert ist. Nicht zuletzt hat das Aufkommen sowie die wirtschaftliche Verbreitung der ingenieurswissenschaftlichen Disziplin der Mechatronik mit ihrem Kerngedanken der interdisziplinären Systemtechnik, welche für die Integration von mechanischen, elektronischen und Software-Komponenten in einem Produkt steht, den Erfolg des Systems Engineering stark gefördert [EIGN14a, S. 42f.]. Eine Diskussion zu den spezifischen Beiträgen des Systems Engineering zum Anforderungsmanagement erfolgt in Kapitel 5.1.2.

Der Vorgang des Entwickelns neuer Produkte ist in produzierenden Unternehmen stark prozessorientiert aufgebaut und in die prozessbezogene Arbeitsweise integriert. Auch die Arbeitsweise von Beteiligten an Entwicklungsprojekten richtet sich danach. Es ist genauer zu untersuchen, inwieweit sich verschiedene Entwicklungsprozesse auf das Verhalten der Projektmitarbeiter in Bezug auf das Anforderungs- und Produktdatenmanagement auswirken. Dieses Thema wird in Kapitel 2.2 aufgegriffen.

2.1.3 Daten, Informationen und Wissen im Produktentwicklungsprozess

Wie in Kapitel 2.1.1 bereits erwähnt, ist der Entwicklungsprozess für physische Produkte gekennzeichnet durch die Generierung und Sammlung von Daten und Informationen und durch den Zugewinn von Wissen. In Anlehnung an AAMODT und NYGARD und FUCHS-KITTOWKSI sind dabei Daten definiert als *eine nach festem Muster angelegte Zeichenfolge*, die durch Interpretation bzw. Hinzufügen von Kontext zu Informationen werden, also „interpretierte, zweckbezogene Daten". Durch die sinnvolle Verknüpfung von Informationen miteinander entsteht schließlich Wissen. In Unternehmen wird Wissen in der Produktentwicklung primär dazu generiert, um in einem weiteren Schritt begründete Entscheidungen treffen zu können und Aktionen folgen zu lassen. Aufgrund des aufeinander aufbauenden Charakters und der jeweiligen Aggregation zwischen den einzelnen Ebenen verwendet FUCHS-KITTOWSKI die Analogie der Wissenspyramide für dieses Beziehungssystem, dargestellt in Abbildung 2-4. [AANY95, S. 197f., FUCH10, S. 37]

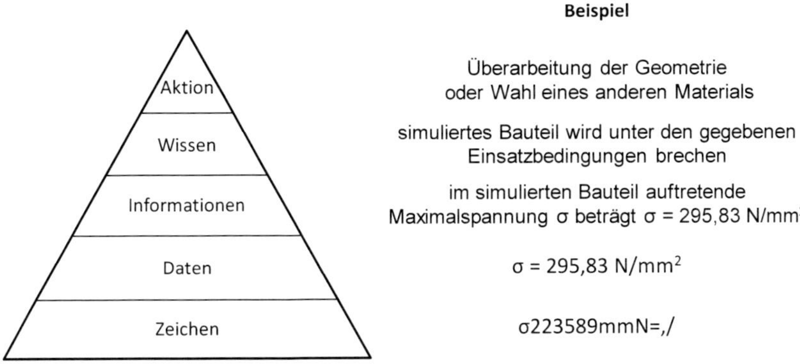

Abbildung 2-4: Wissenspyramide nach Fuchs-Kittowski [FUCH10, S. 37]

Beispielhaft für ein Szenario in der Produktentwicklung sei die Zeichenfolge „223589mmNσ=,/“ angeführt, die als Daten in einem Berechnungs-Softwareprogramm in der Form „σ = 295,83 N/mm^2“ vorliegen. Das Softwareprogramm gibt dem Anwender auch automatisch die aus diesen Daten (und Eingaben des Nutzers) interpretierte Information „im simulierten Bauteil auftretende Maximalspannung σ beträgt σ = 295,83 N/mm^2“ aus. Durch das Wissen des Entwicklers um den eingesetzten Werkstoff und in Kombination mit der Information aus einem Spannungs-Dehnungsdiagramm oder einem technischen Datenblatt für diesen Werkstoff ergibt sich schließlich das Wissen, dass das simulierte Bauteil unter den gegebenen Einsatzbedingungen und bei der vorliegenden Geometrie mit hoher Wahrscheinlichkeit im Dauereinsatz brechen wird, da die Zugfestigkeit R_m für das Material kleiner ist als der berechnete Wert. Der Entwickler kann auf Basis dieses durch Anwendung des Softwareprogramms generierten Wissens eine Entscheidung treffen, zum Beispiel ob ein Werkstoff mit höherer Zugfestigkeit verwendet werden kann oder ob die Geometrie des Bauteils überarbeitet werden sollte.

Zentraler Inhalt der Produktentwicklung ist, neben der Gewinnung und Aufbereitung von Informationen und Wissen, der zielgerichtete Austausch von Wissen und Informationen unter den Beteiligten eines Entwicklungsprojekts [EIST09, S. 3f.]. Die stetig wachsende Bedeutung dieses Informationsaustauschs in der Produktentwicklung wird unter den Begriffen *Wissenstransformation* und *Informationsfluss* in der Literatur diskutiert [vgl. BIRL16, S. 250f.; DOKR15, S. 26; HAMM12, S. 37; TARO00, S. 75]. Eine detaillierte Analyse der Rolle von Daten, Informationen und Wissen in der Produktentwicklung findet sich in Kapitel 2.3.1.

2.1.4 Dokumentation in der Produktentwicklung

In der Norm DIN EN ISO 9000 wird der Begriff „Dokumentation“ zunächst als „Ein Satz von Dokumenten, z. B. Spezifikationen und Aufzeichnungen“ beschrieben, er wird konkretisiert als „dokumentierte Information“ die „gelenkt und aufrecht erhalten werden muss“ und wird des Weiteren auch auf „das Medium, auf dem sie enthalten ist", bezogen [ISO15a, S. 47]. Somit unterscheidet sich die Dokumentation im Sinne der DIN EN ISO essenziell von Informationen an sich.

Dokumentation als normative und rechtliche Anforderung

In der grundlegenden Überarbeitung der Industrienorm DIN EN ISO 9001 aus dem Jahr 2015 werden eine Reihe von Anforderungen an die Nutzung von dokumentierten Informationen bei der Produktentwicklung gestellt. So müssen Unternehmen etwa sowohl die Ergebnisse der Überprüfung der Kundenanforderungen (sofern vorhanden) aufbewahren, als auch die für die Entwicklung notwendigen Informationen wie Entwicklungsergebnisse, Informationen über Steuerungsmaßnahmen und Änderungen. Auch müssen sie die dazugehörigen Freigabeprozesse aufbewahren, wobei das Aufbewahrungsmedium angemessen sein muss, die dokumentierten Informationen müssen nicht notwendigerweise in Papierform vorliegen [ISO15b, S. 30-37].Da viele der produzierenden Unternehmen sich nach DIN EN ISO 9001:2015 zertifizieren lassen, müssen sie folglich auch bei der Entwicklung physischer Produkte eine große Menge an dokumentierten Informationen nachweisen und aufbewahren.

Daneben gibt es auch rechtliche Vorgaben zu notwendigen Dokumentationspflichten, in Europa beispielsweise durch das Produktsicherheitsgesetz (ProdSG) oder die Richtlinie 2011/65/EU (RoHS) [PROD11; ROHS11]. So fordert die RoHS die Einhaltung von maximal zulässigen Höchstkonzentrationen umweltgefährdender Substanzen in Elektro- und Elektronikgeräten, d.h. ohne einen entsprechenden Nachweis über die Einhaltung der Höchstgrenzen wären solche Produkte in der EU nicht verkehrsfähig. Ebenfalls können haftungsrechtliche Ansprüche durch Konstruktionsfehler erwachsen, die das Unternehmen nach aktuellem Stand von Wissenschaft und Technik technisch möglich und wirtschaftlich zumutbar hätte vermeiden können. Dies regelt in Deutschland das EU-weit harmonisierte Produkthaftungsgesetz (ProdHaftG) [PROD89]. In der Praxis stellt die nachweisbare Einhaltung sämtlicher für das jeweilige Produkt relevanter Vorgaben aus Richtlinien, Verordnungen und Regelungen eine konkrete Anforderung an die Produktentwicklung dar. Nur durch die Erfüllung dieser Anforderung ist das Risiko von Bußgeldern, behördlich angeordneten Rückrufen und Schadensersatzklagen und damit verbundenen Rufschädigungen nach Inverkehrgabe von Produkten ausreichend minimiert. Eine exemplarische Übersicht von Mängeln bei der Dokumentation verfahrenstechnischer Anlagen liefert WEBER [WEBE08, S. 27-29]. [SCPF15, S. 483-494]

Dies gilt insbesondere für Produkte, bei denen die Gesetzgeber aufgrund sicherheitskritischer Produktmerkmale Dokumentationsmaßnahmen in größerem Umfang verlangen. Beispielhaft seien hier die Medizintechnik, die Luft- und Raumfahrttechnik sowie die Nukleartechnik genannt. Für aktive Implantate wie einen Herzschrittmacher etwa gilt in Deutschland die Qualitätsmanagementnorm DIN EN ISO 13485 für Medizinprodukte, die eine Konformitätsbewertung von Neuprodukten durch eine sogenannte „Benannte Stelle" vorschreibt. Diese benannte Stelle fordert dazu die vorgeschriebene technische Dokumentation der Entwicklung und insbesondere der Ergebnisse von umfangreichen internen Tests und klinischen Studien vom Unternehmen an und prüft diese, bevor das Produkt auf den Markt gebracht werden kann. [BVME16, S. 7-11]

Dokumentation als wertschöpfende Tätigkeit

Insbesondere bei komplexen und langlebigen Produkten wie verfahrenstechnischen Anlagen oder autonomen Robotern ist die Dokumentation für den Benutzer von zentraler Bedeutung, um das erhaltene Produkt sicher und wirtschaftlich nutzen zu können. Nimmt der Kunde beispielsweise eine Anlage selbst in Betrieb, so kann es bei fehlerhafter oder unzureichender Dokumentation zu einer verzögerten Inbetriebnahme oder zu wirtschaftlichen Schäden durch fehlerhaften Umgang mit dem Produkt kommen. Auch kommt der Verfügbarkeit von relevantem Produktwissen für Dienstleistungen, die Teil von hybriden Leistungsbündeln sind, eine hohe Bedeutung zu, da der wirtschaftliche Erfolg einer produktbezogenen Dienstleistung essenziell von der Dokumentationsqualität des Herstellers abhängig ist [BBBF10, S. 2060].

2.1.5 Kommunikation in der Produktentwicklung

Kommunikation bezeichnet im Allgemeinen die Übermittlung einer Information aus einer Informationsquelle an einen Empfänger [SHWE64[2], S. 34]. Auch wenn Softwaresysteme bzw. Maschinen miteinander kommunizieren können und dies im Rahmen der Produktentwicklung auch tun, sei der Begriff der Kommunikation hier auf die Informationsübermittlung zwischen Personen eingeschränkt, da sie in diesem Sinn auch in den meisten Quellen verwandt wird. Kommunikation geschieht dabei stets entweder persönlich oder über ein Kommunikationsmedium, wie etwa Telefon, Fax, E-Mail oder internetbasierte Kommunikationsmedien und kann sowohl von einer Person zu einer anderen Person als auch zu mehreren Personen geschehen. [BECK14, S. 14]

Analog zur Dokumentation haben viele Unternehmen die bevorzugten Kommunikationsmittel sowie ihre Kommunikationsstrukturen in den Prozessbeschreibungen des Entwicklungsprozesses festgelegt, wo es möglich und sinnvoll ist. Dennoch gibt es gegenüber der Dokumentation einige verfahrensbedingte Besonderheiten: Aufgrund der technischen Rahmenbedingungen der Kommunikationsmedien sowie aufgrund von Störfaktoren, die in den beteiligten Personen liegen, kann der Informationsfluss unvollständig oder fehlerhaft sein, was zum Teil weitreichende negative Folgen haben kann. Aus diesem Grund wird bei der Kommunikation wichtiger Informationen oftmals zusätzlich ein Kommunikationsprotokoll erstellt und kommuniziert, um sicherzustellen, dass die ausgetauschten Informationen auch vollständig und richtig angekommen sind. Diese enge Verzahnung von Kommunikation und Dokumentation ist gerade in der Produktentwicklung grundlegend wichtig, da Missverständnisse oder Fehler gravierende, weitreichende Konsequenzen haben können.

[2] Die ursprüngliche Definition in der Quelle ist auf die Nachrichtentechnik zugeschnitten und geht daher noch auf die Aspekte der Umwandlung der Information durch einen Transmitter in ein Signal und auf die mögliche Störung des Empfangs des Signals ein.

2.2 Der Produktentstehungsprozess als Ordnungsrahmen der Produktentwicklung physischer Produkte

Auch wenn sich Entwicklungsprojekte durch Einmaligkeit auszeichnen und in hohem Maße von Unsicherheit geprägt sind, so hat doch der Erfolg der Standardisierung der Produktentwicklung auch dazu geführt, dass nahezu alle Unternehmen ein Modell ihres Entwicklungsprozesses bilden und dieses mit Informationen anreichern. Der übergeordnete Prozess von der Produktidee bis zur Produktion eines verkaufsfähigen Produkts wird dabei zumeist Produktentstehungsprozess oder Produktentwicklungsprozess (PEP) genannt, wobei der genaue Start- und Endpunkt dieses Prozesses je nach Quelle leicht variiert. Diese Modelle bilden eine geeignete Basis, standardisierte Methoden im Produktentwicklungsprozess zu nutzen, die jeweils spezifischen Zielen dienen und für verschiedene Branchen zum Teil essenzielle Bestandteile des Produktentwicklungsprozesses geworden sind.

2.2.1 Vorgehensmodelle des Produktentstehungsprozesses

Um Entwicklungsprojekte zu planen und zu überwachen, bedarf es wie bei allen größeren Projekten eines Projektplans. Um zu verstehen, wie die einzelnen Elemente des Projektplans bei einer komplexen Unternehmung wie der Produktentwicklung miteinander verbunden sind, bietet sich ein für alle Entwicklungsprojekte gültiges Vorgehensmodell an. Vorgehensmodelle beschreiben nach GNATZ den „standardisierten organisatorischen Rahmen für den idealen Ablauf eines Entwicklungsprojekts" und beschreiben den Ablauf der Aktivitäten sowie die Rollen der Beteiligten innerhalb eines Entwicklungsprojekts [GNAT05, S 2].

Kernelement der Vorgehensmodelle der Produktentwicklung ist meist ein visueller Produktentwicklungsplan, der die Phasen eines Produktentwicklungsprozesses sowie weitere Elemente grafisch in Beziehung zueinander setzt. Einige dieser Vorgehensmodelle beinhalten auch konkrete methodische Handlungsanweisungen. Generell lassen sich die Vorgehensmodelle nach ihrer wissenschaftstheoretischen Herkunft ordnen und lassen sich grob unterteilen in Mechanik-basierte, Elektrotechnik-basierte und Software-basierte Vorgehensmodelle sowie Modelle des Systems Engineerings. An dieser Stelle sollen exemplarisch einige bedeutende und aktuelle Vorgehensmodelle beschrieben werden, eine kompakte Übersicht liefert EIGNER [EIGN14a, S. 16-52].

Sequentielle Produktentwicklungsprozessmodelle

Ein in Unternehmen weithin zu findender Serienproduktions-orientierter Ansatz zur Strukturierung des Produktentwicklungsprozesses leitet sich aus der Advanced Product Quality Planning-Richtlinie der Automobilindustrie ab (APQP; in der deutschsprachigen Literatur oft mit Produktqualitätsvorausplanung oder Qualitätsvorausplanung übersetzt) [SCPF15, S. 539]. Ziel der Richtlinie ist die Forderung eines Qualitätsplans zur Sicherstellung der Kundenzufriedenheit. In diesem Ansatz werden die an der Produktentwicklung beteiligten Prozesse in fünf Phasen gegliedert, ihnen werden wiederum spezifische Methoden zugeordnet (siehe Abbildung 2-5). Die Phasen sind:

1. Planung
2. Produktentwicklung
3. Prozessentwicklung
4. Produkt- und Prozessvalidierung
5. Rückmeldung, Assessment und Korrekturmaßnahmen

Während die insgesamt 38 Methoden von APQP auch aufgrund des hohen Aufwands in sehr verschiedenem Grad in Unternehmen Anwendung finden, haben viele Unternehmen eine ähnliche Grobgliederung der eigenen Entwicklungsprozesse übernommen [JHKP14, S. 428]. Häufig werden auch Synonyme für die Phasen und Meilensteine dieser sequentiellen Prozesse in Unternehmen, die am Ende der Prozessschritte stehen, verwandt, z. B. „Freigabe Konzept" (auch „specification freeze" oder „concept freeze") am Ende der Planungsphase und „Konstruktionsfreigabe" (auch „design freeze") am Ende der Produktentwicklung [EGEC05, S. 1; EHME13, S. 179; EIST09, S. 101f.; KREI10, S. 13]. Auch wird an diesem Prozessdiagramm deutlich, dass Unternehmen heutzutage die Prozesse in und um die Produktentwicklung synchronisieren, um die Produkte schneller auf den Markt zu bringen. Dies wird in der Literatur gemeinhin als Concurrent Engineering (für Prozesse in der Produktentwicklung) oder Simultaneous Engineering (für die Parallelisierung von Prozessen mit Schnittstellen zur Produktentwicklung) bezeichnet [BEGE16, S. 404; SCSC15, S. 32].

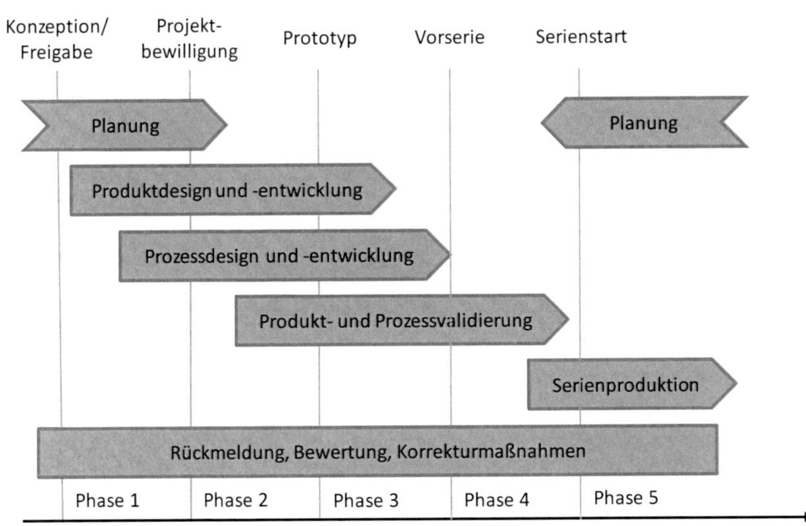

Abbildung 2-5: Exemplarische Prozessschritte der Produktentwicklung nach APQP [SCPF15, S. 540]

Aus deskriptiver Sicht handelt es sich bei diesem Ansatz um einen sequenziellen Ansatz, bei dem Prozessschritte aufeinanderfolgend oder parallel zueinander über einer Zeitachse aufgetragen werden. Diese Darstellung wird oftmals noch durch einzelne Meilensteine ergänzt und existiert zum Teil auf verschiedenen Detaillierungsebenen, d.h. hinter jedem der Prozessschritte verbirgt sich eine Abfolge kleinerer Prozessschritte, die in der Regel in einem ergänzenden Diagramm aufgezeigt werden. Ein Vorteil dieser Darstellung ist, dass sich sehr genau aufzeigen lässt, an welchem Punkt sich ein Projekt gerade befindet und welche Schritte und Meilensteine als nächstes zu durchlaufen sein werden. Jedoch lassen sich insbesondere die notwendigen Iterationen in dieser Darstellung nur schwerlich verorten und darstellen.

V-Modell

Durch das Zusammenspiel mehrerer ingenieurswissenschaftlicher Disziplinen in der Entwicklung moderner Produkte, insbesondere bei mechatronischen Produkten, trat mehr und mehr in den Vordergrund, dass jede Disziplin über eigene Vorgehensweisen verfügte und diese häufig nicht miteinander kompatibel waren. Um das vernetzte Zusammenwirken der beteiligten Entwickler besser zu steuern, wurde das V-Modell für mechatronische Systeme im Rahmen der VDI-Richtlinie 2206 „Entwicklungsmethodik für mechatronische Systeme“ eingeführt, welches ursprünglich zunächst für die Softwareentwicklung entwickelt worden war. Kerngedanke ist, dass nicht mehr die einzelnen Disziplinen für ihre Teilbereiche Lösungen entwerfen, die dann zusammengebracht und integriert werden (Bottom-up-Ansatz), sondern dass bereits zu Beginn ein domänenübergreifendes Gesamtmodell des Produkts auf Basis der Anforderungen entworfen wird, welches dann immer weiter durch die jeweiligen beteiligten Entwicklungsdomänen detailliert ausgearbeitet wird (Top-down-Ansatz). Auf der Mikro-Ebene empfiehlt das V-Modell für jeden Arbeitsschritt den Problemlösezyklus aus Kapitel 2.1.2 als Methode. Sind alle Lösungselemente des zu entwickelnden Produkts spezifiziert und modelliert, so erfolgt im Rahmen eines Bottom-up-Ansatzes das schrittweise Verifizieren und Validieren der Lösungselemente gegen die Anforderungen sowie das Integrieren in die nächsthöhere Systemebene und das Testen dieser Systemebene gegen ihre Anforderungen. Zum Schluss erfolgt die Integration aller Subsysteme in ein Gesamtsystem und das Überprüfen des Gesamtsystems. [VDI04]

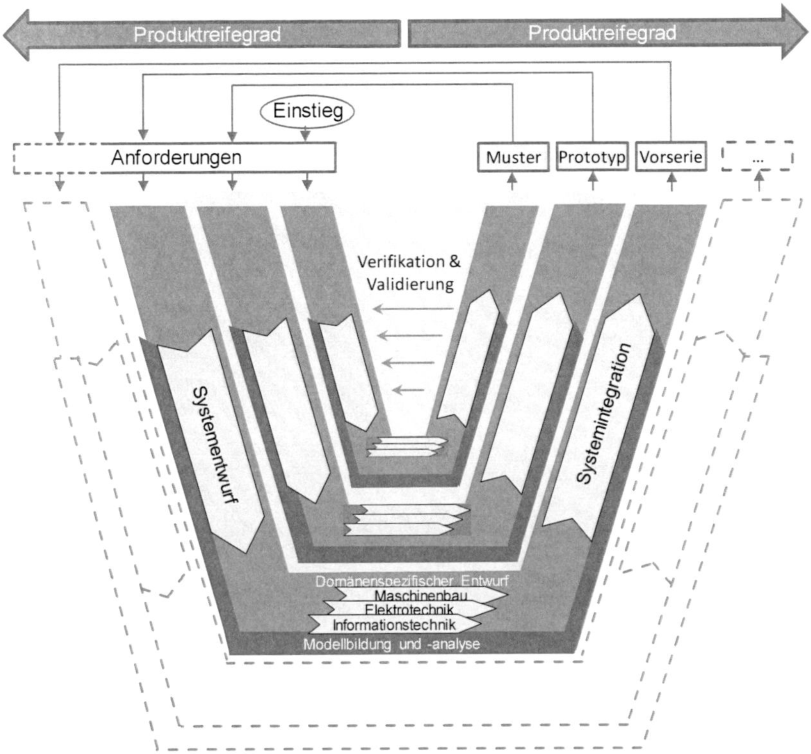

Abbildung 2-6: Iterative Anwendung des V-Modells der mechatronischen Produktentwicklung [VDI04, S. 31]

Hierbei bilden die Anforderungen an das System explizit nicht nur Ausgangspunkte für die Entwicklung, sondern sie dienen ebenfalls als Maßstab, an dem sich das spätere Produkt messen und bewerten lassen muss. Dieses Konzept der Verifikation und Validierung von Anforderungen und Lösungskonzepten mit dem entwickelten und realisierten System stellt auch aus Sicht des Anforderungsmanagements den Stand der Technik dar und wird in Kapitel 2.6.2 eingehend beschrieben. Dieses Vorgehen wird laut der Richtlinie üblicherweise iterativ angewandt, um zu einem immer ausgereifteren Produkt zu gelangen (siehe Abbildung 2-6).

Agile Produktentwicklung

Die agile Produktentwicklung beziehungsweise ihre Bestandteile, also hauptsächlich agile Methoden und Vorgehensmodelle, haben in den letzten Jahren insbesondere aufgrund ihres empirisch nachgewiesenen Effizienz- und Termintreue-Potenzials in der Softwareentwicklung eine große Verbreitung erfahren [KOKU15, S. 9]. Hauptunterschied zu konventionellen Vorgehensmodellen ist dabei die iterative, inkrementelle Abarbeitung von Phasen mit dem Ziel eines funktionsfähigen Produktinkrements anstelle eines sequentiellen Prozesses, an dessen Ende ein ausgereiftes Produkt entsteht. Eine detaillierte, generalisierte Auflistung von Unterschieden zwischen (den meisten) phasenorientierten und agilen Vorgehensmodellen liefert Tabelle 2-1.Unter den agilen Vorgehensmodellen sei beispielhaft das agile Vorgehensmodell *Scrum* erwähnt, welches vielen Autoren heute als „de-facto-Standardprozess“ in der reinen Software-Produktentwicklung gilt. [KLEI16, S. 43-60]

Tabelle 2-1: Vergleich konventioneller (prozessorientierter) und agiler Vorgehensmodell nach KLEIN [KLEI16, S. 51]

Kriterium	Konventionelle Vorgehensmodelle	Agile Vorgehensmodelle
Ablauf und Vorgehen	Prozessgetrieben, sequenziell	Ergebnisgetrieben, evolutionär-iterativ
Anforderungen des Kunden	Bestimmt, stabil	Volatil, variabel
Aufbau des Modells	Formalisiert, phasenorientiert	Flexibilisiert, aufgabenorientiert
Größe der Projekte und der Teams	Großprojekte, große Teams	Kleinere Projekte, kleine Teams
Kundenintegration und Kommunikation	Formell	Kooperativ, informell
Managementstil	Technikorientiert (Methoden, Werkzeuge)	Menschorientiert (Kommunikation, Kooperation)
Rollenverteilung des Modells	Spezialisiert	Interdisziplinär
Zeitrahmen der Projekte	Jahre	Monate

Die Arbeit von KLEIN widmet sich der Integrierbarkeit in die Produktentwicklung im Maschinen- und Anlagenbau und entwickelt eine Einflussmatrix zwischen agilen Methoden der *Scrum*-Methodik und den Aktivitäten des mechatronischen Entwicklungsprozesses. KLEIN identifiziert 149 Aktivitäten, in die sich agile Methoden einbinden lassen. In Abhängigkeit von der Selbstbewertung eines Unternehmens in den Bereichen Unternehmensstruktur, Auftragseigenschaften und Teameigenschaften empfiehlt er die Integration von 9 bis 28 der agilen Techniken in einem oder mehreren Teilabschnitten der Produktentwicklung. Insbesondere im Anforderungsmanagement und in der Projektverfolgung sieht er im Anwendungsfall für ein Maschinenbauunternehmen einen hohen Einflussgrad durch die Anwendung agiler Techniken. Dabei weist er jedoch nicht konkret nach, zu welchem Nutzen die Anwendung dieser Methoden konkret führt. [KLEI16, S. 81-153]

Die erfolgreiche Einbindung dieser agilen Einzeltechniken in einen Standardentwicklungsprozess der Mechatronik entspricht auch den Erfahrungen des Autors im industriellen Umfeld. Auch hinsichtlich der Bedenken bezüglich der Einhaltung von Qualitätsstandards haben sich bereits Autoren positiv zur Integrierbarkeit geäußert [vgl. BRHE16, S. 183]. Übereinstimmend mit KLEIN ist die alleinige Nutzung von agilen Vorgehensweisen als Komplettalternative zu phasengetriebenen Modellen für physische Produkte eher kritisch zu sehen, da bei physischen Produkten nicht durchgängig physische Produktinkremente in kurzen Abständen vorgestellt werden können und auch Prototypentests und Qualitätsmaßnahmen nicht sinnvoll in frühen Phasen durchgeführt werden können [vgl. KLEI16, S. 67f.]. Dennoch werden die agilen Techniken im Produktentwicklungsprozess zunehmend an Bedeutung gewinnen, insbesondere vor dem Hintergrund der steigenden Integration von Software-Komponenten in mechatronische Produkte, weswegen sie insbesondere beim Anforderungsmanagement berücksichtigt werden sollten. Eine gute Übersicht der Änderungen, die sich für das Management von Anforderungen bei der Verwendung agiler Methoden ergeben können, liefern PAETSCH, EBERLEIN und MAURER. Die Autoren bescheinigen eine prinzipielle Vereinbarkeit der beiden Konzepte und sehen die Unterschiede insbesondere in der Detailtiefe und der Menge der Dokumentation. [PAEM03, S. 313]

2.2.2 Meilensteine, Quality Gates und Projektreifegrade

Unabhängig von dem jeweils implizit oder explizit gewählten Vorgehensmodell eines Unternehmens haben sich in Entwicklungsprojekten Meilensteine als festgesetzte Haltepunkte in den Projekten etabliert, zu denen die Beteiligten sich über den aktuellen Stand des Projekts in sogenannten Meilenstein-Treffen oder Design Reviews austauschen und auf Basis der gewonnenen Erkenntnisse neue Maßnahmen definieren. Die Anzahl und die Gestaltung dieser Treffen unterscheiden sich je nach Unternehmen und Projekt. Sie reichen von einigen wenigen Treffen des Projektteams bis zu vielen Treffen, mit unterschiedlichen Zusammensetzungen der Teilnehmer, die Treffen haben unterschiedliche Gesprächsthemen und Ziele. Meist gibt es in den Unternehmen Vorgaben für solche Projekttreffen, beispielsweise müssen die erreichten Ergebnisse bis zu dem Treffen durch eine Führungskraft bewertet und freigegeben werden. Oftmals werden auch notwendige Abweichungen vom Budget- oder Zeitplan diskutiert und entweder freigegeben oder abgelehnt.

Eine wichtige Unterart dieser Projekttreffen sind die Quality Gates, die im Gegensatz zu klassischen Meilenstein-Treffen der Überprüfung der Abarbeitung von vorher festgelegte Anforderungen dienen, da sie nur durchschritten werden können, wenn alle Anforderungen erfüllt sind. [HASC09, S. 206f.]

Als eine Sonderform der Quality Gates Systematik kann das „VDA Reifegradmodell für Neuteile“ des Verbands der Automobilindustrie (VDA) angesehen werden. Anwender dieser Systematik bekommen mit den sieben Reifegraden RF0 bis RF6 festgelegte Fragenkataloge, die sie zu entsprechend festgelegten Projektmeilensteinen einsetzen können, um den aktuellen Reifegrad zu bewerten (siehe Abbildung 2-7). Besonderer Fokus wird dabei auf die unternehmensübergreifende Vergabe von Unterentwicklungen an Lieferanten gelegt, was insbesondere an den Benennungen und

Inhalten der Reifegrade RF1 „Anforderungsmanagement für Vergabeumfang“ und RF2 „Festlegung der Lieferkette und Vergabe der Umfänge“ deutlich wird. Dabei muss die Reifegradsystematik nicht grundsätzlich durch den Original Equipment Manufacturer (OEM), also den Hersteller des Endkundenprodukts, gestartet werden, sie kann auch bei einem Unterlieferanten zur Steuerung wiederum seiner eigenen Zulieferer eingesetzt werden [VDA09, S. 18]. Auch kann in Abhängigkeit des Risikos, dass die Unterentwicklung eines Lieferanten für ein Entwicklungsprojekt darstellt, systematisch bewertet werden, welche Lieferanten zur Arbeit mit der Methode verpflichtet werden sollen, und der Einstieg in die Methode kann zwischen RF0 und RF2 ebenfalls flexibel gestaltet werden [VDA09, S. 14-20]. Die Messkriterien werden in den Reifegradbewertungen mit „Ja/Nein“ beantwortet, der Gesamtreifegrad wird in einem Bericht mittels Ampelsystematik visualisiert. Für jede Verneinung eines Messkriteriums muss eine zugeordnete Maßnahme formuliert und terminiert werden, womit die Systematik teilweise Projektmanagementaufgaben erfüllt bzw. unterstützt. Die Messkriterien können in der Initialisierungsphase abgewandelt und erweitert werden [VDA09, S. 22f.].

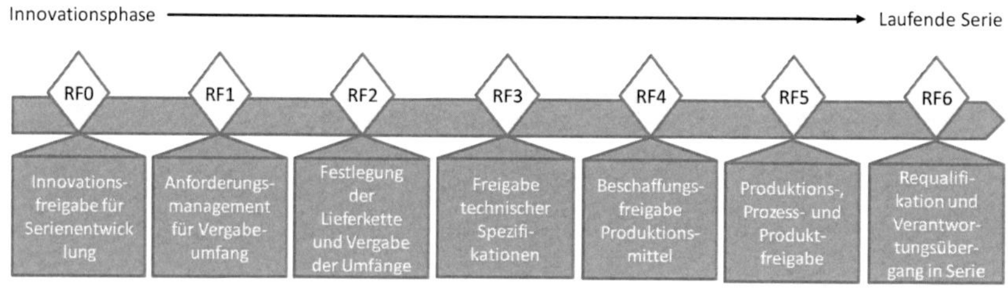

Abbildung 2-7: VDA-Reifegradsystematik [VDA09, S. 22]

2.2.3 Methoden des präventiven Qualitätsmanagements

Bedingt durch den Charakter der Unsicherheit und der Einzigartigkeit eines Entwicklungsprojekts sind Fehler unvermeidbar. Der Entdeckungszeitpunkt eines Fehlers ist entscheidend für die Kosten, die er für das Unternehmen verursacht. Je früher ein Fehler entdeckt wird, desto schneller und günstiger ist in der Regel die Behebung. Mit jeder weiteren Phase des Produktentstehungsprozesses steigen die Fehlerkosten nach der „empirische Zehnerregel“ durchschnittlich um den Faktor 10 (siehe Abbildung 2-8).

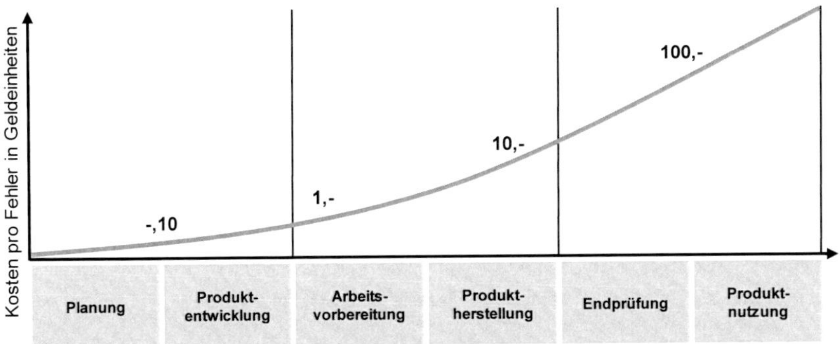

Abbildung 2-8: Fehlerkostenentwicklung nach der "Zehnerregel“ [SCPF15, S. 3]

Zur Vermeidung dieser Steigerung von Fehlerkosten ist es ratsam, durch Sorgfalt und methodisches Vorgehen in den Anfangsphasen Fehler möglichst frühzeitig zu erkennen und zu beheben (Frontloading). Dafür sind im Forschungsfeld des „präventiven Qualitätsmanagements“ eine Reihe von Methoden entwickelt worden, die mehr oder weniger häufig in der Industrie zum Einsatz kommen. Die gebräuchlichste Methode zur Fehlererkennung ist die FMEA, die aufgrund ihrer Bedeutung als Standardinstrument in der Automobilindustrie weltweit und branchenübergreifend verbreitet ist. Bei der FMEA werden für jede Funktion eines Produkts mögliche Fehlfunktionen überlegt und diese wiederum systematisch bewertet und mitigiert. [vgl. SCPF15, S. 559ff., einen detaillierte Methodenvorstellung liefert CARL12]. Darüber hinaus können Fehler bzw. Fehlentwicklungen auch durch das Konzept des Quality Function Deployment (QFD) entdeckt werden. Bei dieser Methode werden Kundenanforderungen und Produktmerkmale, bzw. zu späteren Zeitpunkten Produktmerkmale und Komponenten, strukturiert in einer Qualitätsmatrix miteinander verglichen und anhand dessen die Einflüsse der Merkmale auf die Kundenanforderungen bewertet. Aufgrund dieser Bewertungen können die Kundenanforderungen besser nach ihrer Wichtigkeit priorisiert werden, um nötige Ressourcen zielgerichteter gewinnbringend einzusetzen. [vgl. SCPF15, S. 585ff.]

2.3 Produktdaten und Informationen als Repräsentanz des Entwicklungsobjekts

Ziel dieses Kapitels ist es, Anforderungen und Daten als Repräsentanz des späteren Produkts zu verorten und mit weiteren Produktdaten in Bezug zu setzen. Gleichzeitig wird die Bedeutung der Datendurchgängigkeit bzw. des Datenaustauschs herausgestellt. Dazu wird im Folgenden auch die Notwendigkeit des Software-Einsatzes zur Erstellung und Veränderung von Daten dargestellt.

2.3.1 Bedeutung von Daten und Informationen in der Produktentwicklung

Das zentrale Ergebnis der Produktentwicklung ist laut Eigner und Stelzer das „intellektuelle Produkt“, also die Produktbeschreibung inklusive aller dazugehörigen Informationen. Dazu zählen die Dokumente, digitale Modelle, die Entwurfsunterlagen aller zugehörigen Betriebsmittel sowie die Planungsunterlagen [EIST09, S. 2]. Nach EHRLENSPIEL und MEERKAMM wird 8% bis 50% der Entwicklungszeit für die Gewinnung von Informationen eingesetzt [EHME13, S. 546]. Mit der zunehmenden Virtualisierung und dem steigenden Bedarf an Simulationen im Produktentwicklungsprozess sowie durch die tendenziell immer komplexer werdenden Produkte werden im Entwicklungsprozess immer mehr Daten erzeugt, die dann zu Informationen weiterverarbeitet werden (siehe Abbildung 2-9) [BENM13, S. 39; EIST09, S. 49; VAJN13, S. 102]. So finden sich in heutigen Produktlebenszyklusmanagement (PLM)-Lösungen oftmals mehrere Millionen Dokumente, wobei die meisten durch sogenannte Autorensysteme im Laufe der Produktentwicklung erzeugt werden [EIST09, S. 136].

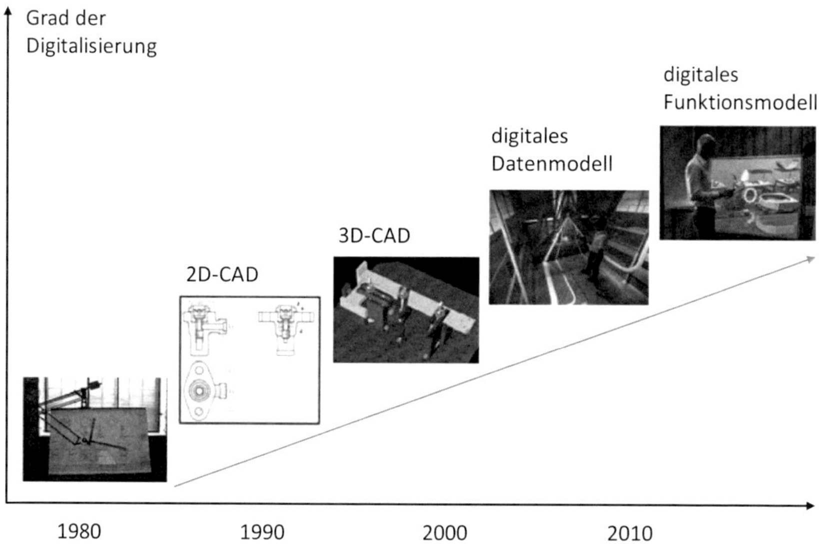

Abbildung 2-9: Digitalisierung der Modellbildung in der Produktentwicklung [SCSC15, S. 29]

Dies gilt umso mehr, da bei vielen Unternehmen mit physischen Produkten auch der Softwareanteil an dem Produkt wächst, ein Trend, der in der Literatur auch gerne mit dem Einzug der Mechatronik in die klassischen mechanischen und elektrischen Produkte umschrieben wird [HELL13 S. 11f.].

2.3.2 Daten- und Informationstypen in der Produktentwicklung

Vereinfacht gesagt ist jeglicher Datensatz, der zum Zeitpunkt seiner Entstehung, oder auch erst im Nachhinein, einem bestimmten Produkt zugeordnet werden kann, Teil der produktbezogenen Daten und Informationen. In dieser Arbeit soll der Fokus auf diejenigen Daten und Informationen gelegt werden, die standardmäßig bei einer Produktentwicklung erzeugt werden. Von zentraler Bedeutung sind dabei jene Daten und Informationen, die der modellhaften Beschreibung des Produkts dienen, also Daten und Informationen zu den *Produktmodellen* [BENM13, S. 41ff.]. BEUTNER ET AL. unterscheiden dabei zwischen Daten zur *Produktdefinition*, zur *Produktrepräsentation* und zur *Produktpräsentation* [BENM13, S. 67f.]. Letzteres beschreibt dabei eine grafische oder textliche Aufbereitung der Produktrepräsentation.

Für komplexe mechatronische Produkte ist die konsistente Arbeit mit verschiedenen, durchgängig miteinander verbundenen Produktmodellen zum Industriestandard geworden, die Literatur spricht hier vom „Model-Based Systems Engineering" (MBSE) [EIGN14a, S. 45ff.]. Die Beschreibung des Produkts beginnt typischerweise entweder mit einer Marktanalyse oder in ersten Gesprächen mit einem Kunden, deshalb können formale oder informale Notizen über grobe Anforderungen und Rahmenbedingungen als die ersten produktdefinierenden Daten eines Entwicklungsprojekts gelten. Aus diesen und weiteren Details entstehen schließlich die Produktanforderungen, die als Teil von schriftlichen Dokumenten, als grafische Skizzen oder als konkrete Datensätze in einem softwarebasierten System vorliegen können. In der Planungsphase werden weitere produktdefinierende Daten über die Anforderungs-, Funktions- und Produktstruktur erzeugt, wobei hier das Datenformat stark von dem Produkt, von der Branche sowie von den eingesetzten Informationssystemen des Unternehmens abhängt. Im Anschluss werden produktrepräsentierende Daten mit den Autorensystemen ausgestaltet, optimiert und in verschiedenen Datenformaten abgelegt, allen voran mit Computer Aided Design (CAD) und Computer Aided Engineering (CAE) wie auch mit Simulations- und Berechnungssystemen. Mittels dieser Werkzeuge werden die funktionalen, logischen und geometrischen Details eines technischen Systems ausgelegt, analysiert und dokumentiert [EIST09, S. 48-62]. Der Softwarecode wird je nach Komplexität zunächst in Modellierungssprachen wie Modelica Modeling Language (ModelicaML) spezifiziert oder direkt mit Programmierwerkzeugen oder in integrierten Entwicklungsumgebungen erzeugt.

Tabelle 2-2: Datentypen in der Produktentwicklung nach Beutner et. Al. [BENM13, S. 70]

Datentyp	Beispiele
Produktdaten	Produktstruktur, Geometrie, Toleranzen, Zeichnungswesen, Produkteigenschaften
Auftragsdaten	Standortdaten, Produktionsprogramme, Losgrößen, Termine
Organisationsdaten	Arbeitszeitorganisation, Ablauforganisation
Ressourcendaten	Ressourcenbeschreibung, Ressourcenanordnung, Ressourcenverknüpfung
Prozessdaten	Prozessbeschreibung, Prozesszeiten, Prozessfolgen
Kostendaten	Investitionskosten, Betriebskosten, Gemeinkosten

Darüber hinaus wird eine Fülle von Informationen in Textverarbeitungs- und Tabellenkalkulations-Werkzeugen erzeugt und in digitalen Dokumenten in unterschiedlichen Dateiformaten abgelegt. Neben Berichten aus den Autorensystemen sind dies vor allem Projekt- und Prozessdaten wie Kostenkalkulationen, Projektfortschrittsanalysen und organisatorische Daten. Eine Unterteilung der Daten im Produktentwicklungsprozess liefern BEUTNER ET AL. (Tabelle 2-2). Zudem können Rohdaten direkt in Datenbankformaten erzeugt werden, die dann wiederum durch Datenbankverwaltungssysteme bearbeitet und analysiert werden können.

2.3.3 Informationssysteme in der Produktentwicklung

Wichtiges Merkmal von Daten und Informationen ist die Art und Weise, wie sie abgelegt und verwaltet werden. Die im vorangegangenen Kapitel erwähnten Daten sind wesentlich durch IT-Systeme, also Informationssysteme, entstanden beziehungsweise werden dort verwaltet. In sehr kleinen und sehr jungen Unternehmen geschieht dies meist durch Ablegen der Dateien in einem virtuellen Ordner eines Betriebssystems. Zentrale Bedeutung haben in Unternehmen höherer Organisationskomplexität meist die Warenwirtschaftssysteme bzw. Enterprise-Resource-Planning- (ERP)-Systeme, in denen zentral auftrags- und organisationsbezogene Daten verwaltet werden. Zentraler für die Produktentwicklung sind aber Produktdatenmanagement- (PDM-) oder Produktlebenszyklusmanagement- (PLM-)Systeme, wobei PDM-Systeme als ein Teil moderner PLM-Systeme zu sehen sind [EIST09, S. 37]. In diesen Systemen werden die Artikelstammdaten sowie dazugehörige Strukturdaten wie Stücklisten hinterlegt und mit Nummernsystemen und Klassifizierungssystemen identifizierbar und indizierbar gemacht. PLM-Systeme verfügen darüber hinaus über sogenannte Workflow-Systeme, um Produktlebenszyklen und Varianten zu steuern und Produktdaten nutzergerecht aufzubereiten [EIST09, S. 65ff.]. Auch die Autorensysteme sind Informationssysteme, die der Verwaltung und Bearbeitung von Daten und Informationen im Produktentwicklungsprozess dienen.

Neben der Existenz dieser Systeme ist der Datenaustausch zwischen den Informationssystemen von zentraler Bedeutung. Gründe dafür sind die Weiterverarbeitung der erzeugten Daten sowie die Aufbereitung für diejenigen Nutzer, die nur bestimmte Informationssysteme nutzen. Dies geschieht, sofern vorhanden, durch Schnittstellen zwischen den Informationssystemen (vgl. Abbildung 2-10). Sind die Informationssysteme von demselben Hersteller, ist die Schnittstelle oftmals bereits Teil der Systeme, in anderen Fällen ist eine Anpassung der Systeme notwendig. Alternativ bietet sich das Exportieren von Daten aus Informationssystemen in speziellen Dateiformaten an, sogenannten Datenaustauschformaten. Von großer Bedeutung im Bereich der Produktmodelle sind hier beispielsweise die Formate *Requirements Interchange Format* (ReqIF oder RIF), *Initial Graphics Exchange Specification* (IGES) und *Standard for the Exchange of Product model data* (STEP) [BENM13, S. 68f.; GRAN14, S. 31f.; GILZ14, S. 74].

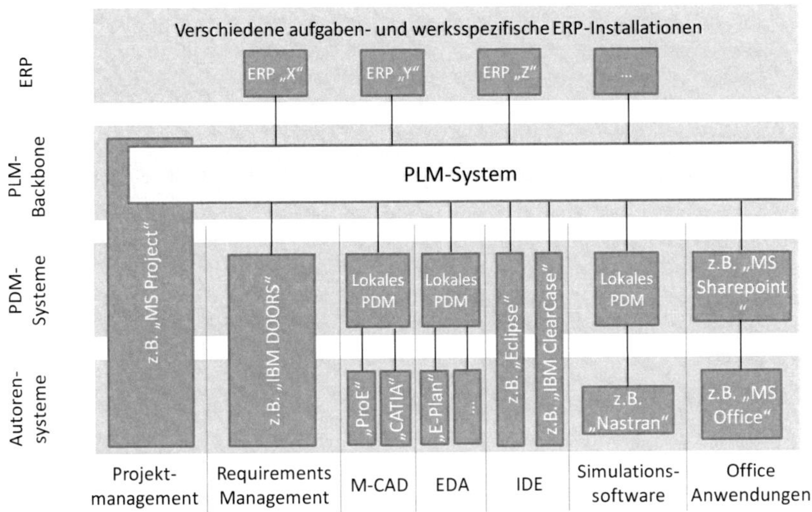

ERP	Enterprise Resource System	M-CAD	Mechanical Computer Aided Design
PLM	Product Lifecycle Management	EDA	Electronic Design Automation
PDM	Product Data Management	IDE	Integrated Development Environment

Abbildung 2-10: Beispielhafte Anordnung von Informationssystemen in Unternehmen nach EIGNER und STELZER [aktualisierte Darstellung in Anlehnung an EIST09, S. 43]

2.4 Dokumentation und Kommunikation zum Management des Projektfortschritts

Die in Kapitel 2.1.4 und 2.1.5 beschriebenen Arten der Kommunikation und Dokumentation existieren in jedem Entwicklungsprojekt und stellen aus Kundensicht zunächst einmal keine unmittelbare Wertschöpfung dar (ausgenommen vom Kunden geforderte Unterlagen der Dokumentation). Sie sind jedoch kein Selbstzweck, ihre Notwendigkeit für die Praxis ist evident. Ihre Bedeutung soll hier vor dem Hintergrund der zuvor erläuterten Prozess- und Systemlandschaften in Unternehmen erläutert werden.

2.4.1 Bedeutung von Dokumentation und Kommunikation in der Produktentwicklung

Ganz gleich ob nun Daten oder Informationen erzeugt wurden, ein wesentlicher Arbeitsaufwand in der Produktentwicklung ist die Kommunikation dieser neu gewonnenen Ergebnisse an unterschiedliche Projektbeteiligte. So kann ein Informationsaustausch unter Entwicklern innerhalb des Unternehmens notwendig sein, um parallele Arbeiten zu synchronisieren oder sequenzielle Arbeiten zu initiieren. Auch können neue Informationen im Projektteam ausgetauscht werden, um Risiken einzuschätzen und Entscheidungen zu treffen. Vielfach ist auch die sachbezogene Kommunikation an Stakeholder des Projekts notwendig, beispielsweise gegenüber Projektleitern,

Führungskräften oder Bevollmächtigten eines Kunden. Durch die in Kapitel 2.3 beschriebene Zunahme an Daten und Informationen in der Produktentwicklung bei gleichzeitiger Verkürzung der time-to-market gehen einige Quellen sogar so weit, eine Verschiebung der Arbeitsanteile zu beobachten: weniger Anteile für eigentliche Entwicklungsaufgaben, dagegen vermehrt Aufgaben eines Informationsmanagers. EIGNER und STOLZ haben für die Tätigkeiten eines Entwicklungsingenieurs in einem definierten Zeitraum von mehreren Jahren einen prozentualen Zuwachs des verwendeten Arbeitszeitanteils für Kommunikation, Dokumentation und Projektmanagement von 58 % beobachtet, bei gleichzeitiger Reduktion des Zeitanteils fachlicher Aufgaben um 46 % [EIST09, S. 17]. PREFI fügt an, dass bis zu 80% der Entwicklungsleistung aus Informationsbeschaffung, Kommunikation und Abstimmung bestehen [PREF14, S. 419].

Diese Veränderung wird auch durch ein Studienergebnis aus dem Jahr 2013 gestützt: der effiziente Informationsaustausch zwischen den Projektbeteiligten im Produktentstehungsprozess ist für 74,5% der 184 befragten Studienteilnehmer aus der Industrie einer der wichtigsten Erfolgsfaktoren für die Produktentwicklung [ALRL13, S. 35f.]. In der Studie von ENGEL und QUADEJAKOB nennen die Unternehmen „schlechte Kommunikation“ sogar als wichtigsten Grund für das Scheitern von Projekten im Allgemeinen [ENQU08, S. 3]. HAMMERS fokussiert in seiner Arbeit auf die Absicherung kritischer Informationspfade in der Produktentwicklung. Er stellt heraus, dass Informationsflüsse die inhaltliche Verknüpfung von Aktivitäten im Entwicklungsprozess bilden und zugleich die zeitliche Beziehung dieser Aktivitäten zueinander gestalten, indem sie zur Partitionierung und Sequenzierung von Aktivitäten herangezogen werden [HAMM12, S. 75f.]. Entscheidende Variablen der Informationsflüsse sind laut Hammers dabei die Änderungswahrscheinlichkeit und der Änderungsumfang von Informationen, Übertragungsfehler im Informationsfluss durch menschliche Fehlleistungen, Übertragungsverluste oder Fehlinterpretationen sowie die Abhängigkeit der Folgeaktivitäten von vorgelagerten Informationsflüssen [HAMM12, S. 100-106].

Zwecks Informationsaustausches ist es branchenübergreifend Stand der Technik, dass eine Reihe von Informationen standardisiert dokumentiert werden. Für die Transparenz und die Nachvollziehbarkeit für alle im Projektteam Beteiligten ist eine Aufbereitung dieser Informationen dringend erforderlich, damit ihre Relevanz auch für alle nachvollziehbar ist. Über branchenspezifische Dokumentationsvorschriften hinaus sind Art, Zeitpunkt und Detailtiefe der Dokumentation unternehmensspezifisch und werden meist durch Prozessbeschreibungen, in Qualitätsmanagementhandbüchern oder in Unternehmensrichtlinien festgelegt. Beispiel hierfür sind aktuelle Projektpläne, Ergebnisberichte von verschiedenen Berechnungen oder durchgeführten Untersuchungen, Meilenstein-Trend-Analysen und Kostenanalysen. Auch die Dokumentation von Besprechungen ist je nach Projektgröße und Zusammensetzung der Projektteams von großer Bedeutung, um Missverständnisse zu vermeiden und im Nachhinein Klarheit über getroffene Entscheidungen zu haben. Prozessbeschreibungen sind insbesondere für neue Mitarbeiter ein unerlässlicher Leitfaden, um erstmalig Tätigkeiten im Rahmen eines Entwicklungsprojekts durchzuführen.

Der Dokumentationsaufwand hat seine Gründe nicht allein in der Erhöhung von Effektivität und Effizienz der Projektbeteiligten, sondern ist auch eine wichtige Informationsgrundlage für das Management. Entwicklungsprojekte sind nicht selten deutlich teurer oder zeitaufwändiger als erwartet und führen auch teilweise überhaupt nicht zu einer erfolgreichen Lösung, weswegen das Management die Verantwortung dafür trägt, Probleme in Projekten frühzeitig zu erkennen und über den Abbruch oder die Fortführung eins Projekts zu entscheiden.

2.4.2 Kommunikation und Kommunikationssysteme in der Produktentwicklung

Kommunikation ist ein essenzieller Bestandteil einer funktionierenden Produktentwicklung, da es wichtig ist, dass alle Projektbeteiligten mit dem richtigen Maß an Informationen zur rechten Zeit versorgt werden. Abbildung 2-9 zeigt zudem, dass der prozentuale Anteil der Arbeitszeit, den der Entwickler mit Kommunikation verbringt, gestiegen ist. Dies liegt an der erhöhten Menge an Daten, dem erhöhten Zeitdruck durch kürzere time-to-market sowie an den parallelen Aktivitäten des Concurrent Engineering.

Bedeutung des Mitarbeiters

Betrachtet man das in Kapitel 2.1.3 angeführte Beispiel des Wissen erzeugenden Mitarbeiters, der ein Berechnungs-Softwareprogramm bedient und daraufhin dank seines Vorwissens und logischer Verknüpfung weiß, welche Folgen das Ergebnis für das Entwicklungsprojekt hat (Bauteilversagen unter Einsatzbedingungen), so fällt es leicht, einen Schwachpunkt im Vorgehen zu entdecken. Denn dieser Mitarbeiter könnte auch auf Grund mangelnder Erfahrung oder Fahrlässigkeit das korrekt ermittelte Berechnungsergebnis in der Projektdokumentation ablegen, ohne die notwendigen Maßnahmen erkannt zu haben (Überarbeitung Bauteilgeometrie/Materialauswahl). Sollte es keine informelle oder formelle Kommunikation über das Ergebnis mit anderen Projektmitarbeitern geben, so würde der Fehler nicht bemerkt und das Produkt würde mit dem fehlerhaften Design bzw. Werkstoff weiterentwickelt. In Abhängigkeit des internen Prozesses würde der Fehler erst bei Prototypentests des Bauteils beziehungsweise der Baugruppe oder des Gesamtsystems bemerkt werden, wenn das Bauteil physisch versagt. Zu diesem Zeitpunkt sind bereits möglicherweise eine ganze Reihe anderer Entscheidungen hinsichtlich mit dem Bauteil vernetzter weiterer Bauteile getroffen worden, die nun aufgrund des notwendig gewordenen Redesigns des zerstörten Bauteils ebenfalls alle erneut geprüft werden müssen. Entsprechend der in Kapitel 2.2.3 dargestellten Zehnerregel wird deutlich, welche immense Kostensteigerung dies für das Projekt bedeuten würde. Derartige Fehler in der Produktentwicklung kommen zwar immer wieder vor und sind nicht immer vorhersehbar und vermeidbar, gleichwohl ist die effiziente und effektive Kommunikation unter den Mitarbeitern neben den präventiven Methoden der Fehlervermeidung und Früherkennung (siehe Kapitel 2.2.3) und des präventiven Charakters gut formulierter Prozesse (siehe Kapitel 2.5.1) ein entscheidender Stellhebel bei der Früherkennung von Fehlern.

Kommunikationssysteme in der Produktentwicklung

Für die Kommunikationsform werden in der Regel keine entwicklungsspezifischen Standards festgelegt, da unternehmensweite Kommunikationstandards in der Praxis ausreichend sind. Beispielsweise könnte festgelegt sein, dass nach Meetings wichtige Inhalte bzw. Entscheidungen in einem (Ergebnis-)Protokoll zu verschriftlichen sind, die allen Beteiligten zur Verfügung gestellt werden müssen. Eine weitere in der Praxis verbreitete Regel besagt, dass bei inhaltlichem Kommunikationsbedarf das persönliche Gespräch der Kommunikation gegenüber telefonischer oder schriftlicher Kommunikation zu bevorzugen ist. Hinsichtlich der Kommunikationssysteme ist in der Produktentwicklung allerdings ein wichtiger Trend zu beobachten: zunehmend übernehmen Autorensysteme auch gängige Features aus sozialen Netzwerken, wie die Kommentarfunktion (z.B. Versionsverwaltungssysteme), um so die Kommunikationsinhalte direkt mit relevanten Produktinformationen zu verknüpfen. [GITL18, S. 1ff.; IBMR10, S. 265ff.]

2.4.3 Dokumentation als Kommunikationsbasis und Kundenanforderung

Neben den Dokumentationspflichten, die an Unternehmen durch entsprechende Normen gestellt werden (vgl. Kapitel 2.1.4), ermöglicht eine standardisierte Dokumentation, dass die Projektbeteiligten unabhängig von ihren Fähigkeiten und Erfahrungen bei der Kommunikation untereinander und mit internen wie externen Stakeholdern die richtigen Informationen bereitstellen können. Weitere Vorteile einer guten Dokumentation sind Vertrauenszuwachs bei Kunden und Lieferanten, erleichterte Schulung neuer Mitarbeiter sowie Rechtssicherheit. Die Dokumentation wird in vielen Unternehmen durch Prozessbeschreibungen und Unternehmensrichtlinien geführt, welche, sofern sie im richtigen Detaillierungsgrad definiert sind, für jeden Prozessschritt oder für jede Entwicklungsaktivität die benötigten und zu erzeugenden Dokumentationen definieren. [SCPF15, S. 306-308]

Darüber hinaus ist es in einigen Branchen wie dem Anlagenbau durchaus üblich, Anzahlungen an die Übermittlung freigegebener Dokumentationselemente zu koppeln oder sogar Strafzahlungen bei verspäteter Verfügbarkeit solcher Dokumente zu vereinbaren. Aus der persönlichen Projekterfahrung des Autors sind viele Firmen außerdem der Meinung, dass eine hohe Qualität der vom Kunden erwarteten Dokumentationen sogar einen Wettbewerbsvorteil darstellt, der dazu führen kann, dass ein Unternehmen eine Auftragsentwicklung gegenüber einem Konkurrenten gewinnt, obwohl sie aus finanzieller Sicht nicht das kostengünstigste Angebot abgegeben haben.

Bedeutung der Dokumentation für die Verifikation und Validierung

Validierung und Verifikation bezeichnen ähnliche Konzepte und werden oft nicht klar voneinander abgegrenzt. Vereinfacht geht nach BOEHM die Validierung der Frage nach, ob das richtige System entwickelt wird, während die Verifikation der Frage nachgeht, ob das System richtig entwickelt wird. [BOEH84, S. 75; POHL07, S. 420f.]

Beiden Konzepten ist gemeinsam, dass eine Verbindung zwischen Anforderungen und entwickeltem System hergestellt werden muss. Dabei werden bei der Verifikation die Lösungselemente mit den gestellten Anforderungen verglichen, während bei der Validierung das verifizierte System durch die Stakeholder in der Hinsicht überprüft wird, ob es ihre tatsächlichen Anforderungen auch erfüllt [VRIN10, S. 9]. Somit ist es für beide Prüfschritte notwendig, eine vollständige und aktuelle Spezifikation aller Anforderungen sowie aller Elemente und Funktionen des entwickelten Systems dokumentiert zu haben. Darüber hinaus sind in vielen Fällen auch Testpläne und Verifikations- und Validierungspläne erstellt worden, deren Überprüfung gegebenenfalls in eigenen Berichten zu dokumentieren ist.

2.5 Prozesse und Schnittstellen als Repräsentanz der Entwicklungseffizienz

Die vorherrschenden Prozesstypen und -inhalte in der Produktentwicklung wurden bereits in Kapitel 2.1.2 beschrieben. Aufgrund der hohen Bedeutung von Daten und Informationen wie auch der tragenden Rolle, die der Kommunikation und der Dokumentation in Unternehmen zukommt, ist jetzt noch einmal zu reflektieren, inwieweit die Definition und die Gestaltung von Prozessen für die Zwecke der Informationsgewinnung und -verarbeitung von Bedeutung sind. Darüber hinaus soll dargestellt werden, welche besondere Bedeutung Schnittstellen in Prozessen haben und inwieweit die Zielerreichung der Produktentwicklung dadurch beeinflusst wird.

2.5.1 Bedeutung von Prozessen in der Produktentwicklung

In der Praxis ist vor dem Hintergrund der Einmaligkeit des Entwicklungsprojekts und seiner hohen inhaltlichen Unsicherheit durchaus kritisch zu hinterfragen, inwieweit explizite Prozesse tatsächlich einen Mehrwert für die Produktentwicklung haben. Es ist zu fragen, ob ihre Definition sowie das Priorisieren solcher Prozessdefinitionen gegenüber entgegengesetzten Handlungsmöglichkeiten, die situativ sinnvoller erscheinen, nicht sogar hinderlich sein kann oder zumindest überflüssig ist. Tatsächlich findet sich in der Softwareentwicklung durch den Vormarsch der agilen Methoden ein solcher Denkansatz und gewinnt zunehmend an Bedeutung, denn das *Manifest für agile Softwareentwicklung* fordert sinngemäß die Priorisierung des Werts von „Individuen und Interaktionen“ gegenüber dem Wert von „Prozessen und Werkzeugen“. Gleichzeitig erachten die Autoren den Wert der Prozesse prinzipiell als hoch, zudem fokussiert dieses Manifest explizit auf die Entwicklung von Softwareprodukten. [BBBC01]

Auch PULM beobachtet, dass Prozesse in der Produktentwicklung oft als starr angesehen werden, wodurch Probleme bei der Kommunikation entstehen können oder die gemeinsame Lösungsfindung eines Teams behindert werden kann. Gleichzeitig stellt er fest, dass erst die geregelten Prozesse und Strukturen die wirtschaftliche

Erstellung eines neuen Produkts überhaupt ermöglichen. [PULM04, S. 97-100] Diese Feststellung deckt sich mit den Gestaltungsregeln verbreiteter Vorgehensmodelle für die Produktentwicklung, die die Notwendigkeit von explizit formulierten und standardisierten Prozessen zumeist nicht hinterfragen, sondern sie als notwendig erachten und in ihr Modell prozessual einbetten (vgl. Kapitel 2.2.1). Auch in der Praxis finden sich neben branchenspezifischen Standards zu Prozessmodellen für die Produktentwicklung in nahezu jedem Unternehmen explizit definierte Prozessmodelle der Produktentwicklung sowie eine Fülle von internen Standards und Richtlinien, die einzelne Prozesse beschreiben, so etwa eine Spezifikation des Freigabeprozesses oder eine Richtlinie für das Durchführen von Produkttests. Für ein vorgehensorientiertes Prozessmodell des Managements von Anforderungen und Produktspezifikationen bedeutet dies, dass eine Unterstützung der prozessualen Arbeitsweise der Anwender erforderlich ist und eine Einbettung von Methoden des Vorgehensmodells in Prozessmodelle möglich sein muss.

2.5.2 Schnittstellen in der Produktentwicklung

Wie bereits in Kapitel 2.1.1 herausgestellt, handelt es sich bei der Produktentwicklung um einen Kernprozess von Unternehmen, der kontinuierlich abläuft und mit einer Reihe von anderen Prozessen, die stellenweise zeitlich parallel ablaufen, verwoben ist. Das Prozessmanagement spricht hier von Prozessschnittstellen, wobei sich die Schnittstellen nicht nur zwischen zwei Prozessen, sondern auch zwischen Prozessen und externen Akteuren wie Kunden und Lieferanten befinden [vgl. ELLR14, S. 82; DSKS15, S. 217]. So kann beispielsweise der Prozess des Beschwerdemanagements über eine Schnittstelle eine Prüfung aller aktuell in Entwicklung befindlicher Projekte erfordern, um sicherzustellen, dass ein schwerer Designfehler nicht in zukünftigen Projekten wiederholt wird. Auch der Prozess der Produktion, der in den meisten Unternehmen der direkte Anschlussprozess an eine erfolgreiche Produktentwicklung ist, kann über viele Schnittstellen mit der Produktentwicklung verfügen. So erfolgt in vielen Entwicklungsprojekten eine regelmäßige Abschätzung der Herstellungskosten. Dazu müssen Produktionskosten abgeschätzt werden, wofür wiederum oftmals spezifische Informationen aus der Produktentwicklung benötigt werden, beispielsweise bezüglich Toleranzen bei Maßen oder bezüglich der Oberflächengüte. Die Erkennung und Analyse von Schnittstellen ist essenziell für die Wettbewerbsfähigkeit von Organisationen, da Informationsverluste und Bearbeitungsfehler dort zu Zeit- und Qualitätsverlusten führen können. Daher empfehlen ELLRINGMANN und KOCH, Prozessschnittstellen zu analysieren und an kritischen Stellen zu reduzieren [ELLR14, S. 82-88; KOCH15, S. 19, 91].

Für ein Prozessmodell zum Managen von Anforderungen sind die Prozessschnittstellen insofern von Bedeutung, dass sich aus ihnen neue Anforderungen oder Änderungen an Anforderungen oder Spezifikationen ergeben können. Oftmals kommen an solchen Schnittstellen, insbesondere bei Schnittstellen zu externen Partnern, auch spezielle Softwareprogramme und Datenformate zum Einsatz, die ihrerseits berücksichtigt werden müssen. Auch ist die Gefahr des Informationsverlusts zu berücksichtigen.

2.6 Anforderungen und Anforderungsmanagement in der Produktentwicklung

Bereits in Kapitel 2.3.1 wurden Anforderungen als zentraler Informationstyp in der Produktentwicklung kurz erläutert. Aufgrund ihrer engen Verzahnung mit Dokumentation, Kommunikation und Prozessen in der Produktentwicklung soll an dieser Stelle eine genauere Betrachtung aufzeigen, welche hohe Bedeutung den Anforderungen und dem Managen von Anforderungen in Theorie und Praxis zukommen.

2.6.1 Anforderungen

Die Bedeutung von Anforderungen an technische Systeme für die Produktentwicklung lässt sich prägnant am Qualitätsbegriff der DIN EN ISO 9000 herausstellen. Dort ist Qualität definiert als „Grad, in dem ein Satz inhärenter Merkmale eines Objekts Anforderungen erfüllt" [ISO15a, S. 25]. Möchte ein Unternehmen also ein Produkt entwickeln, welches den Qualitätsansprüchen der oder des Kunden genügt, so ist eine Fokussierung der Produktentwicklung auf die Herausstellung und Erfüllung der Anforderungen an dieses Produkt unerlässlich. Dies gilt nicht nur für Hersteller von teuren, qualitativ hochwertigen Produkten, da Kunden auch bei günstigen Produkten Anforderungen an die Merkmale dieser Produkte stellen.

Definition von Anforderungen

Für den Begriff Anforderung gibt es im Entwicklungskontext keine einheitliche Definition. Nach dem internationalen Standard des Institute of Electrical and Electronics Engineers (IEEE), dem IEEE STD 610, ist „eine Anforderung [...]:

1. eine Bedingung/Fähigkeit/Eigenschaft, die ein Stakeholder für ein Produkt oder einen Prozess fordert, um ein Problem zu lösen oder ein Ziel zu erreichen;
2. eine Bedingung/Fähigkeit/Eigenschaft, die ein System erfüllen/haben muss, um einen Vertrag, einen Standard, eine Spezifikation oder andere formal vorgegebene Dokumente zu erfüllen;
3. eine dokumentierte Repräsentation einer Bedingung/Fähigkeit/Eigenschaft wie in 1. oder 2. definiert." ([IEEE90, S. 62], übersetzt nach GEISBERGER [GEIS05, S. 2])

RUPP beschreibt eine Anforderung als „eine Aussage über eine Eigenschaft oder Leistung eines Produktes, eines Prozesses oder der am Prozess beteiligten Personen" [RUPP07, S. 14]. KICKERMANN umschreibt eine Anforderung im Hinblick auf die Produktkonstruktion als „eine Vorgabe, deren Erfüllung den zielgerichteten Verlauf des jeweiligen Konstruktionsprozesses steuert und/oder Eigenschaften des betreffenden Produktes bestimmt" [KICK95, S. 24]. Dieser Vorgabecharakter unterscheidet Anforderungen von Wünschen, deren Erfüllung lediglich optional ist.

Dabei ist aus Sicht des Autors ein Aspekt der Anforderungen selten im Vordergrund der Arbeiten, der aber zentral ist: die Summe der Anforderungen stellt eine Beschreibung des zu entwickelnden Produkts dar. Anforderungen sind damit auch eine Form von Produktdaten und können als erstes abstraktes Produktmodell verstanden werden.

Anforderungsklassifizierung

Da komplexe technische Produkte oft über sehr viele Anforderungen verfügen, und da die Analyse und Strukturierung der Anforderungen eine herausfordernde Tätigkeit darstellt, ist es üblich, die Anforderungen zu kategorisieren.

Eine häufig anzutreffende Kategorisierung unterscheidet *funktionale* und *nicht-funktionale Anforderungen* [MALE08, S. 91f.; POHL07, S. 16]. Eine funktionale Anforderung ist nach POHL eine „vom [zu entwickelnden] System bzw. von einer Systemkomponente bereitzustellende Funktion oder [...] Service“ [POHL07, S. 15]. RUPP konkretisiert die bereitzustellenden Funktionen als „Anforderung bezüglich des Ergebnisses eines Verhaltens, das von einer Funktion des Systems (oder einer Komponente eines Services) bereitgestellt werden soll“ und definiert demgegenüber nicht-funktionale Anforderungen als „jede Anforderung, die keine funktionale Anforderung ist [RUPP14, S. 17]. Die Richtlinie VDI 2222 unterscheidet zwischen sogenannten *Festforderungen* und *Mindest- oder Höchstforderungen* [VDI97, S. 15]. Dabei sind Festforderungen Anforderungen an ein System, die zwingend vollumfänglich erfüllt sein müssen. Mindest- oder Höchstanforderungen werden in der englischsprachigen Literatur oftmals *Performance Requirements* genannt und bezeichnen eine Anforderung, die einen Grenzwert nicht über- oder unterschreiten darf, jedoch innerhalb der Grenzen beliebige Werte annehmen darf, wobei es oftmals ein anzustrebendes Optimum gibt [EMMA11, S. 294]. Sie sind damit inhaltlich eng verwandt mit dem Begriff der *Qualitätsanforderungen*, den viele Autoren verwenden und die laut POHL „qualitative Eigenschaften des Systems, seiner Subsysteme oder einer Funktion des Systems“ definieren [POHL07, S. 16f.]. POHL liefert auch eine Abgrenzung zu nicht-funktionalen Anforderungen: Er unterteilt nicht-funktionale Anforderungen in echte Qualitätsanforderungen und in „unterspezifizierte funktionale Anforderungen“ und rät von dem Begriff der *nicht-funktionalen Anforderungen* ab. Als unterspezifizierte funktionale Anforderungen bezeichnet er uneindeutig formulierte funktionale Anforderungen, die sich durch Überarbeitung zu funktionalen Anforderungen entwickeln lassen. RUPP unterteilt die nicht-funktionalen Anforderungen hingegen in *technologische Anforderungen*, *Qualitätsanforderungen*, *Anforderungen an die Benutzeroberfläche*, *rechtlich-vertragliche Anforderungen*, *Anforderungen an durchzuführende Tätigkeiten* sowie *Anforderungen an sonstige Lieferbestandteile* [RUPP14, S. 17]. Nach MAYER-BACHMANN sind mögliche Klassifizierungsansätze durch Systemebenen, Funktionsbereiche oder den Projektbezug. Dabei ist mit der *Systemebene* gemeint, ob eine Anforderung die Systemarchitektur, eine Systemdomäne oder eine bestimmte Systemkomponente betrifft, während bei *Funktionsbereichen* das zu entwerfende System in funktionale Module unterteilt wird und die Anforderungen dementsprechend kategorisiert werden. Die dritte Kategorisierung umfasst *projektspezifische und projektübergreifende* Anforderungen [MAYE08, S. 15]. EBERT hingegen bedient sich einer Systemklassifizierung und unterscheidet *Marktanforderungen* (Kundenanforderungen), *Produktanforderungen* und *Komponentenanforderungen* [EBER12, S. 26f.]. GEISBERGER unterteilt Anforderungen in *übergeordnete Ziele*, *Rahmenbedingungen*, *funktionale Anforderungen*, *detaillierte Systemanforderungen*, *Constraints* und *Prozessvorgaben* [GEIS05, S. 84-86].

Insgesamt lassen sich die Anforderungsklassifizierungen in zwei Arten unterteilen: inhaltliche Anforderungsklassen und detaillierungsbasierte Anforderungsklassen. Diese beiden Arten schließen sich jedoch nicht gegenseitig aus. RUPP klassifiziert sowohl nach inhaltlichem Fokus als auch nach Detaillierungsgrad und kommt so auf ein umfassendes Klassifizierungssystem, wobei sie auf Detaillierungsebene auch existierende Begrifflichkeiten anderer Quellen einordnet [RUPP14, S. 17-39] (siehe Tabelle 2-3). Für die Klassifizierung gibt es aus Sicht des Autors keine „richtige" oder „falsche" Einteilung, vielmehr müssen Anwender für ihr eigenes Unternehmen und ihre Produkte festlegen, ob und welche Unterteilung für sie zielführend ist. Dies kann im Rahmen der Einführung eines Anforderungsmanagement-Softwareprodukts (AMSW) erfolgen.

Tabelle 2-3: Anforderungsarten nach RUPP [RUPP14, S. 17-39]

Anforderungsarten (inhaltllich)	Anforderungsarten (Detaillierungsgrad)
funktionale Anforderungen	Spezifikationslevel 0: Grobe Systembeschreibung, Systemziele, Business Goals, Business Requirement, Product Vision
technologische Anforderungen	Spezifikationslevel 1: Use-Case, User Story, Anwendungsszenario, Funktionsbeschreibung, fachliche Anforderung, Epic
Anforderungen an die Benutzeroberfläche	Spezifikationslevel 2: Nutzeranforderung, Sollkonzept, Lastenheft, Operational Requirement, User Story
Qualitätsanforderungen	Spezifikationslevel 3: Detaillierte Anwenderforderung, technische Anforderung, Feinspezifikation, Schnittstellenbeschreibung
Rechtlich-vertragliche Anforderungen	Spezifikationslevel 4: Komponentenanforderung, Pflichtenheft, Modulanforderung, Testfall, Acceptance Criteria
Anforderungen an durchzuführende Tätigkeiten	
Anforderungen an sonstige Lieferbestandteile	

Anforderungsformulierung

Die gebräuchlichste Form der Anforderung in der Praxis ist sicher die Prosaanforderung mit den Hilfsverben „sollen“ oder „müssen“ beziehungsweise im Englischen „shall“ [RUPP14, S. 187; YOUN04, S. 8; ISO11, S. 9]. Eine einfache Beispielanforderung wäre der Satz „Das System soll sicher sein.[3]“ Manche Autoren differenzieren zwischen „sollen“ und „müssen“, um obligatorische von optionalen Anforderungen zu unterscheiden: „muss“-Anforderungen sind zwingend erforderlich, „soll“-Anforderungen sind „nice to have“ [GRAN14, S. 69f.]. Dieser Sprachgebrauch ist in der Praxis so geläufig, dass sich in der Literatur und teilweise auch in der Praxis die Verwendung von Anforderungsschablonen beziehungsweise Anforderungs-Templates etabliert hat [EBER12, S. 92f.]. Damit ist gemeint, dass Anforderungen immer nach einer vorgegebenen Syntax aufgebaut sind, wobei die einfachste Form „[Subjekt] [Hilfsverb] [Objekt] [Prädikat]“ darstellt, die auch bei der obigen Beispielanforderung zur Anwendung kommt [GRAN14, S. 69f.]. In der Praxis haben sich inzwischen eine Fülle von Anforderungsschablonen entwickelt, die auch kompliziertere Formulierungen erlauben oder speziell auf bestimmte Anforderungsarten abgestimmt sind (siehe Abbildung 2-11) [SOPH16]. Vorteil der Nutzung einer Schablone ist, neben der Fehlerminimierung durch Standardisierung, die Möglichkeit der automatischen Syntaxanalyse mittels Softwareprogrammen.

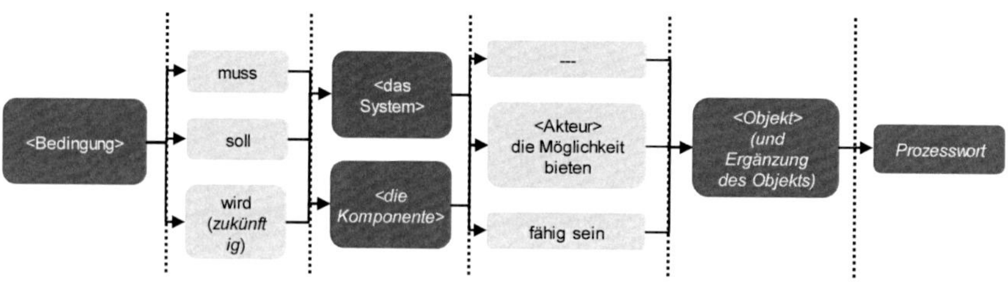

Abbildung 2-11: Anforderungsschablone für funktionale Anforderungen nach dem Funktions-MASTER der SOPHISTEN [SOPH16, S. 10-20]

Über diese Formulierung in Prosaform hinaus gibt es auch Anforderungsnotationen in anderer Form. Eine Skizze beispielsweise kann eine grafische Anforderung sein. RUPP merkt hierzu kritisch an, dass eine Skizze meist mehrere Anforderungen gleichzeitig darstellt und eher eine Quelle für die Formulierung von Anforderungen sein sollte. Grafiken enthalten oftmals zu viele Informationen und es ist nicht klar, welche Details mit welchem Grad der Genauigkeit verbindliche Anforderungen darstellen. RUPP schlägt daher vor, nicht normierte Details in Grafiken, die echte Anforderungen darstellen, zusätzlich in Prosaform zu dokumentieren, insbesondere, wenn es sich um vertraglich bindende Bestandteile handelt. [RUPP14, S. 290f.]

[3] Es sei hier angemerkt, dass diese Beispielanforderung hinsichtlich der im folgenden Kapitel vorgestellten Anforderungsqualität nicht den dort formulierten Qualitätskriterien genügt. Zudem gilt für Beispiele der Hinweis der SOPHISTEN: „Anforderungen, die für sich alleine stehen, sind nur selten eindeutig und vollständig.“ [SOPH16, S. 9]

Aus Gründen der besseren Verwaltbarkeit und Analysierbarkeit von Anforderungen hat es sich heute durchgesetzt, Anforderungen in halbformaler Weise zu formulieren [EBER12, S. 103]. Dabei besteht die Anforderung nicht mehr nur aus einem oder mehreren Sätzen in Prosaform, sondern beinhaltet zusätzliche Informationen, die in standardisierter Weise optional, verpflichtend oder automatisch hinzugefügt werden. Hintergrund ist, dass diese zusätzlichen Informationen mithilfe von Softwareprogrammen beim Anforderungsmanagement und bei der Anforderungsanalyse besser genutzt werden können. Typische zusätzliche Informationen sind etwa die Art der Anforderung, die Priorität der Anforderung oder eine Anforderungsidentifikationsnummer. Letztere kann beispielsweise bei der Erstellung der Anforderung durch ein Softwaresystem automatisch erzeugt werden, während der Anforderungstyp durch den Benutzer festgelegt werden muss. Eine Priorität könnte eine optionale Information sein, die bei der Erstellung meist noch nicht ausgefüllt wird.

Formale Notationen für Anforderungen sind in sicherheitskritischen Systemen und bei der Modellierung von Schnittstellen zu finden. Sie sind meist in einer Programmiersprache geschrieben und können zur automatischen Überprüfung von erzeugtem Software-Code als Teil eines Produkts genutzt werden. Formale Notationen haben nach EBERT jedoch zwei entscheidende Nachteile: zum einen sind sie für Nicht-Informatiker schwer lesbar, zum anderen nehmen sie oftmals die Lösung bereits vorweg und können den Lösungsraum stark eingrenzen [EBER12, S. 103f.].

Eine Sonderform der halbformalen Notation stellt die Darstellung mithilfe der Unified Modeling Language (UML) bzw. der Systems Modeling Language (SysML) dar. Beides sind sogenannte grafische Modellierungssprachen und sollen das Beschreiben komplexer Systeme durch Modelle standardisieren. Die UML wurde in den 1990er Jahren entwickelt und ist inzwischen ein weltweit verbreiteter Standard, der primär für die Beschreibung von Software eingesetzt wird. Aktuell wird sie durch die nicht-kommerzielle Object Management Group (OMG) veröffentlicht. Darüber hinaus wurde die UML von der ISO in der Version 2.4.1 mit den ISO Standards 19505-1 und 19505-2 standardisiert [ISO12a; ISO12b]. Aufgrund ihrer verständlichen Syntax und ihrer Eignung für die Beschreibung von Modellen wurde und wird die UML nicht nur bei der Modellierung von Softwaresystemen angewandt, sondern wird auch in den Bereichen der Geschäftsprozessmodellierung und für das Systems Engineering technischer Systeme erfolgreich angewandt. [WEIL08, S. 199-202]

Die OMG ist auch Herausgeber des SysML-Standards, der eine Erweiterung beziehungsweise Weiterentwicklung der UML speziell für die Bedürfnisse des Systems Engineering darstellt. Prinzipiell gibt es eine hohe Schnittmenge zwischen den Sprachen, was auch an der Bezeichnung UML4SysML deutlich wird (vgl. dazu Abb. 2-12). Zu den wichtigen Erweiterungen zählen Elemente zur Beschreibung und Modellierung von Anforderungen, unter anderem ein eigenes Anforderungsdiagramm. [WEIL08, S. 299-305]

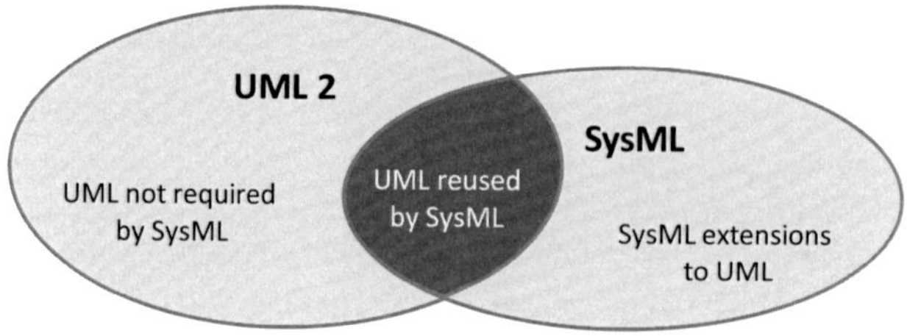

Abbildung 2-12: Zusammenhang zwischen UML und SysML [OMG17, S. 9]

Auf die einzelnen Diagrammtypen und ihre Nutzung für die Anforderungsformulierung und Systemmodellierung wird in den Kapiteln 3.3.1 und 5.2 eingegangen, eine Übersicht der Diagrammtypen findet sich in Anhang A.2.

Anforderungsqualität

Eng zusammenhängend mit der Formulierungsweise ist die Qualität einer einzelnen Anforderung. Der IEEE STD 830 definiert acht Qualitätskriterien für eine Anforderung: *Vollständigkeit*, *Korrektheit*, *Eindeutigkeit*, *Konsistenz*, *Bewertbarkeit*, *Verifizierbarkeit*, *Modifizierbarkeit* und *Verfolgbarkeit* [IEEE98, S. 4]. RUPP ergänzt zudem die Qualitätskriterien *atomar*, *technologische Lösungsneutralität*, *Notwendigkeit* und *rechtliche Relevanz* [RUPP14, S. 26-30]. YOUNG ergänzt die 8 IEEE-Qualitätskriterien durch die Qualitätskriterien *Einfachheit*, *Zuordenbarkeit zu Systembestandteilen*, *Unabhängigkeit von Designvorgaben*, *Redundanzfreiheit* und *eindeutige Identifizierbarkeit,* in Abgrenzung zu RUPP. Außerdem sind für ihn die *Formulierung in standardisierter Form* und das *Vermeiden von relativen Angaben* zusätzliche Qualitätskriterien, die allerdings aus Sicht des Autors bereits Bestandteil des Qualitätskriteriums *Eindeutigkeit* sind. YOUNG empfiehlt des Weiteren, die Begründung oder *Rationale* für eine Anforderung zu dokumentieren, da allein durch das standardisierte Hinterfragen der Begründung jeder Anforderung bis zu 50% der Anforderungen eliminiert werden können, da sie nicht notwendig sind (vgl. auch das entsprechende Kriterium *Notwendigkeit* bei RUPP) [YOUN04, S. 8]. Eine kurze Beschreibung der Qualitätskriterien für Anforderungen nach RUPP findet sich in Anhang A.1

Das Qualitätskriterium *Konsistenz* meint die Konfliktfreiheit einer Anforderung sowohl mit sich selbst als auch mit anderen Anforderungen und bezieht sich damit aus Sicht des Autors vor allem auf funktionale Anforderungen der höchsten Ebene. Denn qualitative Anforderungen können untereinander oder mit funktionalen Anforderungen durchaus in Konflikt stehen [EGGR04, S. 50-54]. RUPP[4] und POHL widmen dem Thema *Anforderungskonflikte* in ihren Abhandlungen jeweils ein komplettes Kapitel [POHL07, S. 397ff.; RUPP14, S. 347ff.]. Pohl unterscheidet dabei zwischen Sachkonflikten, Interessenskonflikten, Wertekonflikten, Beziehungs- und Strukturkonflikten

[4] Allerdings beschränkt sich RUPP in ihrer Definition nur auf Konflikte, die auf widersprüchlichen Wahrnehmungen einer Anforderung durch ihre Stakeholder beruhen, und lässt somit sachliche Konflikte außer Acht.

[POHL07, S. 398]. Unabhängig von der Art des Konflikts lassen sich manche Konflikte auflösen, bei anderen ist durch geeignete Priorisierung und Analyse eine Entscheidung oder ein Kompromiss erforderlich. Die Wahl einer Lösung im Konfliktbereich zweier oder mehrerer Anforderungen kann großen Einfluss auf den Erfolg eines Entwicklungsprojektes bzw. des entwickelten Produktes auf dem Markt haben. Auch das Qualitätskriterium *technologische Lösungsneutralität* bzw. *Unabhängigkeit von Designvorgaben* gilt nur dort, wo Systemschnittstellen und Randbedingungen (z.B. aus Kundenvorgaben) keine Vorgaben machen, die eingehalten werden müssen.

Die Beachtung der Anforderungsqualität spielt bei dem Prozess der Anforderungserhebung, aber auch der Verfeinerung und Änderung von Anforderungen eine große Rolle (siehe Kapitel 2.6.2). Viele Autoren sind sich einig, dass alleine die konsistente Überwachung und Einhaltung dieser Standards für die Formulierung von Anforderungen einen großen positiven Effekt auf den Erfolg des Entwicklungsprojekts hat, wenngleich dies nicht empirisch nachgewiesen wurde [YOUN04, S. 112f.; LEFF97, S. 15; RORO13, S. 305f.].

2.6.2 Anforderungsmanagement

Anforderungen existieren in jedem Produktentwicklungsprojekt und werden auch dann implizit erfasst, analysiert und bewertet, wenn sie nicht explizit genannt werden [RUPP14, S. 10]. Für das Anforderungsmanagement (AM) als explizite Praxis oder Disziplin gibt es eine Reihe unterschiedlicher Definitionen. Dies liegt vor allem an den unterschiedlichen Perspektiven der Autoren, aber auch an einem historisch unterschiedlichen Verständnis im deutschen und angelsächsischen Sprachgebrauch. Eine Diskussion der Begriffe findet sich bei SCHEDL, wobei die Autorin letztlich Anforderungsmanagement „als umfassenden Begriff für alle Aufgaben im Umgang mit Anforderungen" definiert. Im Englischen existieren die Begriffe Requirements Engineering (RE) und Requirements Management (RM), während verschiedene Autoren Anforderungsmanagement wahlweise mit RE oder RM gleichsetzen oder eine eigene inhaltliche Einordnung vornehmen. So bezeichnet MALETZ die Erhebung und Analyse von Anforderungen als Requirements Engineering und grenzt davon Requirements Management ab als nachgelagerten Prozessschritt der Detaillierung und Änderung von Anforderungen [MALE08, S. 35]. Der technische Report (TR) der „International Electrotechnical Commission (IEC)", ISO/IEC-TR 24766, und auch weitere Autoren sehen Requirements Management hingegen als Teil des Requirements Engineering [GEIS05, S. 57; ISO09, S. 2f.; RUPP14, S. 13]. Für diese Arbeit soll der Begriff des Anforderungsmanagements in Anlehnung an SCHEDL alle Bereiche umfassen, die durch RE und RM nach den obigen Definitionen abgedeckt werden.

Bestandteile des Anforderungsmanagements

Auch die Unterteilung der Aktivitäten des AM ist nicht eindeutig in der Literatur definiert, zusätzlich zu der unterschiedlichen Zuordnung der Aktivitäten mal zu RE, mal zu RM. Den kleinsten gemeinsamen Nenner bilden die vier Elemente nach RUPP: *Anforderungserhebung*, *Anforderungsdokumentation*, *Anforderungsprüfung* und *An-*

forderungsverwaltung [RUPP14, S. 14]. Demgegenüber nennt die Norm ISO IEC IEEE 29148, deren Vorgänger, die IEEE Std 810, als die „Urnorm" des Anforderungsmanagements bekannt ist, zehn Aktivitäten für das Anforderungsmanagement (bzw. für das RE), nämlich die *Anforderungsfindung*, *Anforderungsermittlung*, *Anforderungsentwicklung*, *Anforderungsanalyse*, die *Bestimmung der Methode der Anforderungsverifizierung*, die *Anforderungsvalidierung*, die *Kommunikation von Anforderungen*, die *Anforderungsdokumentation* und die *Anforderungsverwaltung* [ISO11, S. 6]. Die Norm geht jedoch auf diese Begriffe nicht weiter ein, zudem finden sich in verwandten Normen teils überschneidende Definitionen [vgl. ISO09, S. 3ff.]. Neben diesen Begriffen verwenden verschiedene Autoren auch sehr unterschiedliche Definitionen für die einzelnen Bestandteile, insbesondere für die Anforderungsverwaltung. ILIE setzt sich mit acht unterschiedlichen Definitionen detailliert auseinander und bezieht in ihrer eigenen Definition auch das *projektübergreifende Wiederverwenden von Anforderungen* sowie das strategische *Gestalten eines durchgängigen Anforderungsmanagementprozesses* als Aufgabe mit ein, klammert jedoch bewusst die Anforderungsermittlung aus. [ILIE13, S. 13-17]. Diese ganzheitliche Sicht deckt sich auch mit der Auffassung von POHL, der ein kontinuierliches, projektbegleitendes und projektübergreifendes Anforderungsmanagement beschreibt [POHL07, S. 34-36].

Für diese Arbeit seien daher, in Anlehnung an ILIE und RUPP, die Bestandteile des Anforderungsmanagements definiert als Anforderungsermittlung, Anforderungsformulierung, Anforderungsverwaltung, Anforderungsanalyse und projektübergreifendes Anforderungsmanagement definiert, sie werden im Folgenden kurz beschrieben.

Die übergeordneten strategischen Tätigkeiten zur Definition eines allgemeinen Anforderungsmanagementprozesses und eines Anforderungsmanagementsystems sollen hier bewusst nicht Teil des operativen Anforderungsmanagements sein, sie werden im Kapitel 2.6.3 in ihrer Bedeutung näher beschrieben.

Anforderungsermittlung

Nach HOOD ET AL. befasst sich die Anforderungsermittlung mit all jenen Aktivitäten, die zur Sammlung einer möglichst vollständigen Menge der relevanten Anforderungen notwendig sind [HMRV07, S. 16]. Dies greift jedoch zu kurz, da auch die Festlegung und Analyse der Stakeholder, der Systemgrenzen sowie der übergeordneten Ziele entscheidend ist für die Identifikation der wirklich relevanten Anforderungen, wie RUPP ausführlich darlegt [RUPP14, S. 73-89]. Bei der eigentlichen Ermittlung ist zunächst einmal ein Blick auf den Typ des Entwicklungsprojekts notwendig, da Anforderungen im Bereich Business-to-Business (B2B) oftmals direkt über Lastenhefte oder direkte Gespräche mit Kunden zustande kommen, während im Bereich Business-to-Customer (B2C) die Anforderungen oftmals über Marktstudien und Interviews oder über Felddaten existierender Produkte ermittelt werden müssen (vgl. Abbildung 2-13). Auch ist wesentlich, wie hoch der Grad der Neuheit für das Unternehmen ist und welche Risiken mit der Entwicklung einhergehen, um eine Kosten-Nutzen-optimale Methode der Anforderungsermittlung festzulegen.

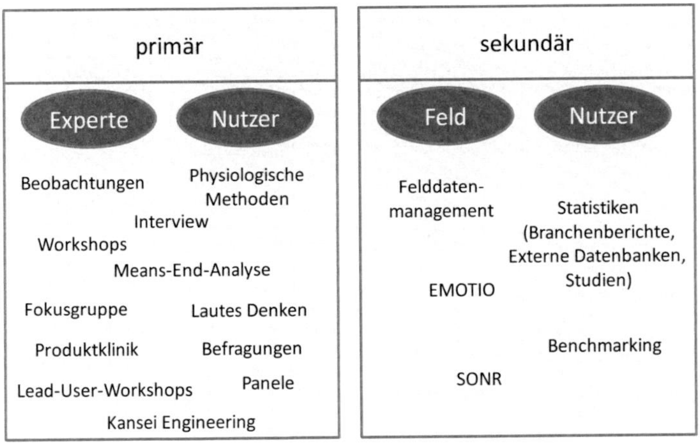

Abbildung 2-13: Methoden der Anforderungsermittlung nach SCHMITT und PFEIFER [SCPF15, S. 151]

Anforderungsdokumentation

Eng mit der Ermittlung verzahnt ist das Dokumentieren von Anforderungen, wobei hier weniger die Formulierungen und deren Qualität im Vordergrund stehen (siehe dazu Kapitel 2.6.1), als vielmehr die Wahl von Dokumentationsmitteln sowie prozessbasierter Standards. Mit der Wahl von Dokumentationsmitteln ist zum einen gemeint, ob die Anforderungen in Prosaform oder (halb)formalen Sprachen geschrieben werden oder welche ergänzenden Diagramme zur Beschreibung zugelassen bzw. verpflichtend sind. Beispielsweise kann gefordert sein, dass Anwendungsfälle für das Gesamtsystem mit Use Case Diagrammen in der SysML dargestellt werden sollen [zur Erläuterung vgl. WEIL08, S. 342ff.]. Weitere häufig verwendete Diagrammtypen sind Aktivitätsdiagramme, Sequenzdiagramme, Zustandsautomaten, Blockdiagramme und Anforderungsdiagramme [vgl. RUPP14, S. 189-212; WEIL08, S. 304-352]

Grundsätzlich stellt sich an dieser Stelle auch die Frage, in welchem Informationssystem beziehungsweise in welchem Dateiformat und auf Basis welcher Vorlage die Anforderungen dokumentiert werden sollen. In einem fiktiven kleinen Unternehmen mit einer geringen Standardisierung wird dies beispielsweise durch eine Datei im DOC-Format realisiert, wobei eine Vorlage mit Überschriften zur Orientierung verwendet wird, und das Dokument in einem festgelegten Projektordner auf einem Netzlaufwerk abgelegt wird. In einem anderen fiktiven Unternehmen soll ein Anforderungsmanagementwerkzeug, etwa IBM Rational DOORS verwendet werden, wo die projektspezifische Vorlage bereits abgelegt ist und der Anforderungsstand in der Datenbank des Systems liegt bzw. regelmäßig als Datei im ReqIF-Format abgelegt wird.

Zudem ist wichtig, ob und wie Anforderungen freigegeben werden. Bedarf es einer Freigabe, bieten sich grundsätzlich zwei Varianten an: in der ersten Variante werden neue Anforderungen durch Projektbeteiligte einfach aufgenommen und im Nachhinein wird in festgelegten Projektmeetings über die Freigabe der gesammelten Anforderungen entschieden, während in Variante zwei jede Anforderung zunächst mit einem Status „neu/nicht freigegeben“ in ein AMSW eingegeben wird und dann speziell berechtigte Personen diese neuen Anforderungen sichten und im AMSW freigeben. Vorteil letzterer Variante ist, dass bei entsprechender Ausstattung der Software automatisch sichtbar ist, welche Person zu welchem Zeitpunkt die Freigabe erteilt hat.

Anforderungen verwalten

Die Anforderungsverwaltung hat nach ILIE und POHL folgende Aufgaben:

- die *Strukturierung der Anforderungen* und das *Managen von Abhängigkeiten zwischen Anforderungen* (und anderen Systemelementen),
- die *Verwaltung der Änderungen von Anforderungen* (und anderen Systemelementen),
- die *Überwachung der Realisierung von Anforderungen* (Arbeitsstatus),
- die *Bereitstellung von Anforderungen und Informationen* (beispielsweise durch Berichte) [ILIE13, S. 17],
- die *Priorisierung von Anforderungen* [POHL07, S. 525-542].

Zunächst beginnt das Verwalten von Anforderungen meist mit der *Strukturierung der* dokumentierten *Anforderungen*. In dieser Arbeit sei darunter verstanden, Beziehungen zwischen Anforderungen untereinander sowie zwischen Anforderungen und weiteren Systemelementen herzustellen und den Anforderungen jeweils Anforderungstypen zuzuordnen. Die geläufigste Beziehung ist dabei die „Mutter-Tochter-Beziehung“ zwischen einer Hauptanforderung und einer Unteranforderung, die implizit auch in einfachen textbasierten Anforderungslisten vorgenommen wird, wenn zu einer nummerierten Hauptanforderung Unteranforderungen nach einem festen Nummerierungsschema zugeordnet werden. POHL unterscheidet fünf Typen der Beziehungen zwischen Anforderungen beziehungsweise anderen Systemelementen: *Bedingung*, *Inhalt*, *Dokumentation*, *Evolution* und *Abstraktion*. So kann ein Lösungselement über eine einschränkende *Bedingung* mit einer Anforderung verbunden sein, zwei Anforderungen können durch *inhaltliche* Ergänzung miteinander in Beziehung gesetzt werden, eine Verbindung zwischen einem dokumentierten Testfall und einer Anforderung fällt unter *„Dokumentation“*, eine *Abstraktionsbeziehung* liegt zwischen einer übergeordneten und einer untergeordneten Anforderung vor und eine *evolutionäre* Beziehung zwischen einer Anforderung und einem zugehörigen Lösungselement [POHL07, S. 508-511]. Die kontinuierliche Pflege dieser Beziehungen trägt laut RUPP stark zur Früherkennung und Vermeidung von Fehlern bei [RUPP14, S. 375].

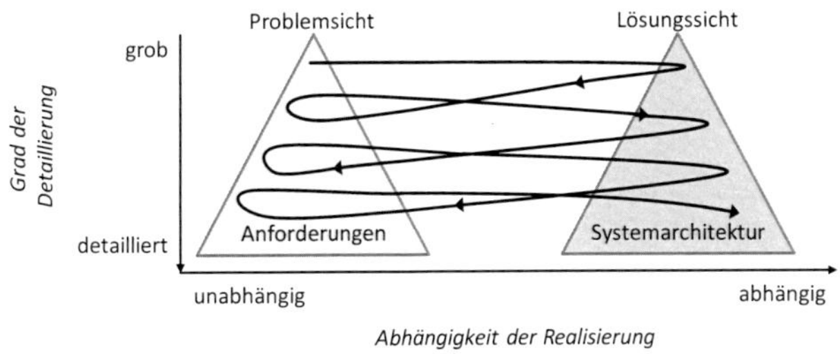

Abbildung 2-14: Iterative Spezifikation von Anforderungen und Lösungselementen über den Verlauf des Systementwurfs [POHL07, S. 23]

Für physische Produkte gestaltet sich der Lebenszyklus der Gesamtheit der Anforderungen und Systemelemente im Wesentlichen durch einem iterativen Prozess der Ableitung von Lösungsalternativen und Funktionsprinzipien aus Anforderungen und der sukzessiven Änderung, Neudefinition und Verfeinerung der Anforderungen (siehe Abbildung 2-14) [POHL07, S. 23]. Dabei sind die Verfeinerung von Anforderungen, das Finden und Formulieren neuer Anforderungen sowie das Ändern bestehender Anforderungen nicht scharf voneinander zu trennen. RUPP empfiehlt, bei der Verfeinerung einer Anforderung eine neue Anforderung zu formulieren und diese mit der ersten in Beziehung zu setzen, während bei einer Änderung ohne Verfeinerung eine neue Version der Anforderung erzeugt werden sollte [RUPP14, S. 404]. Die *Aktualisierung der Anforderungen* erfolgt idealerweise kontinuierlich über den gesamten Produktentwicklungsprozess und nicht nur bis zur Freigabe der Anforderungsspezifikation bzw. des Pflichtenhefts [POHL07, S. 30-34]. Je nach Ersteller einer Änderung und nach Regelung im Unternehmen muss eine Änderung zur Diskussion gestellt und freigegeben werden. Werden Anforderungen nach der Freigabe des Pflichtenhefts bzw. der Spezifikation geändert, ist bei Unternehmen mit hohen Prozessstandards eine formelle Anfrage und Freigabe über einen Engineering Change Request (ECR) nötig. Bei Auftragsentwicklungen ist es auch üblich, dass diese ECR durch den Kunden freigegeben werden müssen, während vorherige „informelle“ Änderungen formloser als Ergebnis von Design Review Meetings oder einfacher Kommunikationsmittel wie Fortschrittsberichten und E-Mails verarbeitet werden. [EIST09, S. 99-103; WAGN14, S. 570] Je nach verfügbaren Informationssystemen ist das Beherrschen der Komplexität von Änderungshistorien großer Anforderungsstrukturen mit hohem Aufwand verbunden, da bei fehlender automatisierter Unterstützung durch Softwareprogramme die damit beauftragten Mitarbeiter Sorge tragen müssen, dass stets die aktuellste Version einer Anforderung in allen relevanten Dokumenten und Systemen verwendet wird, damit Änderungen nicht verloren gehen.

Um Anforderungen bedarfsgerecht umzusetzen ist eine *Priorisierung der Anforderungen* sinnvoll, um Reihenfolgen der Abarbeitung zu bilden und gegebenenfalls Entscheidungen bei Anforderungskonflikten treffen zu können [RUPP14, S. 415; POHL07, S. 525f.]. Priorisiert werden kann nach Wichtigkeit, aber auch nach Kosten, Risiko, Realisierungsaufwand oder Nutzen [POHL07, S. 528f.; ILIE13, S. 69]. Die

Pflege von Priorisierungsmerkmalen geht eventuell einher mit der Pflege weiterer definierter Merkmale, die bei der Anforderungserhebung möglicherweise vergessen wurden. Beispiele hierfür sind Anforderungstyp und Anforderungszustand [RUPP14, S. 416]. Insbesondere der Anforderungszustand gibt, wenn er gepflegt wird, einen guten Überblick über den Fortschritt eines Projekts. So können bspw. mithilfe der Zustände *„Angelegt"*, *„Freigegeben"*, *„Erfüllt"* und *„Verifiziert"* sehr einfach Analysen darüber erzeugt werden, wie viele Anforderungen noch nicht durch Lösungselemente abgedeckt werden oder wie viele Anforderungen bereits getestet worden sind. Schwieriger ist die Überwachung des Projektfortschritts vor allem dann, wenn noch nicht klar ist, ob alle Anforderungen für das Entwicklungsprojekt erhoben worden sind.

Eine essenzielle Aufgabe der Anforderungsverwaltung ist die Bereitstellung von Anforderungen und Informationen. So muss oft in Projekttreffen nachvollziehbar sein, zu welchem Zeitpunkt wie viele Anforderungen erhoben, freigegeben und erfüllt gewesen sind. Da dies in einer stets aktuell gehaltenen Version der Gesamtheit der Anforderungen nicht einfach nachvollziehbar ist, sollten regelmäßig Reports erzeugt werden, die den Ist-Zustand zu einem bestimmten Zeitpunkt wiedergeben. Im Bereich des AM spricht man hierbei von „Baselines", die mit professionellen AMSW auch automatisiert und im Nachhinein erzeugt werden können. [RUPP14, S. 455]

Anforderungsanalyse

Die Anforderungsanalyse umfasst nach RUPP die Bereiche *Review*, *Einflussanalyse*, *Fortschrittsauswertungen*, *Validierung*, *Verifikation* und *anforderungsbasiertes Testen* [RUPP07, S. 14]. Beim *Review* geht es um die Sicherstellung der Qualität von Anforderungen (siehe dazu die Kriterien der Anforderungsqualität in Kapitel 2.6.1) und der gesamten Spezifikation. Für die Gesamtheit der spezifizierten Anforderungen definiert RUPP vier Kriterien, *Vollständigkeit*, *Konsistenz, Erschwinglichkeit und Abgegrenztheit*. *Vollständigkeit* ist das Messkriterium dafür, inwieweit die dokumentierten Anforderungen mit den tatsächlichen Anforderungen übereinstimmen. Das Kriterium *Konsistenz* bedeutet, dass Anforderungen nicht mehrfach enthalten sind und es keine Widersprüche zwischen Systemelementen gibt. *Erschwinglichkeit* bezieht sich auf die Realisierbarkeit im Hinblick auf die Rahmenbedingungen des Projekts, soweit dies zu einem Bewertungszeitpunkt abschätzbar ist. Mit dem letzten Aspekt *Abgegrenztheit* gilt es insbesondere zu prüfen, dass nur Anforderungen enthalten sind, die für den oder die Kunden auch wirklich einen Mehrwert bedeuten. [RUPP14, S. 26-29ff.]

Die *Einflussanalyse* oder Impact-Analyse wird eingesetzt, um bei Änderungen an Anforderungen zu analysieren, welche weiteren Anforderungen, Funktionen und Lösungselemente von dieser Änderung betroffen sein könnten. Notwendig für eine solche Analyse ist das Vorhandensein von Beziehungen zwischen den Elementen. Hat man sich für die Nutzung unterschiedlicher Typen von Beziehungen entschieden, so kann man wesentlich gezielter diese Einflüsse herausstellen, vorausgesetzt die eingesetzte Software bietet die Möglichkeit dazu. [POHL07, S. 555]

Fortschrittsauswertungen sind Teil der Anforderungsverwaltung, wobei die dazu notwendigen technischen und inhaltlichen Mittel zur Durchführung eher der Anforderungsanalyse zugeordnet werden können. Es ist sinnvoll, sich bereits im Vorfeld eines Projekts Gedanken darüber zu machen, welche Analysen nötig und auch leistbar sind, um entsprechende Daten auch mit jeder Anforderungserfassung direkt mit zu pflegen. [RUPP14, S. 420]

Die *Validierung* der Anforderungen bezeichnet nach POHL die Überprüfung, ob die richtigen Anforderungen erfasst wurden [POHL07, S. 423]. Die Überprüfung kann während des Entwicklungsprozesses laufend durch das Einholen von Rückmeldungen existierender Stakeholder erfolgen, entweder auf Basis der formulierten Anforderungen oder auf Basis von Prototypen oder Teilen des finalen Produkts [VRIN10, S. 9]. Eine wesentliche Fehlerquelle hierbei ist laut POHL die Vernachlässigung des relevanten Kontextes, etwa durch unvollständige Anforderungsquellen oder falsche Kontextinformationen [POHL07, S. 426]. Bei der *Verifikation* hingegen wird überprüft, ob das entwickelte System die formulierten Anforderungen auch erfüllt. Dies kann durch Verifikationsfälle beschrieben werden, die natürlich mit den entsprechenden Anforderungen und Lösungselementen in Beziehung gesetzt werden müssen [VRIN10, S. 10]. Aber auch ein Beziehungstyp mit dem Parameter „verifiziert“ zwischen einer Anforderung und einem Lösungselement kann bereits ausreichend sein, insbesondere wenn die Anforderungserfüllung offensichtlich ist.

In einigen Fällen ist es wichtig, die der Verifizierung zugrundeliegende Überprüfung mittels eines spezifizierten *anforderungsbasierten Tests* abzusichern. Solche Testfälle können im Anforderungssystem technisch auch als Systemelemente hinterlegt werden, alternativ kann eine Verlinkung mit entsprechenden Systemelementen in Testmanagement-Systemen erfolgen. Auch kann über ein Attribut „getestet“ oder durch eine entsprechende Beziehung zwischen Lösungselement und Anforderung eine Basis für die entsprechende Analyse geschaffen werden. [RUPP14, S. 323ff.]

Projektübergreifendes Anforderungsmanagement

Neben den Aufgaben, die dem AM für einzelne Entwicklungsprojekte zufallen, gibt es noch zwei wichtige Ebenen, die das Managen mehrerer Projekte betreffen. Zum einen werden häufig mehrere Varianten eines Produkts gleichzeitig entworfen. Hier gilt es, durch ein effizientes AM zu gewährleisten, dass weder redundante Informationen eingegeben werden müssen, noch dass durch aus Variantenentwicklungen übernommene Systemelemente Fehler entstehen, weil wichtige Unterschiede nicht beachtet wurden.

Unabhängig davon gibt es Lösungselemente, Funktionen und Anforderungen, die auch in anderen Entwicklungsprojekten vorkommen können und werden. Das Konzept der Wiedernutzbarkeit von Systemelementen ist somit ebenfalls Bestandteil eines ganzheitlichen Anforderungsmanagements. [RUPP14, S. 459ff.]

2.6.3 Anforderungsmanagementprozess und Anforderungsmanagementsysteme

Ein Anforderungsmanagementsystem (AMS) wird in dieser Arbeit verstanden als das gesamte sozio-technische Gebilde, das mit der Handhabung von Anforderungen in einem Unternehmen beschäftigt ist. Ein solches System besteht nicht nur aus dem Anforderungsmanagement-Softwareprodukt, die die Anforderungen technisch aufnimmt, speichert und verwaltet, sondern auch aus den dazugehörigen spezifizierten und ggf. auch impliziten Prozessen sowie den mit der Eingabe und Analyse beauftragten oder berechtigten Personen und den Schnittstellen zu anderen Systemen und Prozessen.

Der Anforderungsmanagementprozess regelt dabei, inwieweit eine Organisation Anforderungsmanagement in Entwicklungsprojekten betreibt. Im Idealfall beschreibt er explizit, welche Personen in welchen Projekten zu welchen Zeitpunkten wie vorzugehen haben, um mit ebenfalls definierten Mitteln Anforderungsmanagement zu betreiben. Auch die benötigten Eingangsgrößen sowie erwarteten Ergebnisse sind Bestandteil des AM-Prozesses. Ein definierter Prozess sollte nach Young essenzieller Bestandteil des Anforderungsmanagements sein [YOUN04, S. 5-9]. Für den AM-Prozess und das AMS gilt für diese Arbeit, dass diese existieren, ganz gleich ob Unternehmen diese verschriftlicht haben oder sich ihrer überhaupt bewusst sind.

2.7 Zwischenfazit

Neben der Herausstellung der wichtigen Charakteristika von Produktentwicklungsprozessen im Allgemeinen wurde in diesem Kapitel insbesondere die Verschiedenheit der Produktentwicklungsprozesse in unterschiedlichen Unternehmen dargelegt.

Eine stark prozess- und absicherungsgesteuerte Produktentwicklung für ein mechatronisches System mit sicherheitskritischem Systemverhalten (wie beispielsweise für einen mechatronischen Chirurgie-Roboter) ohne externe Entwicklungspatner wird sich in den Entwicklungsprozessen und den dazugehörigen Elementen in zahlreichen Einzelheiten unterscheiden von einer kollaborativen Produktentwicklung eines Handlingroboters durch mehrere Komponentenhersteller für die Werkzeugmaschinenindustrie. Beide Entwicklungsprozesse unterscheiden sich wiederum stark von Entwicklungsprozessen in einem Start-Up-Unternehmen, welches einen 3D-Drucker auf Basis der Fused Deposition Modeling (FDM)-Technologie entwickelt und selbst vertreibt.

Neben der Unterschiedlichkeit bei den Entwicklungsprozessen konnte insbesondere bei der Darlegung der hohen Bedeutung von Daten, Informationen, Kommunikation und der klaren Definition von Prozessen aufgezeigt werden, dass Entwicklungsprozesse in Unternehmen stets eine hohe Komplexität aufweisen. Das gilt in besonderem Maße, wenn das Produkt an sich bereits ein komplexes System darstellt. Daher wird im folgenden Kapitel der Komplexitätsbegriff einer genaueren Betrachtung unterzogen. Des Weiteren müssen die unterschiedlichen Erscheinungsformen von Komplexität in Entwicklungsprozessen in Unternehmen analysiert werden.

3 Komplexität in der Produktentwicklung

Bereits in Kapitel 1 wurde auf die hohe Fehlerquote bei Neuentwicklungen sowie auf die hohe Anzahl nicht erfolgreicher Entwicklungsprojekte hingewiesen. Selten gibt es dafür einen einzelnen klar definierbaren Grund. Dies ist, das wird zu zeigen sein, der hohen Komplexität von Entwicklungsprojekten geschuldet: die Einzigartigkeit des Unterfangens, die Unsicherheit bezüglich der zu erwartenden Entwicklungsergebnisse, die hohe Anzahl zu lösender Teilprobleme, das hohe Maß an erzeugten, interpretierten und kommunizierten Informationen, zeitliche Abhängigkeiten sowie eine Vielzahl weiterer Faktoren können intuitiv als Eigenschaften eines Entwicklungsprojekts identifiziert werden, die die Komplexität erhöhen und Fehler begünstigen. Zunächst ist jedoch zu klären, was Komplexität in diesem Kontext genau bedeutet (Kapitel 3.1) und welche Faktoren aus wissenschaftlicher Sicht als Komplexitätstreiber zu identifizieren sind (Kapitel 3.2). Danach wird untersucht, an welchen Stellen der Themenbereich des Anforderungsmanagements prinzipiell bereits direkt die Komplexität beeinflusst oder dem Komplexitätsmanagement dient (Kapitel 3.3). Daran anschließend wird, mit Fokus auf die frühen Phasen der Produktentwicklung, analysiert, wie Unternehmen den Komplexitätstreibern bisher begegnen. Aus der Analyse von Komplexität und ihren Erscheinungsformen in der Produktentwicklung lassen sich nun konkrete Problemstellungen ableiten, denen Unternehmen aktuell mit verschiedenen Lösungsansätze begegnen. Zur besseren Strukturierung sollen hier die drei Ebenen „Daten und Informationen“ (Kapitel 3.4), „Dokumentation und Kommunikation“ (Kapitel 3.5) und „Prozesse und Schnittstellen/Iteration/Management“ (Kapitel 3.6) in den Blick genommen werden, denen sich die identifizierten Probleme innerhalb von Produktentwicklungsprojekten zuordnen lassen. Projektunabhängig werden weitere Anforderungen an ein System ermittelt, das künftig Unternehmen bei der Erhöhung der Effizienz und Zuverlässigkeit des Entwicklungsprozesses im Bereich des Anforderungsmanagements unterstützen kann (Kapitel 3.7). Die Verschiedenartigkeit von Produktentwicklungsprojekten und Organisationen führt zur Diskussion des Gedankens der Adaptivität von Lösungssystemen (Kapitel 3.8). Kapitel 3.9 schließlich fasst die Ergebnisse zusammen und leitet die Identifikation des konkreten Handlungsbedarfs ein.

3.1 Das Dilemma der Komplexität in Unternehmen

Der bereits in den vorigen Kapiteln verwendete Begriff „Komplexität“ ist in der Literatur in Abhängigkeit von der eingenommenen Perspektive unterschiedlich definiert und wird dementsprechend auch unterschiedlich aufgegliedert. Für den Bereich der Komplexität in Unternehmen eignet sich die Definition von ULRICH und PROBST, nach der Komplexität als eine Eigenschaft eines Systems verstanden wird, die in ihrer Ausprägung durch die Anzahl existierender Systemelemente, existierender Systemzustände und existierender Beziehungen der Systemelemente bestimmt wird [ULPR88, S. 58]. Dieses Verständnis erweitert GROSSMANN um die Schaffung von vier qualitativen Kategorien komplexer Systeme. *Einfache Systeme* haben nur wenig Elemente, Beziehungen und Zustände. *Komplizierte Systeme* verfügen ebenfalls über wenig Elemente und Beziehungen und weisen ein deterministisches Verhalten auf. *Relativ komplexe Systeme* bestehen ebenfalls aus wenigen Elementen und Beziehungen, erlauben aber eine hohe Vielfalt an Verhaltensmöglichkeiten. *Äußerst komplexe Systeme* sind sowohl durch eine hohe Anzahl an Elementen und Beziehungen wie auch durch vielfältige Verhaltensmöglichkeiten gekennzeichnet. [GROS92, S. 18f.] Unternehmen sind nach SCHUH stets komplexe Systeme. Zudem sind die Unternehmen ständig in Entscheidungssituationen, deren Ergebnisse oftmals weitreichende Konsequenzen haben, auch in Bezug auf die Komplexität des Systems [BLOC10, S. 2f.].

Für Handlungswissenschaften hat diese Komplexität von Unternehmen dabei zwei bedeutsame Folgen: Erstens können nicht alle beziehungsweise nicht mehr alle Beziehungen zwischen den Elementen von Menschen erfasst werden, zweitens stellt sich die Entwicklung des komplexen Systems als unbestimmt und unvorhersehbar dar [SCHU14, S. 5f.]. Letzteres ist Folge der dynamischen Komponente komplexer Systeme, die bereits in Kapitel 1.2.1 bei ULRICHs Unternehmensverständnis anklang.

Das Dilemma der Komplexität lässt sich dabei durch das Aufeinandertreffen zweier allgegenwärtiger Trends in Unternehmen beschreiben: Zum einen wird das System „Unternehmen“ immer komplexer: Mit dem Wachstum und der Digitalisierung von Organisationen entstehen zugleich immer komplexere Gebilde in der Aufbau- und Ablauforganisation, Produkte und Technologien werden immer komplexer und die Datenmengen in Unternehmen wachsen rapide an. Zur Beherrschung dieser steigenden Komplexität benötigten Unternehmen also theoretisch mehr Ressourcen oder mehr Zeit – oder beides. Gleichzeitig aber verlangt der Markt immer kürzere Reaktionszeiten: kurze Entwicklungszyklen, kurze Lieferzeiten und kurze Reaktionszeiten auf Anfragen und Reklamationen. Es findet also eine konstante Erhöhung der Dynamik und somit ebenfalls der Komplexität des Systems „Unternehmen“ statt. Eine Lösung des Dilemmas durch erhöhten Ressourceneinsatz ist aber nicht immer möglich. Denn zusätzliche Ressourcen tragen selbst wiederum zur Komplexitätserhöhung bei, zudem ist die Wirtschaftlichkeit der Komplexitätsbeherrschung vielfach nicht gegeben. Hinzu kommt, dass sich eine komplexe Problemstellung mit hoher Dynamik auch durch einen erhöhten Ressourceneinsatz nicht zwangsläufig beherrschen lässt. Das Prinzip dieser gegenläufigen Trends veranschaulicht Abbildung 3-1.

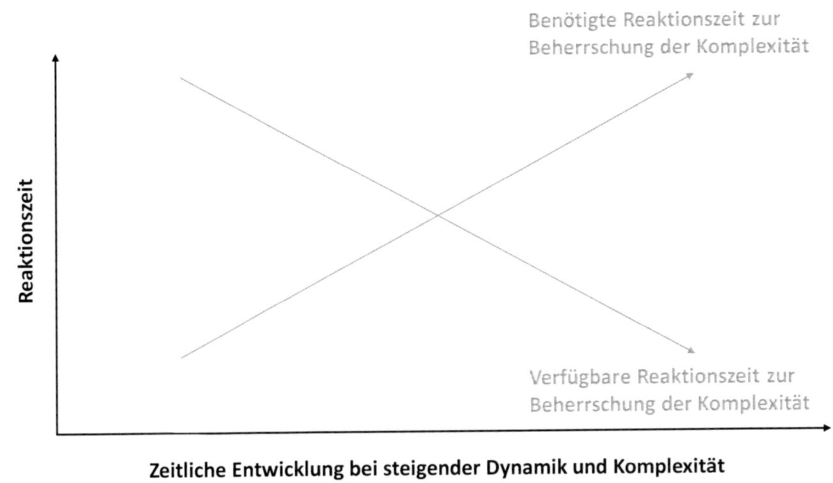

Abbildung 3-1: Das Dilemma der Unternehmenskomplexität: Entwicklung von verfügbarer und benötigter Reaktionszeit zur Beherrschung der Komplexität [in Anlehnung an BLEI11 S. 59]

3.2 Komplexität in der Produktentwicklung

Da nach dem in Kapitel 2.1.1 erläuterten Systembegriff diverse Subsysteme innerhalb des Systems „Unternehmen" bestehen, ist zunächst zu differenzieren, wie und wo sich Komplexität konkret äußert. Für die Klassifizierung von Komplexität in Unternehmen unterteilen die meisten Autoren die Komplexität nach ihren Ursprüngen, Einflussfaktoren oder Treibern. Eine Übersicht findet sich in Tabelle 3-1.
Zum einen ist die Unterscheidung zwischen *externer* und *interner* Komplexität geläufig. Externe Komplexität bezieht sich dabei auf die zahlreichen komplexen Faktoren, denen Unternehmen durch ihr Umfeld ausgesetzt sind. Interne Komplexität wird demgegenüber durch unterschiedliche Faktoren (Projekte, Prozesse etc.) in den Unternehmen selbst erzeugt [SCHU14, S. 12f.]. Diese Differenzierung ist für die Handlungswissenschaften insofern zielführend, da vom Unternehmensumfeld verursachte Geschehnisse in der Regel außerhalb des Kontrollbereichs von Unternehmen liegen, gleichwohl sie eine Reaktion erforderlich machen können, während interne Ursachen für Komplexität bis zu einem gewissen Grad beeinflusst und somit gesteuert werden können.

Tabelle 3-1: Komplexitätsklassen bzw. Komplexitätstreiber in der Literatur [BLIS00, S. 5-7; BLOC10, S. 16-20; EHME13, S. 49; KIRC03, S. 39-41; SCHO14, S. 17; SCHU14, S. 8-19]

	BLISS	BLOCKUS	EHRLENSPIEL / MEERKAMM	KIRCHHOFF	SCHOENEBERG	SCHUH
(Unternehmens-)Interne Komplexität	●	●	●	●	●	●
Produktkomplexität	●	●	●	●	●	
Prozesskomplexität		●	●	●	●	
Strukturelle Komplexität					●	
Organisationskomplexität	●	●	●	●	●	
Programmkomplexität	●	●		●	●	
Produktionsprogrammkomplexität	●			●		
Technologiekomplexität	●	●		●	●	
Komplexität betrieblicher Systeme	●			●	●	
Dienstleistungskomplexität		●				
Zielkomplexität	●	●			●	
Aufgabenkomplexität		●				
Koordinationskomplexität		●				
Kundenstrukturkomplexität	●	●		●	●	
(Unternehmens-)Externe Komplexität	●	●	●	●	●	●
Beschaffungskomplexität		●		●	●	
Marktkomplexität			●	●	●	
Gesetzeskomplexität			●			
Normenkomplexität			●			
Wettbewerbskomplexität	●	●		●		
Nachfragekomplexität	●			●	●	
Komplexität des Umfelds		●			●	
Vielzahl[5] (Masse[6])						●
Vielfalt[5] (Masse)						●
Vieldeutigkeit[5] (Dynamik[6])						●
Veränderlichkeit[5] (Dynamik)						●

[5] Auch die anderen Autoren verwenden einige oder alle 4 Begriffe in ihren Werken, sehen sie jedoch getrennt von den Komplexitätstreibern als „Komplexitätsdimensionen", wie sie von REISS definiert wurden [REIS93, S. 58f.].

[6] Die Dimensionen „Masse" (als „Vielzahlt" und „Vielfalt") und „Dynamik" (als „Vieldeutigkeit" und „Veränderbarkeit") sind verdichtete Größen, basierend auf der Einteilung nach REISS [REIS93].

In der weiteren Unterteilung finden sich bei EHRLENSPIEL und MEERKAMM die internen Komplexitätsklassen *Produktkomplexität*, *Prozesskomplexität* und *Organisationskomplexität* sowie die *externen* Klassen *Marktkomplexität*, *Gesetzeskomplexität* und *Normenkomplexität*. BLOCKUS, SCHOENEBERG und KIRCHHOFF gehen noch deutlich weiter und stellen eine Reihe weiterer Komplexitätsklassen auf, die sie ebenfalls in interne (oder endogene) und externe (exogene) Komplexitätsarten aufteilen, wobei herausgestellt werden kann, dass sich diese inhaltlich auch den Klassen nach EHRLENSPIEL und MEERKAMM zuordnen lassen. So lässt sich beispielsweise eine Leistungsprogrammkomplexität, die durch eine hohe Anzahl an Produktvarianten und Anpassungen in Folge von Modellpflege entsteht, auch der Produktkomplexität zurechnen.

In Abgrenzung dazu findet sich bei REISS eine Einteilung in *Komplexitätsdimensionen*, die eng an den Bestandteilen der Definition komplexer Systeme orientiert ist. So sind die hohe Anzahl an Systemelementen je nach Klassifizierung dieser verantwortlich für die beiden Komplexitätsdimensionen *Vielfalt* und *Vielzahl*. *Vieldeutigkeit* bezieht REISS auf die Unklarheit bezüglich der genauen Ausprägung eines Elements oder einer Beziehung des Systems, hervorgerufen durch mangelndes Wissen oder schlecht beobachtbare und sich überlagernde Muster im Verhalten mehrerer Systemelemente. Unter *Veränderlichkeit* fasst er die Komplexität, die durch die Zustandsänderungen vieldeutiger Systeme über die Zeit entsteht. SCHUH erweitert diese Einteilung um die Auftrennung in statische (Vielzahl, Vielfalt) und dynamische (Vieldeutigkeit, Veränderung) Komplexitätstreiber. [vgl. MATT13, S. 27; REIS93, S. 58f.; SCHU14, S. 8-12]

Kritisch gesehen werden muss bei allen Einteilungen, dass sich viele Komplexitätsprobleme nicht eindeutig einer der vorgestellten Unterteilungen zuordnen lassen können. Dies gilt insbesondere für die Unterteilungen nach REISS und SCHUH, da dynamische Komplexitätsphänomene in der Regel statische Komponenten beinhalten. Für diese Arbeit wird daher die Unterteilung nach EHRLENSPIEL und MEERKAMM zugrunde gelegt, da sowohl die *Produktkomplexität*, die *Prozesskomplexität*, die *Organisationskomplexität* wie auch die *externe Komplexität* im Kontext dieser Arbeit verständliche und abgrenzbare Klassen darstellen, die eine hohe Relevanz für die Produktentwicklung haben. Aufgrund der zunehmenden Komplexität der betrieblichen Informationssysteme soll darüber hinaus noch die Klasse *Komplexität der betrieblichen Systeme* hinzugenommen werden. Aufgrund des Fokusses dieser Arbeit auf Handlungsalternativen innerhalb eines Unternehmens ist im Rahmen dieser Arbeit eine Untergliederung der externen Komplexität nicht notwendig.

3.2.1 Produktkomplexität

Eine auf die Praxis gut anwendbare Definition von Produktkomplexität ergibt sich in Anlehnung an die Begriffsdefinition komplexer Systeme in Kapitel 3.1: Sind Produkte durch eine hohe Anzahl von Komponenten und Funktionen, von Beziehungen zwischen den Komponenten und Funktionen oder zwischen den Komponenten und externen Systemen sowie durch eine Vielzahl von Interaktionsmöglichkeiten gekennzeichnet, so ist die Produktkomplexität hoch [vgl. DISC01, S. 227-231]. Insbesondere die Interaktionsmöglichkeiten sind durch die Funktionen neuer mechatronische Produkte wie Roboter und vernetzte, autonom agierende Maschinen stark gestiegen [ABGS18, S. 3f.]. In Abgrenzung zur Prozesskomplexität im Folgekapitel sind auch mögliche Prozesse, die als Teil des Produktsystems entwickelt werden (beispielsweise Nutzungsszenarien), unter dieser Komplexitätsdimension (als Interaktionsmöglichkeiten) zu sehen. Für diese Arbeit sei sie als *Komplexität der Produktarchitektur* definiert.

Diese Komplexitätsdimension stellt einen Teilbereich der Produktkomplexität im Kontext der Produktentwicklung dar, die auf Basis bereits ausformulierter Produktkonzepte und deren Struktur einen Komplexitätsgrad ermittelt. In den frühen Entwicklungsphasen stellt sich die Produktkomplexität ebenfalls durch das Ausmaß an Unwissen über die technische Realisierbarkeit und das reale Produktverhalten dar. Daher definiert SUH Produktkomplexität durch eine doppelte Unsicherheit: zum einen durch das Maß an Unsicherheit, mit der das Verständnis dessen behaftet ist, wie sich ein System (hier: das zu entwickelnde Produkt) verhält, zum anderen durch das Maß der Unsicherheit, mit der eine funktionale Anforderung an ein Produkt erfüllt werden kann [SUH05, S. 4f.]. Ist also ein zu entwerfender Designparameter nicht verlässlich abzuschätzen, so ist seine Komplexität hoch. Diese Definition bezieht sich von Vornherein schon auf den schöpferischen Prozess der Produktentwicklung und greift bereits konkret den Aspekt der Anforderung auf. SUH fokussiert somit auf die *Komplexität der technischen Unsicherheit* bei der Entwicklung eines einzelnen Produktes. Zusätzlich ist im Kontext des Anforderungsmanagements zu beachten, dass Anforderungen in frühen Phasen des Entwicklungsprozesses meist noch nicht eindeutig definiert werden können oder noch nicht richtig definiert sind, also im Laufe des Prozesses einer Fülle von Änderungen durchlaufen. Dies wird unter anderem von HOBDAY aufgegriffen [HOBD98, S. 691].

SCHUH analysiert in seiner Arbeit einen weiteren Teilaspekt der Produktkomplexität, die Variantenvielfalt. Diese Komplexität äußert sich durch eine Produkt- und Prozessvielfalt und wird primär durch externe Komplexitätstreiber wie individuelle Kundenanforderungen verursacht [SCHU14, S. 15-42]. Er fokussiert somit auf die *Komplexität der Variantenvielfalt*, die durch eine hohe Anzahl von Produktvarianten entsteht und sich in höherem Aufwand und komplexeren Unternehmensprozessen niederschlägt. Des Weiteren stellt er heraus, dass die Komplexität eines technischen Produkts auch durch eine geeignete Produktstruktur positiv beeinflusst werden kann [SCHU14, S. 119-125].

DIERNEDER und SCHEIDL entwerfen eine dreidimensionale Kennzahl der Produktkomplexität. Die Dimension „funktionale Produktkomplexität" basiert auf der Anzahl funktionaler Verbindungen in einem Produktsystem. Demgegenüber wird die Dimension „technische Produktkomplexität" über die Anzahl von Verbindungen zwischen funktionalen Anforderungen und technischen Designparametern definiert. Zuletzt bringt die Dimension „Zuverlässigkeits-Produktkomplexität" die Wahrscheinlichkeit zum Ausdruck, dass die Designvorgaben umsetzbar sind. Sie fassen damit im Wesentlichen die Komplexität der Produktstruktur und die der Entwicklungsunsicherheit zusammen und verdichten sie zu drei Kennzahlen. Die Erhebung dieser Kennzahlen wird aber aufgrund der hohen Menge an zu ermittelnden Werten wie auch der Schwierigkeit, realistische Wahrscheinlichkeiten für die Zuverlässigkeits-Produktkomplexität zu ermitteln, für komplexe Produkte in der Praxis kaum umsetzbar sein. [DISC01 S. 227-232]

Eine umfassende Sammlung von Dimensionen der Produkt- und Entwicklungsprozess-Beschaffenheit, welche sich speziell auf die Komplexität und Unsicherheit eines Produkts und seiner Entwicklung auswirken, beschreibt HOBDAY in seiner Arbeit. Alle 17 herausgestellten Faktoren können entweder den hier entworfenen Kategorien *Komplexität der Produktarchitektur, Komplexität der technischen Unsicherheit* und *Komplexität der Variantenvielfalt* oder aber den im folgenden beschriebenen Kategorien der Prozess- oder Organisationskomplexität zugeordnet werden. [HOBD98, S. 691]

3.2.2 Prozesskomplexität

Prozesskomplexität im Kontext der Produktentwicklung fokussiert auf die Komplexität, die durch existierende Prozesse innerhalb des betrachteten Unternehmens entsteht. Bedeutsame Faktoren sind hierbei die Anzahl der Prozesse und ihr Detaillierungsgrad, ihre Schnittstellen untereinander sowie ihre Synchronisation [KIRC03, S. 40]. Da diese Prozesse heutzutage auch in zunehmendem Maße die Integration von externen Marktteilnehmern wie dem oder den Kunden und beteiligten Zulieferern erforderlich machen, soll die Prozesskomplexität entgegen den Abgrenzungen mehrerer Autoren aus Tabelle 3-1 nicht als rein innerbetriebliche Komplexitätsform angesehen werden.

In Analogie zur Komplexität der Produktstruktur findet sich bei Entwicklungsprojekten komplexer Produkte auch eine komplexe Prozessstruktur wieder, wie KREIMEYER herausstellt. So finden sich in seinem Beispiel allein für einen Teilbereich der Entwicklung eines automobilen Serienfahrzeugs, der „body-in-white" Entwicklung, bereits auf mittlerer Analyseebene des Entwicklungsprozesses 294 Prozesselemente und 54 den Prozessverlauf beeinflussende Entscheidungen, die über 1.089 Relationen miteinander verknüpft sind und über 14 interne und externe Abteilungen hinweg reichen. Diese Komplexität lässt sich als *Komplexität der Prozessstruktur* fassen. [KREI10, S: 10-15]

Hinzu kommt eine hohe Menge von Iterationen in den Prozessen durch von den Erwartungen abweichende Erkenntnisse oder Ergebnisse aus Prozessschritten, siehe Kapitel 2.5. Insbesondere Iterationen, die eine höhere Anzahl an Prozessschritten betreffen, sind kritisch für die Produktentwicklung, da sie in der Regel einen höheren Arbeits- und Zeitaufwand bedeuten und dadurch möglicherweise die Kosten- und Terminziele des Projekts gefährden. Diese Komplexität ist nach REISS vor allem durch die Komplexitätsdimension „Veränderlichkeit" geprägt, da die Anzahl und Art der Iterationen im Voraus schwer planbar ist. Auch die Auswirkungen auf andere Prozessschritte sind oftmals nicht vollständig einsehbar, insbesondere wenn keine systematische Einflussanalyse erfolgt. Der Kernaspekt dieser Komplexitätsform ist, anders formuliert, die Unsicherheit bezüglich des zukünftigen Verlaufs des Entwicklungsprozesses und wird daher in dieser Arbeit als *Komplexität der Prozessunsicherheit* definiert. [KREI09, S. 16-18]

3.2.3 Komplexität der betrieblichen Systeme

Wie in Kapitel 2.1 herausgestellt, werden Entwicklungen arbeitsteilig von spezialisierten Fachkräften durchgeführt. Die in Kapitel 2.3 und Kapitel 2.4 beobachteten Entwicklungen hinsichtlich der Erzeugung und des Austauschs von Daten, Informationen und Wissen führen dazu, dass Projektbeteiligte in Entwicklungsprojekten in hohem Maße Zeit in Projektmanagement, Kommunikation und Informationsbeschaffung investieren müssen, um ihre Aufgaben ergebnisorientiert zu erfüllen [EIST09, S. 17]. Die Fülle und die Heterogenität der erzeugten Daten und Informationen führen an vielen Stellen zu Informationssystemen, die für den Anwender eine hohe Komplexität aufweisen.

In vielen Unternehmen müssen Projektbeteiligte in Produktentwicklungsprojekten eine Fülle von betrieblichen Informationssystemen bedienen und beherrschen, um die Informationen, die sie im Projekt benötigen oder erzeugen, zu handhaben (siehe auch Kapitel 2.4.2) [SCSC15, S. 32f.; SIEM17, S. 11f.]. Darüber hinaus sind die Informationssysteme selbst auch Änderungen unterworfen, beispielsweise durch Updates und Softwaresystemwechsel. Hinzu kommt, dass die Projektbeteiligten die Informationssysteme entweder nicht in ausreichendem Maße beherrschen oder zu viel Zeit benötigen, sich während eines Projekts in einem Informationssystem zurechtzufinden. Auch sind in den Systemen oftmals viele kleine Arbeitsschritte systembedingt notwendig, die aber den Mitarbeiter in seinem Arbeitsfluss bremsen oder stören. Darüberhinaus ist es in vielen Informationssystemen möglich, Informationen durch eine Fehleingabe, etwa durch einen Zahlendreher beim Eingeben einer Projektnummer, innerhalb des Systems falsch abzulegen, nicht zu finden oder aber auf diese Weise unbeabsichtigt eine falsche oder veraltete Information zu finden. Nicht zuletzt kommt es in Unternehmen vor, dass Projektbeteiligte Zeit darauf verwenden müssen, Informationen zu suchen, weil sie sich nicht im Klaren darüber sind, welches der vorhandenen Informationssysteme die gesuchte Information in der aktuellsten Version bereithält. Im Rahmen dieser Arbeit lässt sich hier von einer *Komplexität der softwarebasierten Informationssysteme* sprechen.

Durch die Prozesssynchronisation des Concurrent Engineering und die parallele Bearbeitung mehrerer Projekte durch die einzelnen Mitarbeiter haben die Mitarbeiter eine Vielzahl von Arbeitsschritten zu koordinieren, in denen Informationen generiert, analysiert und verarbeitet werden müssen. Hier liegt die Herausforderung oftmals in technologischen Brüchen zwischen verknüpften Informationssegmenten. Es ist nicht immer gewährleistet, dass alle Beteiligten alle für sie relevanten Informationen der anderen Projektbeteiligten zeitnah erhalten und ihrerseits wiederum verarbeiten können. Würde aber jede neu geschaffene Information mit allen Beteiligten durch ein zentrales Kommunikationssystem geteilt, würde die Menge nicht-relevanter Informationen die Aufnahme relevanter Informationen negativ beeinträchtigen. Des Weiteren ist die Art der Informationsbereitstellung zu betrachten. Während es für einen Austausch zwischen zwei Softwareentwicklern ausreichen mag, sich den aktualisierten Programmcode eines neuen Arbeitsstandes der Software zuzuschicken oder über eine Softwareplattform zu teilen, muss die darin enthaltene Information für einen Projektmanager oder einen Elektronikingenieur beispielsweise in Prozessdiagrammen oder Kommentarfunktionen aufbereitet werden. Die zielgerichtete Bereitstellung von Informationen ist somit eine wesentliche Herausforderung von Entwicklungsprojekten, weswegen in dieser Arbeit von einer *Komplexität der Informationsbereitstellung* gesprochen wird.

3.2.4 Organisationskomplexität

Zur Organisationskomplexität gehören laut BLOCKUS all jene Komplexitätsformen, die sich aus der räumlichen, hierarchischen, funktionalen und fachlichen Segmentierung von Unternehmen ergeben [BLOC10, S. 18]. Sie steht damit in engem Zusammenhang mit der Prozesskomplexität, da die Unterteilung in Prozesse eine funktionale Segmentierung des Unternehmens darstellt und daher von einigen Autoren auch nicht gesondert genannt wird (siehe Tabelle 3-1).

Insbesondere bei kleinen und mittleren Unternehmen (KMU) kommt aufgrund einer geringeren Standardisierung der Kommunikationsstrukturen und -prozesse in der Produktentwicklung der Effekt zum Tragen, dass selbst Prozesse ohne unerwartete Iterationen nur bedingt wiederholbar sind, insbesondere wenn sie durch unterschiedliche Personen und Teams durchgeführt werden [ALRL13, S. 43[7],]. So kann eine enge Abstimmung zwischen mechanischer und elektrischer Konstruktion in einem Projekt wunderbar funktionieren, während ein weiteres Projekt große Probleme in dem Bereich hat, ohne dass die festgelegten Prozessschritte und Meilensteine sonderlich voneinander abweichen. Zusammen mit dem in Kapitel 2.1 beschriebenen Merkmal der Einmaligkeit von Entwicklungsprojekten ergibt sich daraus eine gewisse Unsicherheit hinsichtlich der Bewertung und proaktiven Steuerung von Entwicklungsprojekten wie auch der Ableitung von Verbesserungen für zukünftige Projekte. Im Kontext dieser Arbeit sei hier von der *Komplexität der Vorhabens-Einmaligkeit* gesprochen, die immer dort relevant ist, wo Probleme einem Unternehmen (manchmal nur scheinbar) zum ersten Mal im Kontext einer Produktentwicklung entstehen.

Des Weiteren sind Unternehmens- und Projektstrukturen inzwischen zwar meist formal definiert durch in Organigrammen beschriebene Hierarchien und in QM-

[7] Bei kleinen Unternehmen mit <50 Mitarbeitern wiederum sind laut der Studie zumindest die Abstimmungsprozesse zwischen den Abteilungen besser definiert als bei mittleren Unternehmen. Bei einer solchen Unternehmensgröße ist anzunehmen, dass die Projektbeteiligten in den meisten Entwicklungsprojekten stets dieselben Personen sind und auch gemeinsam in einem Gebäudebereich sitzen, so dass Abstimmungen und Wissensweitergabe leichter standardisiert werden können (auch implizit).

Systemen festgelegte Prozessbeschreibungen, doch gerade in größeren Projekten mit mehreren externen Beteiligten stellt die reine Anzahl der Schnittstellen, insbesondere in Verbindung mit der in Entwicklungsprojekten häufig hohen Dynamik, einen potenziellen Komplexitätsfaktor dar. Dies gilt in besonderem Maße, wenn Unternehmen mit mehreren externen Entwicklungsdienstleistern zusammenarbeiten, deren Ergebnisse sich gegenseitig beeinflussen und die zudem mehr oder weniger parallel an den verschiedenen externen und internen Stellen entstehen. Komplexität entsteht hier nicht etwa dadurch, dass Kommunikationsstrukturen nicht regelbar oder darstellbar wären mittels visueller Darstellungen oder Dokumenten. Durch die vielen Schnittstellen herrscht zum Teil vor Ort situative Unklarheit, wer welche Details an welchen Personenkreis in welcher Form kommunizieren soll und welcher Personenkreis welche Informationen zu welchem Zeitpunkt braucht, um effektiv weiter zu arbeiten. Daher soll hier von einer *Komplexität der Kommunikationsstruktur* gesprochen werden. [SCSC15, S. 31-38]

Ein weiterer bedeutender Faktor für die Komplexitätsbetrachtung in der Produktentwicklung ist die Dynamik im direkten Umfeld der Produktentwicklung, insbesondere hinsichtlich Personal und Organisationsstruktur. Sowohl das unerwartete Ausscheiden von wichtigen Wissensträgern und Projektbeteiligten als auch die Veränderung von Rollen der involvierten Personen während des Ablaufs von Entwicklungsprojekten hat beträchtliche Auswirkungen auf die Komplexität und den Erfolg von Entwicklungsprojekten. Auch strukturelle Änderungen wie die Fusion oder Aufspaltung von Entwicklungsteams kann erheblich zur Komplexitätssteigerung innerhalb von Entwicklungsprojekten beitragen. Die Gründe für die Komplexitätserhöhung sind zum einen in der oftmals subjektiv verschiedenen Allokation von Wissen zu finden, zum anderen in psychologischen Aspekten wie Motivation und Kompetenzentwicklung. Die Relevanz dieser *Komplexität der Unternehmensdynamik* ist bei der Einordnung nur begrenzt und sehr schwer vorherzusagen, da viele relevanten Informationen nur aufgrund von Prognosen über die Zukunft getroffen werden können.

3.2.5 Externe Komplexität

Nach BLISS bezieht sich die exogene oder externe Komplexität auf Komplexitätstreiber, die durch Eigenheiten der Märkte entstehen, an denen ein Unternehmen teilnimmt. BLISS fasst die gestiegenen Anforderungen der Kunden eines Unternehmens als Nachfragekomplexität, den erhöhten Konkurrenzdruck durch global agierende Unternehmen als Wettbewerbskomplexität und die Komplexität durch neue (extern entwickelte) Technologien unter dem Begriff der externen Komplexität zusammen [BLIS00, S. 5]. Darüber hinaus benennt BLOCKUS noch die Komplexität, die aus Entwicklungen am Beschaffungsmarkt resultiert, wie Lieferantenengpässe oder Rohstoffverfügbarkeit [BLOC10, S. 17].

Für den Bereich Produktentwicklung sind insbesondere die Nachfragekomplexität und die *Komplexität durch neue Technologien* relevant. Letztere ist primär bestimmtem Unternehmensfunktionen zuzuordnen wie der Technologiefrüherkennung und der Wettbewerbsanalyse, die oftmals außerhalb der Produktentwicklung angesiedelt sind. Dennoch ist es auch gerade in kleinen Unternehmen Aufgabe der Produktentwicklung, neue Technologien von Konkurrenzprodukten und im Angebot von Lieferanten zu analysieren und zu bewerten. Für einige Märkte ist diese Komplexität durchaus von hoher Relevanz für Entwicklungsprojekte, denn Anforderungen und Lösungselemente können auch nach einem Design Freeze noch durch späte Änderungen aus der Technologiebewertung verändert werden oder gar neu hinzukommen. Dies gilt insbesondere für Produkte mit langen Entwicklungszeiten und Produkte mit einem hohen Softwareanteil. Für diese Arbeit sei von einer *Komplexität der Technologiedynamik* gesprochen, wobei eine mögliche interne Technologiedynamik eher zu einer anderen Komplexitätsart, der Prozesskomplexität, zuzuordnen ist. [HSKS11, S. 314-318]

Die *Nachfragekomplexität* bildet sich indirekt in mehreren angesprochenen internen Komplexitätsarten ab, wie etwa der Komplexität der Prozessunsicherheit oder der Komplexität der Kommunikationsstruktur. Fundamentaler sind aber einige Komplexitätsfaktoren in veränderten Kundenverhalten zu suchen, die sich direkt auf die Produktentwicklung auswirken. So verlangt das Endkundenverhalten in Bezug auf Software eine Auseinandersetzung mit völlig neuen Geschäftsmodellen, etwa dem Konzept des Freemium, bei dem eine Basisversion einer Softwarekomponente kostenlos enthalten ist und wichtige Funktionen hinzugekauft werden können. Weitere Geschäftsmodelle wie das Anbieten von „Platform-as-a-service" (PaaS) oder Cloud-Services seien hier nur am Rande erwähnt, können aber für die Produktentwicklung einschneidende Auswirkungen haben. Die Auseinandersetzung mit dieser Art von Komplexität sei unter dem Begriff *Komplexität des Kundenverhaltens* zusammengefasst.

Zuletzt sei die *Komplexität normativer Anforderungen* erwähnt, die bereits in Kapitel 2.1.4 an Beispielen erläutert wurde. Finden sich Unternehmen mit ihren Produkten in regulierten Märkten wieder oder sind hohe Standards durch Kunden obligatorisch, muss der Einhaltung dieser Standards und der daraus entstehenden Komplexität ebenfalls Rechnung getragen werden. Diese Komplexitätsform hat oftmals direkte Auswirkungen auf das Anforderungsmanagement, sind doch viele Normen und Standards in Form von Anforderungen formuliert und können mit leichten Modifikationen in das eigene Anforderungsmanagement übernommen werden. Die Komplexität liegt eher dort, wo übergeordnete normative Anforderungen auf untergeordnete Funktions- und Systemelemente korrekt zugeordnet werden müssen.

3.2.6 Maßnahmen zum Komplexitätsmanagement in der Produktentwicklung

Zunächst einmal ist zu konstatieren, dass ein gewisses Maß an Komplexität in Unternehmen und Unternehmensbereichen erforderlich und in jedem Fall auch unvermeidbar, zum Teil sogar auch gewünscht ist. Letzteres leitet sich vor allem aus den Unternehmenszielen ab, die oftmals mit komplexen Lösungen besser erreicht werden können als mit weniger komplexen. REISS spricht in diesem Zusammenhang auch von einer optimalen Komplexität, die für die jeweils betrachteten Systeme zu identifizieren und zu erreichen ist [REIS93 S. 56].

Dennoch ist in Entscheidungssystemen in Unternehmen, und insbesondere in der Produktentwicklung, in der Regel die Komplexität zu hoch, weswegen ein Großteil der Aktivitäten, die nicht direkt zur Ausgestaltung des Produktes beitragen, dem Beherrschen und Reduzieren der Komplexität zuzuordnen sind. In der Literatur hat sich dafür übergeordnet der übergeordnete Begriff des Komplexitätsmanagements etabliert. Nach PUHL bringt Komplexitätsmanagement „Modelle und Vorgehensweisen zur Anwendung, mit dem Ziel einer optimalen Gestaltung der Komplexität in Unternehmensprozessen durch systematische Komplexitätsreduzierung, -erhöhung und -beherrschung“ [PUHL99, S.24].

Dabei haben sich laut SCHÖNEBERG die drei Bereiche Komplexitätsvermeidung, Komplexitätsreduzierung und Komplexitätsbeherrschung als Formen des Komplexitätsmanagements etabliert. [SCHO14, S. 19]

Komplexitätsvermeidung bedeutet die präventive Verhinderung der Entstehung von Komplexität. Dies jedoch ist Unternehmen, wie in Kapitel 3.1 dargelegt, oft nicht möglich, da die Komplexität der Produktentwicklung in wesentlichem Maße von externen Treibern erhöht wird. In Produktentwicklungsprojekten wird daher eher mit anderen Maßnahmen versucht, die Komplexität zu reduzieren, etwa durch Reduktion der zu betrachtenden Elemente, Anwendung möglichst einfacher und bekannter Prinzipien und die Modularisierung. Ist auch dies nicht möglich, bleibt als letztes übrig, die bestehende Komplexität durch geeignete Hilfsmittel besser zu handhaben. Nach SCHÖNEBERG können Maßnahmen zur Beherrschung der Komplexität auch als Maßnahmen zur Verbesserung der Effizienz angesehen werden, da die subjektiv besser beherrschte Komplexität ein zielgerichteteres Handeln ermöglicht. [SCHO14, S. 20]

3.2.7 Zwischenfazit

Die Beherrschung von Komplexität konnte als eine bestimmende Komponente für den Erfolg von Entwicklungsprojekten in Unternehmen in der heutigen Zeit identifiziert werden. Im Rahmen der zur genaueren Analyse notwendigen Klassifizierung wurden 5 Komplexitätsklassen definiert und untersucht und 14 dazugehörige Komplexitätsarten definiert, denen sich nun konkrete „Komplexitätsprobleme“ in Entwicklungsprojekten zuordnen lassen. Eine Übersicht der Komplexitätsarten zeigt Tabelle 3-2. Diese Einteilung ist insbesondere aufgrund der Heterogenität der Entwicklungsprojekte innerhalb von Unternehmen wie auch über Unternehmensgrenzen hinweg individuell projektbezogen sinnvoll, da sich das Vorkommen der Komplexitätsprobleme sehr unterschiedlich darstellt, wie in Kapitel 3.3 gezeigt werden wird.

Tabelle 3-2: Komplexitätsklassen und Komplexitätsarten in der Produktentwicklung [eigene Darstellung]

Komplexitätsklasse	Komplexitätsart
Produktkomplexität	Komplexität der Produktarchitektur Komplexität der technischen Unsicherheit Komplexität der Variantenvielfalt
Prozesskomplexität	Komplexität der Prozessstruktur Komplexität der Prozessunsicherheit
Komplexität der betrieblichen Systeme	Komplexität der Informationssysteme Komplexität der Informationsbereitstellung Komplexität der Steuerungssysteme
Organisationskomplexität	Komplexität der Vorhabens-Einmaligkeit Komplexität der Kommunikationsstruktur Komplexität der Unternehmensdynamik
Externe Komplexität	Komplexität der Technologiedynamik Komplexität des Kundenverhaltens Komplexität der normativen Anforderungen

Für nicht alle dieser Komplexitätsarten mag es relevante Problemfelder innerhalb der Thematik des Anforderungsmanagements geben, und einige Problemfelder sind bei genauer Betrachtung nicht eindeutig einer Komplexitätsart zuzuordnen. Daher soll zur Strukturierung der Analyse im Folgenden nicht die Komplexitätsart als Einteilungsmaß verwendet werden. Für die Analyse in Kapitel 4 werden die Problemfelder „Daten und Informationen“, Kommunikation und Dokumentation“ und „Prozesse und Schnittstellen“ zugrunde gelegt sowie spezielle Problemfelder des AM und von AMSW an sich. Eine Selbsteinschätzung anhand von diesen Komplexitätsarten ist für Unternehmen gleichwohl sinnvoll, um über das Anforderungsmanagement hinaus Prioritäten in der Prozessoptimierung wie auch in der Arbeitsorganisation in Entwicklungsprojekten bestimmen zu können.

Auf dieser Basis seien in den folgenden Kapiteln Anforderungen formuliert, wobei auf eine vollständige Attribuierung aus Gründen der Lesbarkeit und mangelnder Notwendigkeit verzichtet werden soll. Lediglich eine Anforderungsnummer und die Benennung eines Anwendungsbereichs nach Tabelle 3-3 wird vorgenommen, letzteres vor dem Hintergrund, dass einige Anforderungen für bestimmte Gegebenheiten nur bedingt oder gar nicht relevant sind. Ist eine Anforderung in jedem Fall relevant, fällt sie in den Anwendungsbereich „Must-Have“.

Tabelle 3-3: Einordnung von spezifischen Anwendungsbereichen der Anforderungen

Anwendungsbereich	Abkürzung	Erläuterung
Must-Have	MH	Für alle Anwendungsbereiche relevant
Hohe Produktkomplexität	HPd	Betrifft Produkte mit einer sehr hohen Anzahl von Komponenten, Funktionen oder autonomem Verhalten
Hohe Prozesskomplexität	HPz	Betrifft Unternehmensprozesse, die in hohem Maße von regelbasierter Standardisierung geprägt sind
Hohe Komplexität der betrieblichen Systeme	HbS	Betrifft Unternehmen mit einer Vielzahl von IT-Systemen in der Erzeugung der Produktmodelle und -informationen
Hohe Organisationskomplexität	HO	Für Unternehmen, in denen komplexe interne Strukturen und Arbeitsbedingungen (wie verteilte Teams) vorhanden sind
Hohe externe Komplexität	HE	Für Projekte, in denen eine starke inhaltliche Einbindung externer Partner, Lieferanten oder Kunden üblich ist

3.3 Anforderungsmanagementsysteme im Kontext von Systemkomplexität und Komplexitätsmanagement

Empirisch gilt ein intensives Anforderungsmanagement von Beginn an als erfolgreicher Stellhebel zur Minimierung teurer Fehler in späteren Produktlebensphasen durch fehlende, falsche oder sich ändernde Anforderungen [EBER12, S. 6–15]. Aus wissenschaftlicher Sicht muss gleichwohl untersucht werden, warum diese Fehler in Produktentwicklungsprojekten überhaupt passieren und warum sie nicht anders gelöst werden.

Daher gilt es zunächst herauszustellen, inwiefern und auf welche Weise beziehungsweise mit welchen Mitteln ein gutes Anforderungsmanagement einen Mehrwert bei der Komplexitätsbeherrschung von Entwicklungsprojekten erzeugen kann. Daraus werden im Folgenden eine Reihe von aktuellen Problemstellungen abgeleitet, die in der Natur von Anforderungen in Entwicklungsprojekten begründet liegen wie auch dem Einsatz von Anforderungsmanagementsystemen an sich geschuldet sind.

3.3.1 Die Komplexität des Anforderungsmanagements

Die Anzahl der in Entwicklungsprojekten erhobenen Anforderungen ist von Projekt zu Projekt extrem unterschiedlich, dennoch nehmen mehrere Autoren dazu generelle Einschätzungen vor. SIDDIQUI und BOKHARI nehmen eine Einteilung in drei Projektklassen vor, wobei in kleinen Projekten unter 200 Anforderungen spezifiziert werden, in mittleren Projekten zwischen 200 und 2.000 Anforderungen und in großen Projekten mehr als 2.000 [SIBO13, S. 366]. FINKELSTEIN und EMMERICH nennen 2.500 Anforderungen als Durchschnitt für mittelgroße Entwicklungsprojekte [FIEM00, S. 1]. Und VRINAT nennt für Großprojekte im Bereich der Luft- und Raumfahrt die Größenordnung von mehreren 100.000 Anforderungen pro Projekt [VRIN10, S. 3]. Zu dieser sehr großen Menge an Anforderungen kommt dann noch die Menge anforderungsrelevanter Dokumente hinzu, insbesondere interner Standards und Richtlinien sowie geltender Normen und Gesetze. NEKVI ET. AL. untersuchen in einer Fallstudie ein Projekt mit etwa 12.000 Anforderungen, wobei sich davon etwa 600 Anforderungen auf über 300 interne Richtlinien sowie etwa 30 geltende Standards beziehen, die zu beachten sind. Diese Dokumente wiederum sind nicht selten über 100 Seite lang und oft als Ganzes Teil der Anforderungen [NMFB12, S. 31-33]. Diese hohe Anzahl an Anforderungen ist allerdings nicht bereits zu Beginn eines Projekts komplett verfügbar und auch schon hinreichend konkret, ein nicht unerheblicher Teil wird erst im Laufe des Projekts entdeckt, formuliert und verfeinert [RUPP14, S 40]. Hinzu kommt, dass sich Anforderungen mit dem Fortschreiten eines Projekts aus verschiedenen Gründen ändern, oftmals auch erst, nachdem große Teile des Systems bereits spezifiziert und entwickelt worden sind [EBER12, S. 9f.]. Nach RUPP ändern sich im Durchschnitt jeden Monat etwa 2% der Anforderungen [RUPP14, S. 35].

Darüber hinaus ist es in einer Reihe von Kunden-Lieferanten-Verhältnissen üblich, dass das Anforderungsmanagement beziehungsweise Teile davon bereits Vertragsgegenstand sind und dass es fest vereinbarte unternehmensübergreifende Prozesse gibt, in denen der Austausch, die Freigabe, die Freigabe von Änderungen und die Analyse von Anforderungen festgelegt sind. Dies geht soweit, dass OEM ihren an Entwicklungsprojekten beteiligten Lieferanten vorschreiben, welches AMSW sie benutzen sollen, um Anforderungen zu dokumentieren und zu verwalten [YOUN04, S. 119].

Beim Dokumentieren von Anforderungen kommt es in hohem Maße zu Fehlern, die bei der Verfeinerung und Analyse gefunden werden müssen. LANGENFELD ET AL. berichten in einem Anwendungsfall von einem Fehler-Reporting für das Anforderungsmanagement, durch das in einem Projekt mit etwa 10.000 Anforderungen und 5 Jahren Laufzeit 588 einzelne Fehler bei der Anforderungsdokumentation aufgenommen wurden. [LAPP16, S. 146]

Abgesehen von der Komplexitätsproblematik durch die reine Vielzahl an Anforderungen und Daten finden sich weitere anspruchsvolle Problemfelder: So nennt VERSTEEGEN unter den häufigsten Problemfeldern des AM fehlende Verantwortliche für Anforderungen, die zu frühe Festlegung auf Lösungselemente bei der Formulierung von Anforderungen und die mangelnde Integration des Kunden [VERS04b, S. 62].

3.3.2 Einsatzgebiete von AMSW

Eine weitere Problematik im Kontext der Systemkomplexität ist die Klärung des Anwendungszusammenhanges von AMSW und AM-Prozess in Unternehmen. So gilt es etwa zu definieren, inwieweit derselbe Prozess und dieselbe Vorgehensweise für Anpassungs-, Varianten- und Neuentwicklungen verwendbar sind. Auch ist zu beantworten, ob in Abhängigkeit vom Umfang sowie von der technischen Komplexität eines Entwicklungsprojekts auch ein unterschiedlicher Prozess zu etablieren ist.

In den Praxisberatungen konnte der Autor zudem feststellen, dass viele Unternehmen Anforderungsmanagementsysteme etwa in der vom Entwicklungsprojekt unabhängigen Vorausentwicklung oder in der Produktionsvorbereitung einsetzen, oftmals aber dort mit den im Unternehmen etablierten Anforderungsmanagementsystemen und -prozessen nicht effizient arbeiten können. Es ist also im Rahmen der Gestaltung eines AM-Prozesses essenziell, dass die Verantwortlichen sich den Einsatzrahmen bewusst machen und Grenzen ausdrücklich formulieren.

3.3.3 Klassifizierung von Anforderungsmanagementsystemen und Entwicklungsumgebungen

Prinzipiell kann ein AMS durch eine Vielzahl von Prozessen und Strukturen realisiert werden, wobei diese sich grob an Hand der verwendeten AMSW in vier Nutzergruppen einteilen lassen. Die erste Nutzergruppe verwendet keine einheitlich verschriftlichten Anforderungen, sondern begibt sich auf Basis von Skizzen oder Plänen direkt in die Planungsphase. In diese Gruppe fallen insbesondere Unternehmen, die für den Endkundenmarkt entwickeln und somit nicht über explizite und strukturiert aufbereitete Kundenanforderungen verfügen. Nutzer aus der zweiten Gruppe verwenden ein einfaches textbasiertes Anforderungsmanagement, das heißt die Anforderungen werden üblicherweise in einem Textverarbeitungsprogramm oder einem Tabellenkalkulationsprogramm aufgelistet und meist durch Überschriften strukturiert. Üblicherweise wird dieses Dokument nur bis zu dem Zeitpunkt in der Planungsphase gepflegt, an dem die Anforderungen als fixiert gelten, beispielsweise dem „Concept freeze“. Alle späteren Änderungen werden direkt in Autorenwerkzeugen verarbeitet und allenfalls noch durch Projektmanagementwerkzeuge und Besprechungsnotizen protokolliert. In der dritten Gruppe finden sich Anwender professioneller AMSW, die ebenfalls textbasiert arbeiten, aber über eine Reihe spezifischer Zusatzfunktionen gegenüber den einfachen Textverarbeitungsprogrammen verfügen. So können in der Regel mehrere Nutzer gleichzeitig an den Anforderungen eines Projekts arbeiten. Auch können sämtliche Änderungen im Nachhinein eingesehen werden und jede Anforderung verfügt über eine automatisch erzeugte Identifikationsnummer. In der vierten Kategorie befinden sich die modellbasierten AMSW. Im Gegensatz zu den textbasierten AMSW stellt hier jede Anforderung einen einzelnen Datensatz dar, der über Beziehungen mit anderen Datensätzen verknüpft ist. Dieses Vorgehen eignet sich besonders gut, um Verknüpfungen zwischen dem AM und der definierten Funktions- und Komponentenstruktur zu erstellen und zu analysieren. Auch können grafische Darstellungen technisch wesentlich einfacher realisiert werden.

3.4 Management der Daten- und Informationsinduzierten Komplexität

Basierend auf der Bedeutung von Daten und Informationen für den Entwicklungsprozess sowie auf den Komplexitätsklassen aus Kapitel 3.2 lassen sich mehrerer Komplexitätsbereiche identifizieren, in denen es durch geeignete Maßnahmen zu einer Beherrschung der Komplexität kommen kann. Im Folgenden werden diese Bereiche vorgestellt und aktuelle Methoden beschrieben, die den Stand der Technik wiederspiegeln, bevor daraus resultierende Anforderungen abgeleitet werden.

3.4.1 Komplexität der Anforderungs- und Produktarchitektur

Die Produktarchitektur und die damit verbundene Architektur von Funktionen ist ein etabliertes Werkzeug zur Komplexitätsbeherrschung in der Entwicklung anspruchsvoller technischer Systeme. Hierbei handelt es sich um ein Komplexitätsproblem (aus) der Kategorie „*Komplexität der Produktstruktur*“ aus Tabelle 3-2. Die entsprechenden Methoden sind in der wissenschaftlichen Literatur gut dokumentiert und seien daher hier nur kurz erwähnt. Das klassische Instrument ist die Auflösung eines Produkts in seine strukturellen Komponenten, die *Produktstrukturierung* [SCHU14, S. 134ff.]. Die gestaltenden Elemente dieses Instruments sind die strukturierte Auflistung der Komponenten in *Stücklisten* und die Visualisierung der Ebenen aller Subsysteme und Komponenten in einem *Produktstrukturbaum*. Eine Übersicht verschiedener Stücklistentypen findet sich bei SCHUH, zu den Strukturbäumen sei auf die Strukturanalyse der FMEA verwiesen [SCHU14, S. 155ff.; VDA06, S. 32ff.]. In der FMEA ist analog zum Produktstrukturbaum vom *Funktionsstrukturbaum* die Rede. Nun ist aber zu frühen Zeitpunkten zunächst noch keine Produktstruktur vorhanden, sondern es existieren lediglich Anforderungen. Doch auch zur Strukturierung der Anforderungen ist es aufgrund der Menge an Anforderungen (vgl. Kapitel 3.6.1) und der Anforderungsstruktur (vgl. Tabelle 2-3) evident notwendig, mithilfe von Listendarstellungen und Hierarchiebäumen eine höhere Übersichtlichkeit zu erzeugen, um das Verständnis des aktuellen Stands und des Gesamtsystems bei den Projektbeteiligten zu erhöhen [vgl. auch DNAT12, S. 13; OTT09, S. 21; VRIN10; S. 5f.]. Diese strukturierten Listen und Darstellungen stellen bereits Formen des Komplexitätsmanagements dar, auch wenn die Komplexität dadurch nicht reduziert wird. Dennoch werden insbesondere die Komplexitätsdimensionen *Vielzahl* und *Veränderlichkeit* für die Beteiligten besser beherrschbar gemacht (vgl. Abbildung 3-2).

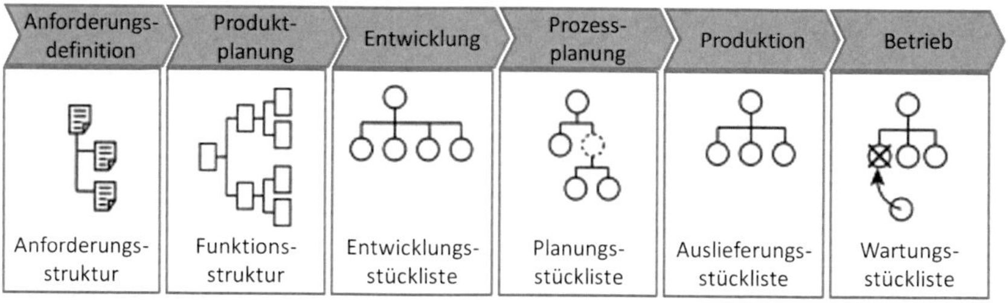

Abbildung 3-2: Hierarchiebäume und Stücklisten in den Phasen des Produktlebenszyklus nach EIGNER [EIGN14b, S. 237]

Darüber hinaus bilden die Listen- und Hierarchiebaumdarstellungen nach BLISS und nach SCHUH die Grundlage für drei weitere Maßnahmen der Komplexitätsreduzierung in der Produktentwicklung, die sich vor allem auf die produktübergeordneten Aufgabenbereiche der Variantenplanung und der Produktfamilienerstellung beziehen: *Gleichteileverwendung*, *Modularisierung* und *Funktionsintegration* [BLIS00, S. 42-44, SCHU14, S. 140-160]. *Gleichteile* beziehungsweise standardisierte Teile sind mehrfach benutzte Lösungselemente, da für gleiche und auch ähnliche Anforderungen innerhalb unterschiedlicher Systembereiche eines Produkts beziehungsweise über Produktgruppen hinweg wenn möglich auf ein identisches Produkt zurückgegriffen wird. *Module* sind geschlossene Funktionseinheiten, die über mehrere Produkte oder Systembereiche hinweg verwendet werden. Sie können auch Gleichteile sein oder beinhalten, allerdings ist in Abgrenzung zu den Gleichteilen insbesondere die Kombinatorik, genauer gesagt die Regeln zu den Kombinationsmöglichkeiten verschiedener Module innerhalb eines Systems, von entscheidender Bedeutung. Beispielsweise könnte ein spezifisches Modul „Motor" nur mit einer gewissen Auswahl der Varianten des Moduls „Getriebe" kombinierbar sein, die auf die Drehzahl des spezifischen Motors ausgelegt sind. Für die *Funktionsintegration* wird eine Reduzierung der Lösungselemente dadurch erreicht, dass ein Lösungselement mehrere Funktionen erfüllt, die ursprünglich durch mehrere einzelne Lösungselemente erfüllt worden sind. Somit erwirken die Maßnahmen *Gleichteileverwendung* und *Modularisierung* eine Reduktion der Komplexitätsdimension (produktübergreifender) *Vielzahl* und *Vielfalt*, während die *Funktionsintegration* die *Vielzahl* bezogen auf ein Produkt reduziert. Es ist also evident, dass ein AMSW in der Lage sein muss, solche Lösungselemente zu mehreren Funktionen und Anforderungen zuzuordnen, wobei sich die Standardbeziehung prosaisch durch die Schablone „[Anforderung/Funktion] wird erfüllt durch [Funktion/Lösungselement]" darstellen lässt [vgl. auch DNAT12, S. 15; HKWB04, S. 304; OTT09, S. 28-30; SIWI11, S. 437; VRIN10, S. 7]. Die SysML Spezifikation kennt darüber hinaus noch einige andere Beziehungen, beispielsweise „[Element] verfeinert durch [Element]" oder „[Anforderung] abgeleitet von [Anforderung]", die auch in vielen AMSW verfügbar sind [OMG17, S. 163; VRIN10, S. 11]. Es muss also möglich sein, neben dem Erstellen dieser Beziehungen diese auch mit Merkmalen oder Attributen[8] zu versehen. Technisch mag das auch dadurch erreicht werden, dass die beiden verbundenen Elemente jeweils Merkmale erhalten, die die Art der Beziehung und den Partner der Beziehung benennen [RUPP14, S. 428].

Mit Blick auf die komplexitätsreduzierenden Maßnahmen aus dem vorherigen Abschnitt würde das Wiederbenutzen existierender Systemelemente und Teilsysteme die Erstellung von Varianten und Nachfolgeprodukten im AMSW erheblich erleichtern und beschleunigen. Dies belegen die in der Praxis zu beobachtenden Trends der branchenübergreifenden Verwendung von Gleichteilen, der ebenfalls branchenübergreifend steigenden Variantenvielfalt und Nutzung von Produktfamilien sowie der hohen Verbreitung der Modulbauweise. Zu diesem Schluss kommen ebenfalls mehrere Autoren [HKWB04, S. 303; RUPP14, S. 460-474].

Gerade für komplexe Systeme, deren Beziehungen und Strukturen vielfältig sind, reicht jedoch eine reine Darstellung mittels strukturierter Listen nicht aus, um den Projektbeteiligten und vor allem den Führungskräften einen guten Überblick über das Projekt geben zu können. Dies gilt insbesondere dann, wenn Anforderungen, Funktionen und Lösungselemente gemeinsam betrachtet werden sollen. Aus diesem Grund sind die bereits in Kapitel 2.6.1 erwähnten Diagramme für UML und SysML entwickelt worden. Der Nutzen von Diagrammen zur Reduktion von Komplexität ist empirisch belegt und prinzipiell unumstritten [BURK04, S. 521]. Kritisch erwähnt werden muss allerdings, dass ein Diagramm auch nur dann zur Komplexitätsreduktion beitragen kann, wenn es für den Betrachter verständlich ist [CMGP10]. Aus der Erfahrung des Autors ist dieses Mittel der Komplexitätsreduktion auch da sinnvoll, wo das Produkt nur aus wenigen Komponenten besteht und auch die Anzahl der Anforderungen relativ gering ist. Insbesondere vor dem Hintergrund der *Dynamik* in Produktentwicklungsprojekten haben Diagramme, die die aktuellen Beziehungen zwischen Lösungselementen und den Anforderungen abbilden, einen hohen Mehrwert bei der Identifikation potenzieller Schwachstellen. Nicht zuletzt kann die Auseinandersetzung mit der Problemstellung bei der Übertragung in eine semi-formale Darstellung wie ein Diagramm dabei helfen, das Problem an sich besser zu verstehen [RUPP14, S. 21]. Neben der Evidenz des Nutzens dieser Darstellungsart durch die Existenz dieser Diagramme in der SysML-Spezifikation findet sich diese Anforderung auch bei mehreren Autoren. [vgl. OTT09, S. 28-30, SIWI11, S. 437; VRIN10, S. 7]

Die in diesem Kapitel herausgestellten Anforderungen sind in Tabelle 3-4 dargestellt und haben für jegliche Entwicklungsprojekte Relevanz.

[8] Die Definition von Merkmalen und Attributen findet sich an späterer Stelle, in Kapitel 3.4.2

Tabelle 3-4: Anforderungen aus der Komplexität der Produktarchitektur

Nr	Anforderung	Anwendungsbereich
R01	Anforderungen, Funktionen und Lösungselemente müssen durch die Anwender hierarchisch strukturierbar sein	MH
R02	Es müssen durch die Anwender attribuierbare Beziehungen zwischen Anforderungen, Funktionen und Lösungselementen erzeugt werden können	MH
R03	Das AMSW muss Anforderungen, Funktionen und Lösungselemente so ablegen, dass diese in anderen Projekten wiedergenutzt werden können (auch inklusive ihrer Attribute und Beziehungen)	MH
R04	Beziehungen und Hierarchien zwischen Anforderungen, Funktionen und Lösungselementen müssen durch die Anwender visualisierbar gemacht werden können	MH

3.4.2 Komplexität des Lösungsraums

War im vorangegangenen Kapitel bereits von Lösungsprinzipien und Lösungselementen die Rede, so ist der Prozess der Gewinnung dieser Prinzipien und Elemente ebenfalls zu untersuchen. Denn für eine Anforderung ist es eher die Regel als die Ausnahme, dass mehrere Lösungsprinzipien diese zu erfüllen vermögen. Gleiches gilt für Funktionen, die durch verschiedene Kombinationen aus Lösungselementen erfüllt werden können. Diese im Rahmen der Problemstellung theoretisch möglichen Lösungsvarianten werden in der Literatur aufgrund ihrer oftmals theoretisch unendlichen Ausprägungen *Lösungsraum* genannt [vgl. EHME13, S. 604; LEND09, S. 24-26; WART13, S. 380]. LENDERS beschäftigt sich in seiner Arbeit eingehend mit den Lösungsräumen und definiert in Abhängigkeit von der Phase des Entwicklungsprozesses verschiedene Objekte des Lösungsraumes (siehe Tabelle 3-5) [LEND09, S. 30]. Es handelt sich gemäß Tabelle 3-2 um ein Problem vom Typ *Komplexität der technischen Unsicherheit.*

Die Beschäftigung mit diesen alternativen Lösungselementen nimmt in der Produktentwicklung eine bedeutende Stellung ein. Nach EHRLENSPIEL und MEERKAMM kann das Ergebnis einer Lösungssuche für Schlüsselprodukte über das Fortbestehen von Unternehmen auf einem Markt entscheiden [EHME13, S. 428]. Entsprechend messen die Autoren den Techniken und Strategien bei der Lösungssuche eine hohe Bedeutung bei [EHME13, S. 427-459].

Tabelle 3-5: Objekte des Lösungsraums nach LENDERS [LEND09, S. 30]

Phase des Entwicklungsprozesses	Objekte des Lösungsraumes
Planen	Alternative Produktideen
Konzipieren	Alternative Funktionsstrukturen Alternative Wirkprinzipien Alternative Lösungsprinzipien
Entwerfen	Alternative Entwürfe für Haupt- und Nebenfunktionsträger Alternative Gestaltungen des Gesamtentwurfs für das Produkt
Ausarbeiten	Alternative Festlegungen von Einzelteilen Variation von Konstruktionsparametern

Die Bewertung der identifizierten Lösungsprinzipien und Lösungselemente ist ebenfalls von großer Bedeutung für den Erfolg einer Entwicklung. Da oftmals mehrere Lösungsalternativen gefunden werden können, hat der Entwickler die Möglichkeit, eine intuitive Auswahl zu treffen oder die Alternativen miteinander zu vergleichen. Für letzteres gibt es wiederum verschiedene Bewertungsmethoden. WARTZACK unterscheidet zwischen einfachen und komplexen Bewertungsmethoden und setzt sich mit diesen detailliert auseinander [WART13, S. 386-398]. Beispielhaft sei die gewichtete Punktbewertung erwähnt, bei der zunächst, basierend auf relevanten Anforderungen, Bewertungskriterien abgleitet werden. Anschließend werden diese Kriterien gegeneinander gewichtet und mittels einer qualitativen Punkteskala dazu herangezogen, wiederum jede Lösungsalternative zu bewerten, basierend auf ihren abgeschätzten Eigenschaften. Durch anschließende Multiplizierung mit den Gewichtungsfaktoren und Aggregation erhält jede Alternative einen qualitativen Wert, wobei die Alternative mit dem höchsten Wert die optimalste ist [WART13, S. 387f.].

Solche Bewertungsmethoden sind Stand der Technik, ihre Wahl und auch die technische Umsetzung ist jedoch bisher nicht standardisiert und kann auch von Aufgabe zu Aufgabe unterschiedlich sein. Wenn Anforderungsmanagement auch die Lösungselemente berücksichtigen soll und Lösungsalternativen bewertet werden, so muss gefordert werden, dass die Bewertungsergebnisse wie auch die verschiedenen Lösungsalternativen als solche im AMSW abgebildet werden können, da so Lösungsentscheidungen und ihre Begründungen am selben Speicherort wie die dazugehörigen Anforderungen vorliegen und redundante Datensätze sowie die aufgewendete Zeit zum Suchen von Informationen reduziert werden. Dabei wäre es ein weiterer Effizienzgewinn, wenn sich die Bewertung vollständig mit den Mitteln des AMSW bewerkstelligen ließe, wobei anzumerken ist, dass damit zugleich die Wahl der Bewertungsmethode eingeschränkt würde. Dazu muss es prinzipiell möglich sein, sowohl den Anforderungen als auch den Lösungsalternativen definierte Merkmale zuzuordnen, die wiederum mit bestimmten Ausprägungen versehen werden können. Ein Merkmal ist dabei eine einem spezifischen Systemelement zuordenbare Information. Für diese Merkmale hat sich im AM der Begriff „Attribut" allgemein durchgesetzt, die Forderung danach wird von einer Vielzahl Autoren gestellt [ISO09, S. 4; ISO11, S. 12ff.; OTT09, S. 21; POHL07, S. 257ff.; RORO13, S. 396; RUPP14, S. 415-417].

Die Attribute haben eine Reihe von positiven Auswirkungen auf die Komplexität, die im Folgenden für die jeweils konkreten Nutzungsfälle beschrieben werden. Jedoch erwähnt RUPP zu Recht, dass durch eine Festlegung auf zu viele Pflichtattribute der Arbeitsaufwand bei der Attributpflege auch höher werden kann als der erzielbare Nutzen. Auch kann dies zu der Gefahr der Eingabe unrichtiger Informationen führen, weil beispielsweise ein Attributwert zum Zeitpunkt der Anforderungsdokumentation noch gar nicht feststellbar ist [RUPP14, S. 417]. Neben den Bewertungsergebnissen kann es auch sinnvoll sein, Zahlenwerte als Attribute festzulegen, die beispielsweise eine geforderte Messgröße beschreiben, die ein System erreichen soll. In diesem Fall kann die tatsächlich erreichte Messgröße auch im Lösungselement oder in einem Testfall als Attribut hinterlegt werden, und es können wertbasierte Erfüllungsbeziehungen zwischen diesen Elementen hergestellt werden. Diese Möglichkeit hat einen hohen Wert in der Objektivierung beim Vergleich von Lösungsalternativen, die unterschiedliche Werte für die Messgrößen erzeugen, möglicherweise sogar bei mehreren Anforderungen gleichzeitig.

Ein wichtiges Einsatzgebiet der Attribuierung ist die Gewichtung von Anforderungen, die eine hohe Bedeutung für die Komplexitätsreduzierung haben kann, auch unabhängig davon, ob Lösungsalternativen bewertet werden. Denn sowohl beim Festlegen der Reihenfolge, in der Funktionen und Lösungselemente spezifiziert werden sollten, als auch bei der Analyse der Relevanz sowie der Qualität von Anforderungen kann eine Priorisierung helfen, die Komplexitätsdimensionen „Vielzahl" und „Vielfalt" zu reduzieren und besser beherrschbar zu machen. Auch dies ist evident, wenn man sich die angesprochene Durchschnittsmenge an Anforderungen ansieht (laut FINKELSTEIN und EMMERICH etwa 2.500, vgl. Kapitel 3.6.1) und dazu vorstellt, dass ein Entwicklungsteam freie Hand bei der Wahl der Reihenfolge hätte, in der die Funktions- und Systemgestaltung erfolgen soll [FIEM00, S. 1]. Dieser Bedarf wird noch zusätzlich verschärft, wenn nachgelagerte Entwicklungsaktivitäten von bestimmten Gestaltungsaktivitäten abhängen, was bei größeren Entwicklungsprojekten mit interdisziplinären Entwicklungsteams die Regel darstellt. Der *Scrum* Produktentwicklungsansatz macht ein regelmäßiges Priorisieren von Anforderungen und Aufgaben innerhalb der „Sprints" sogar zur Vorgabe [RUPP14, S. 415; VITH15, S. 45]. Analog zur Attribuierung sind sich eine Vielzahl von Autoren einig über die Notwendigkeit dieser Anforderung [DNAT12, S. 13; ISO11, S. 13; OTT09, S. 28-30; POHL07, S. 525-542; RUPP14, S. 415].

Ein weiterer komplexitätsfördernder Aspekt des Anforderungsmanagements ist das Vorhandensein von Konflikten zwischen Anforderungen, insbesondere im Bereich der Verfeinerung und Festlegung von Lösungselementen (vgl. Kapitel 2.6.2). Während die Problematik der Konfliktauflösung ein Problem der Prozesskomplexität darstellt und in Kapitel 3.5.1 behandelt wird, ist das Auffinden und Dokumentieren von Konflikten ein Problem der Daten- und Informationskomplexität, da die Konflikte nicht zwangsläufig durch die Tätigkeiten des Anforderungsmanagements offenbar werden. Eine zeitaufwändige, aber gründliche Methode ist die Gegenüberstellung von Anforderungen in einer Konfliktmatrix, in der dann für jedes Paar von Anforderungen systematisch das Konfliktpotenzial ermittelt und aufgetragen wird [PHZJ12; S. 27]. Dies ist jedoch sehr zeitaufwändig, weswegen andere Autoren vorschlagen, Anforderungen so zu attribuieren, dass Anforderungen mit demselben Attribut keine Konflikte haben können, und parallel auch nur solche Anforderungen zu betrachten, die in Beziehung zueinanderstehen [EGGR04]. Ein sehr pragmatischer Vorschlag könnte darin liegen, beim Dokumentieren einer Anforderung standardmäßig festzulegen, mit welchen anderen Anforderungen diese Anforderung in einer Beziehung steht, und diese Beziehungen direkt auf ihr mögliches Konfliktpotenzial hin zu analysieren. Zur anschließenden Dokumentation bietet sich so oder so die Herstellung einer (weiteren) Beziehung vom Typ „conflicts with" an, wie dies auch andere Autoren empfehlen [WLWZ12, S. 62]. Analog kann auch die Identifikation, Analyse und Dokumentation bei der Erstellung von Funktionen und Lösungselementen erfolgen. Dieses Vorgehen ist zwar zeitaufwändig, jedoch für komplexe Systeme mit hohen Anforderungen, insbesondere hinsichtlich Ausfallsicherheit und funktionaler Sicherheit, sicherlich effizienter als eine Analyse zu späteren Zeitpunkten. Auch eine automatische Konfliktanalyse auf Basis der Überprüfung von Subjekten auf Vorhandensein in einem eigens definierten Projektglossar ist Stand der Technik und in verteilten, international durchgeführten Projekten sinnvoll [RUPP14, S. 350; VRIN10, S. 7]. Das Glossar ist auch abseits davon zur Erhöhung der Zuverlässigkeit sinnvoll, da damit zugleich die Gefahr reduziert wird, gleiche Inhalte unterschiedlich zu benennen oder unterschiedliche Inhalte gleich zu benennen. Sowohl der Einsatz eines Glossars als auch der Einsatz der systematischen Konfliktanalyse ist im Kosten-Nutzen-Verhältnis stark von Projekttyp, Unternehmenstyp und Produktkomplexität abhängig und muss durch die Anwender im Einzelfall im Vorhinein abgeschätzt werden.

Die Anforderungen, die aus der Komplexität des Lösungsraums resultieren, sind in Tabelle 3-6 aufgezeigt. Dabei sind mehrere Anforderungen nicht pauschal für alle Projekte relevant, sondern erfordern eine Selbsteinschätzung durch die Anwender.

Tabelle 3-6: Anforderungen aus der Komplexität des Lösungsraums

Nr	Anforderung	Anwendungsbereich
R05	Allen Systemelementen müssen durch die Anwender (änderbare und obligatorische) Attribute zugeordnet werden können	MH
R06	Anforderungen müssen durch die Anwender priorisiert werden können	MH
R07	Lösungselemente müssen durch die Anwender bewertet werden können	HPd, HE
R08	Systemelemente sollten mit absoluten und relativen Werten attribuiert werden können	HPd
R09	Die Identifikation, Darstellung und Dokumentation von Anforderungskonflikten muss prozessual und technisch durch die Anwender durchgeführt werden können	HPd, HPz
R10	Ein technisches Glossar muss prozessual wie technisch durch die Anwender angelegt werden können und zu Analysezwecken nutzbar sein	HPd, HO, HE

3.4.3 Komplexität heterogener Datenstrukturen

In der Praxis werden die in Kapitel 2.3.1 beschriebenen produkt- und prozessbezogenen Daten des Produktentwicklungsprozesses in einer Vielzahl von sehr unterschiedlichen Softwaresystemen im Unternehmen abgelegt und archiviert. Ein großer Komplexitätstreiber ist hier die gerade in großen Projekten enge Verflechtung der Autoren- und Managementsysteme in Kombination mit der hohen Dynamik der Datenerzeugung, resultierend aus der *Komplexität der softwarebasierten Informationssysteme* (Tabelle 3-2). Oft ist prinzipiell auch nicht geregelt, welche Daten aus welchen Systemen Verbindungen zueinander haben beziehungsweise haben sollten. In realen Projekten kann dies zu mehreren Verschwendungen im Sinne des Lean Development führen: *Verschwendung durch Zeit beim Suchen von Informationen*, *Verschwendung durch mehrfaches Ablegen von Informationen in unterschiedlichen Systemen* und *Verschwendung durch Fehlentscheidungen wegen mangelnder Aktualität der Informationen*. Während die ersten beiden Verschwendungsarten noch relativ gut durch sauber definierte und umgesetzte Prozesse beherrscht werden können, ist die mangelnde Aktualität ein deutlich schwerer zu händelnder Punkt, zumindest wenn die Anzahl der Projektbeteiligten und die Menge der Daten eine gewisse Größe erreicht haben. Jüngste Bestrebungen zielen mit dem Gedanken der *„single source of truth"* darauf ab, dass alle Daten in genau einem führenden System abgelegt werden, welches dann idealerweise über Datenschnittstellen die weiteren benutzten Softwaresysteme kontextabhängig mit aktualisierten Daten versorgt [SRHD15, S. 13f.]. Die Schwierigkeit dabei ergibt sich dann allerdings aus der Frage, welches der Softwaresysteme das führende System sein soll. Während Vertreter aus Produktion, Einkauf und Verwaltung eher ein ERP-System als führendes System sehen, spräche aus Sicht der Produktentwicklung mehr für ein PLM-System, Vertrieb und Service könnten dagegen eher ein Produktinformationsmanagement- (PIM-)System favorisieren. In der Praxis ist dieses Problem aus Sicht des Autors noch lange nicht gelöst und Gegenstand zahlreicher Beratungs- und Veränderungsprojekte innerhalb der Unternehmenswelt. Der Autor sieht für dieses Problem prinzipiell zwei Lösungen: Die eine wäre ein führendes System, dass in der Lage ist, eine Datenbank zu verwalten, in der wirkliche alle Informationen verfügbar sind. Die andere wäre eine *„distributed source of truth"*, also eine hinter den verschiedenen Systemen liegende Systematik, die festlegt, welches Softwaresystem für welchen Bereich die jeweiligen Informationstypen definiert. Voraussetzung dafür ist eine saubere Programmierung der dahinterliegenden Regeln sowie ein komplettes Schnittstellenmanagement für alle diese Regeln, damit jedes System die Informationen, die es benötigt, vom führenden System erhält. Aus Sicht des Autors hätte letztere Lösung den großen Vorteil, dass sie zum einen näher an der aktuellen Realität der Unternehmen ist (nämlich der Existenz vieler potenziell führender Systeme in einem Unternehmen, allerdings mit zur Speicherung sämtlicher relevanter Datentypen ungeeigneten Datenbanken) und dass die Unternehmen weniger von den zukünftigen Entwicklungen der Softwaresysteme abhängig sind (z.B. Datenbankänderungen oder das Einstellen von technischem Support für bestimmte Teile einer Software oder für wichtige Schnittstellen).

Für das Anforderungsmanagement ergeben sich aus diesen theoretischen Überlegungen konkret zwei Anforderungen: *Die Offenheit des Systems hinsichtlich der Integration von Textbausteinen aus anderen Quellen* sowie *die Möglichkeit zu Verlinkungen von externen Datenquellen mit spezifischen Systemelementen im AMSW.* Ein gutes Beispiel für die Erfüllung der ersten Anforderung bietet die Anlage einer Komponentenstückliste in einem CAD-System, welches dann als strukturierte Lösungselementliste übernommen werden kann und mit den bereits vorhandenen Anforderungen und Funktionen in Beziehung gesetzt werden kann. Dafür müssen allerdings technische Schnittstellen vorhanden sein, die jedoch gleichzeitig zu einer Reduktion der Erzeugung redundanter (und potenziell veralteter) Daten führen und damit direkt die Verschwendung von Arbeitszeit minimieren. Einige Anbieter von PLM-Lösungen wie Siemens verfügen über solche Schnittstellen innerhalb ihrer eigenen Produkte [SIEM17, S. 10-12].

Das Verlinken externer Datenquellen mit dem genutzten AMSW, optional auch das Integrieren dieser Daten in das AMSW, reduziert ebenfalls Verschwendung und erhöht somit die Effizienz. Gegenstand hierbei ist die Beherrschung der Komplexität der Datenstrukturen, resultierend in einer Reduktion der verwendeten Zeit bei der Suche von Informationen. Dieser Nutzen ist evident und durch mehrere Autoren bestätigt [DNAT12, S. 13f.; HKWB04; S. 304; VRIN10, S. 7; YOUN04, S. 9].

Die Anforderungen aus der Komplexität der Datenstrukturen sind in Tabelle 3-7 dargestellt.

Tabelle 3-7: Anforderungen aus der Komplexität heterogener Datenstrukturen

Nr	Anforderung	Anwendungsbereich
R11	Externe Datenquellen und Dokumente müssen verlinkbar bzw. referenzierbar sein	MH
R12	Daten müssen aus anderen Quellen in das AMSW integrierbar sein	MH

3.5 Management der Komplexität durch Dokumentation und Kommunikation

Analog zu Kapitel 3.4 werden im Folgenden Komplexitätsbereiche im Kontext der Rolle von Dokumentation und Kommunikation im Entwicklungsprozess herausgearbeitet. Auch hier erfolgt eine Diskussion der Problemstellungen und verwendeten Methoden in der Praxis, um so zu den abgeleiteten Anforderungen zu kommen.

3.5.1 Kommunikationskomplexität bei der Anforderungsermittlung

Das Kernproblem der Validierung von Produkten besteht darin, dass unklar ist, ob man wirklich die tatsächlichen Kunden- bzw. Marktanforderungen verstanden hat. Ursächlich dafür sind zum einen die Unsicherheit des Kunden und der Stakeholder bezüglich der genauen Bedarfe, zum anderen Kommunikations- und Analysefehler im weiteren Projektverlauf. Es handelt sich somit um ein Problem der *Komplexität der Informationsbereitstellung* (Tabelle 3-2). JUNG stellt in seiner Arbeit heraus, dass sich vier systematische Fehler bei der Anforderungsermittlung identifizieren lassen (siehe Abbildung 3-3):

1. das *Ermitteln nicht notwendiger Anforderungen*
2. das *Auslassen notwendiger Anforderungen*
3. das *falsche Formulieren von Anforderungen*
4. das *falsche Definieren einer Ausprägung einer Anforderung* [JUNG06, S. 23]

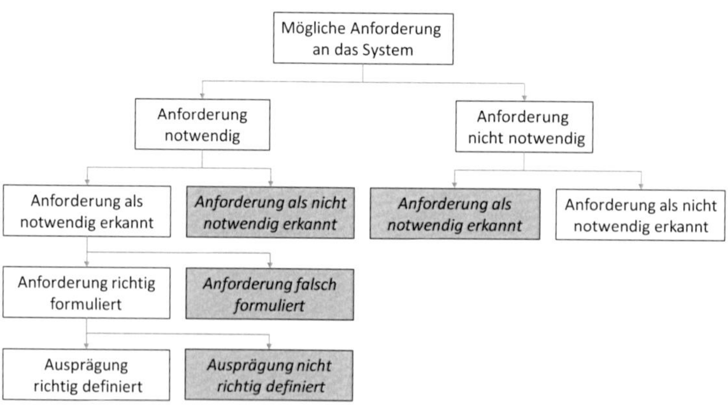

Abbildung 3-3: Fehler bei der Anforderungsermittlung nach JUNG [JUNG06, S. 23]

Fehler Nr. 1 ist dabei nach YOUNG sehr häufig und durch eine systematische Anforderungsanalyse nach den Kriterien der Anforderungsqualität zu verhindern [YOUN04, S. 8]. Insbesondere die Fehler Nr. 2 und 4 sind häufig auf das Auslassen der Formulierung impliziter Annahmen zurückzuführen [RUPP14, S. 159]. Der Fehler Nr. 3 *Anforderung schlecht formuliert* beruht nach RUPP zentral auf sprachlichen Effekten, tritt in der Praxis sehr häufig auf und kann der Urheber für späte und teure Änderungen in Entwicklungsprojekten sein. Die Autoren listen 18 sprachliche Effekte auf und empfehlen, Anforderungen insbesondere bei der Verfeinerung regelmäßig dahingehend zu untersuchen [RUPP14, S. 133-164]. Er lässt sich aber auch durch konsequente Anwendung einer Anforderungsschablone minimieren (vgl. Kapitel 2.6.1). Dabei ist die Verfügbarkeit einer automatischen Überprüfung der Schablonenverwendung durch das AMSW notwendig, um den Arbeitsaufwand zu minimieren. Darüber hinaus stellt sich bei der Erhebung von Anforderungen unmittelbar die Frage, ob die neuen Anforderungen auch den tatsächlichen Inhalt der gemeinten Anforderung wiedergeben. Insbesondere wenn die Anforderung von einem Stakeholder außerhalb des Projektteams formuliert wurde, etwa von einem Kunden oder potenziellen Anwender des Systems, ist diese Gefahr des Informationsverlusts nicht zu unterschätzen. In Ergänzung zu JUNGS Aufzählung wäre dies der fünfte systematische Fehler:

5. *Anforderung wurde falsch verstanden.*

Nicht zuletzt wegen des fünften Fehlers hat sich in der Softwareentwicklung (und mit steigender Tendenz auch in der Entwicklung mechatronischer Systeme) die Formulierung von Anforderungen auf Basis von Use Cases bzw. Anwendungsfällen ergeben, deren Darstellung eine eigene Diagrammklasse in UML und SysML darstellt [RUPP14, S. 124]. Aber auch Aktivitätsdiagramme und Sequenzdiagramme können für das ereignisorientierte Darstellen und Modellieren von Systemverhalten verwendet werden [GILZ14, S. 64f.]. Der Nutzen für die Entwicklungseffizienz ist offenkundig, da nicht verstandene Anforderungen nur zufällig dazu führen, dass die tatsächlich benötigten Funktionen und Lösungselemente realisiert werden. In allen anderen Fällen würde eine nicht benötigte Funktion oder Lösung entworfen, deren Korrektur zum Zeitpunkt des Bemerkens deutlich mehr Aufwand mit sich bringen wird (vgl. die Zehnerregel, Abb. 2-8 in Kapitel 2.2.3). Diese unnötigen Iterationen zu späteren Zeitpunkten würden zudem wiederum die Komplexität erhöhen. Dennoch ist die Nutzung solcher Methoden auch mit Aufwand verbunden. Bei der Entwicklung „verhaltensarmer“ Produkte (z.B. Gussteile) ist zum Beispiel kein positives Kosten-Nutzen-Verhältnis und auch kein positiver Effekt auf die Komplexitätsbeherrschung zu erwarten. Diese Forderung ist somit unternehmensindividuell zu prüfen.

Zusammenfassend werden somit basierend auf der Kommunikationskomplexität bei der Anforderungsermittlung drei Anforderungen erhoben (siehe Tabelle 3 8).

Tabelle 3-8: Anforderungen aus der Kommunikationskomplexität bei der Anforderungsermittlung

Nr	Anforderung	Anwendungsbereich
R13	Die Sicherstellung der Anforderungsqualität muss Teil des Anforderungsprozesses sein	MH
R14	Es soll eine automatisierte Überprüfung von Anforderungen durch das Gegenprüfen konfigurierbarer Anforderungsschablonen möglich sein	MH
R15	Es soll eine Formulierung von Anforderungen an das Systemverhalten durch Darstellungsformen für Use Cases möglich sein	HPd, HO, HE

3.5.2 Komplexität durch Verfügbarkeits- und Aufbereitungsdefizite von Informationen im Produktentwicklungsprozess

Die fünf systematischen Fehler aus Kapitel 3.5.1 lassen sich auch auf der Anforderungsermittlung nachgelagerte Arbeitsschritte übertragen, in denen bereits dokumentierte Anforderungen verwendet werden. Damit ist das Komplexitätsproblem zwar dasselbe, jedoch liegt das Problem aus Sicht der Anwender nicht in der Informationserstellung, sondern in der Aufbereitung der bereits vorhandenen Informationen im AMS. HELLENBRAND bezeichnet die Aufgabe, den stets aktuellen Überblick über die vielfältigen Abhängigkeiten des Austauschs, der Veränderung und Ausbreitung von Informationen zu erhalten, als die wesentliche Herausforderung in der Produktentwicklung [HELL13, S. 62]. Für einen Entwickler einer bestimmten Fachrichtung kann es beispielsweise wichtig sein, sich nur die existierenden Systemelemente anzuschauen, die für seine Fachrichtung wichtig sind. Für den Projektleiter desselben Projekts könnte hingegen interessant sein, welche Systemelemente in den letzten 24 Stunden verändert wurden. Und ein Systemingenieur würde vielleicht nur die Systemelemente und ihre Beziehungen untereinander betrachten wollen. Für alle drei Fälle würde eine reine Listenansicht der Systemelemente zu hohem manuellem Nachbereitungsaufwand führen, mit der Gefahr, wichtige Informationen zu übersehen. Es muss den Anwendern also möglich sein, sich individuell gefilterte Ansichten auf den Ist-Zustand des Projektes zusammenzustellen und diese auch wiederzuverwenden. Basis für diese Filter können die in Kapitel 3.3.2 bereits vorgestellten Attribute sowie die in Kapitel 3.3.1 vorgestellten Diagramme sein. Es sei allerdings angemerkt, dass die technische Umsetzung eines solchen Filters die Komplexität des AMSW erhöhen kann. Auch ist der Nutzen der Filteransichten höher, je größer die Anzahl der Anwender dieses AMSW wie auch die Menge der Systemelemente ist. In beiden Fällen ist es statistisch wahrscheinlicher, dass ein Anwender den Überblick über Elemente herstellen muss, an deren Ermittlung oder Aktualisierung er nicht beteiligt war. Entsprechend gibt es umgekehrt eine Untergrenze für den Nutzen bei einer zu geringen Anzahl Anwender und Systemelemente, bei dem die Filteransichten nicht mehr zur Komplexitätsbeherrschung beitragen. [HKWB04, S. 303; OTT09, S. 29-30]

Im Rahmen der Informationsbeschaffung ist ein weiteres verbreitetes Szenario, dass ein Projektbeteiligter den Status einer oder mehrerer Systemelemente abfragen will, von denen ihm allerdings der genaue Wortlaut nicht mehr bekannt ist. Um das gesuchte Objekt schnell zu finden, bedarf es einer Freitextsuche, die zur Eingrenzung gegebenenfalls wiederum über Filtermöglichkeiten verfügt (Beispielsweise um nur „Funktionen“ oder nur Systemelemente mit einem bestimmten Attribut zu durchsuchen).

Neben der Information, die die reine Anforderung bereits enthält, ist oft auch die Begründung für eine spezifische Anforderung wesentlich, insbesondere um Anforderungen zu priorisieren oder unwichtige Anforderungen zu identifizieren und zu eliminieren, aber auch als Informationsträger für spätere Änderungsprozesse. Aus dem englischsprachigen Raum hat sich im AM dafür der Begriff *Rationale* durchgesetzt, der in der Literatur vielfach diskutiert wurde [ISO11, S. 13; RUPP14, S. 364]. Im Kern geht Young davon aus, dass die Formulierung einer *Rationale* bereits die Menge der Anforderungen wesentlich reduziert und somit die Qualität der Anforderungsspezifikation erhöht [YOUN04, S. 8]. Die *Rationale* zu jeder Anforderung lässt sich gut durch ein Attribut festhalten, ebenso wichtig ist jedoch die Einbindung der Formulierung der *Rationale* in den AM-Prozess (siehe hierfür *Anforderung R13*). Analog dazu und aus denselben Gründen sollte ein Verantwortlicher für jedes Systemelement hinterlegt werden, der nicht zwangsläufig der Urheber sein muss und der auch geändert werden kann. Viele AMSW bieten bei entsprechender Einbindung in die Informationssysteme an, dass Verantwortliche bei Änderungen an ihren Systemelementen automatisch eine Informations-E-Mail erhalten, wobei diese Funktion nur optional sein darf, da sie ansonsten wieder zur Komplexitätserhöhung beitragen kann.

Ein wichtiger Aspekt hinsichtlich der Informationsverfügbarkeit ist die „informelle“ Information. Gemeint sind hier solche Informationen, die nicht eine Anforderung oder ein Systemelement an sich beschreiben, sondern zum Beispiel dazugehörige Fragestellungen, Ideen oder Gedanken. Im Bereich der AMSW für die Softwareentwicklung ist es daher verbreitet, insbesondere seit dem Aufkommen der sozialen Netzwerke im Internet, neben dem reinen Anforderungstext und den dazugehörigen Attributen auch sogenannte „Kommentarfunktionen“ bereitzustellen. Hier können Anwender sowohl zur Erkenntnisgewinnung wichtige Diskussionen anstoßen als auch in Skizzen und Bemerkungen Ideen und Gedanken festhalten. [HKWB04, S. 303]

Insgesamt wurden in diesem Kapitel resultierend aus den Verfügbarkeits- und Aufbereitungsdefiziten von Informationen in der Produktentwicklung vier Anforderungen herausgearbeitet (siehe Tabelle 3-9).

Tabelle 3-9: Anforderungen durch Defizite bei der Informationsbereitstellung im Produktentwicklungsprozess

Nr	Anforderung	Anwendungsbereich
R16	Das AMS muss es ermöglichen, rollenspezifische und individuell anpassbare Ansichten auf die Daten zu entwerfen und wiederzuverwenden	HO, HE
R17	Das AMSW muss über effektive Suchfunktionen verfügen	MH
R18	Alle Systemelemente und Beziehungen müssen mit einer Rationale und einem Verantwortlichen versehen werden können	MH
R19	Systemelemente müssen kommentierbar sein und mit Skizzen, Bildern und Textelementen angereichert werden können	HPd, HO, HE

3.5.3 Komplexität durch Aufwand bei der Anforderungsdokumentation

Ein wichtiger Arbeitsschritt beim Analysieren und Bewerten von Anforderungen ist die prinzipielle Aufnahme einer Anforderung aus einem Schriftstück, beispielsweise einer Kunden-Email oder einem Lastenheft. Oftmals wird der Bearbeiter die zu analysierende Anforderung mit anderen Schriftstücken vergleichen müssen und anschließend manuell in das eigene AMSW übertragen. Dieser Vorgang dauert nach DONGES manuell im Durchschnitt 30 Sekunden je Anforderung, wobei nach Erfahrung des Autors beim zusätzlichen Eingeben von Attributen und dem Setzen von Beziehungen die veranschlagte Zeit erheblich höher sein kann [DONG13, S. 54]. Errechnet man aus dieser geschätzten Eingabedauer und der geschätzten Durchschnittsanzahl an Anforderungen für Entwicklungsprojekte, nach FINKENSTEIN und EMMERICH etwa 2.500 Anforderungen, den durchschnittlichen Eingabeaufwand bei manueller Bearbeitung, so ergibt sich ein Wert von durchschnittlich knapp 21 Stunden [FIEM00, S. 1]. Zudem ist die Gefahr von Flüchtigkeitsfehlern bei der Eingabe gegeben. Einige kommerzielle AMSW bieten daher die Möglichkeit, diesen Abgleich zu automatisieren und so die Bearbeitungszeit auf wenige Millisekunden je Anforderung bei gleichzeitigem Vermeiden von Flüchtigkeitsfehlern zu reduzieren [DONG13, S. 52; POLA17a]. Es sei angemerkt, dass das automatische Einlesen wiederum das Risiko erhöht, unnötige oder falsch formulierte Anforderungen unbemerkt zu akzeptieren und erst zu späteren Zeitpunkten daraus resultierende Fehler zu bemerken. Dennoch bietet das automatische Einlesen besonders bei großen Projekten erhebliche Effizienzpotenziale, in denen der Kunde früh detaillierte Lastenhefte oder Vorgaben aus Normen und Industriestandards übergibt.

Das Potenzial der Automatisierung im Anforderungsmanagement wurde bereits in den 1990er Jahren erkannt und analysiert. RYAN stellt dazu fest, dass Methoden des Natural Language Processing bzw. Natural Language Parsing (beides NLP), also

Methoden der automatisierten Erkennung und Analyse von natürlicher Sprache, grundsätzlich sinnvoll im Anforderungsmanagement eingesetzt werden können. Jedoch ist die vollständige Automatisierung laut RYAN weder in naher Zukunft umsetzbar noch ist sie wünschenswert. Er argumentiert, dass die Hauptaufgabe des Anforderungsmanagements (wohlbemerkt für den Bereich der Softwareentwicklung) nicht das Übersetzen von rein natursprachlichen Anforderungen in Formalsprachen ist, sondern das sukzessive Verstehen der Kundenwünsche und das ebenfalls sukzessive Herausfinden, inwieweit die entwickelte Lösung den Wünschen der Kunden genügt. Es kann festgehalten werden, dass dies bei physischen Produkten sogar in noch größerem Maße zutreffend ist, weswegen zum aktuellen Zeitpunkt keine weiteren Automatisierungen im Anforderungsmanagement für physische Produkte zielführend sind. Eine weitere Problematik bei der automatischen Anforderungseingabe ist, dass viele Anforderungen nicht originär in schriftlicher Form vorhanden sind. [RYAN93, S. 240-242]

Daneben hat allerdings die automatische Wortprüfung ein hohes Potenzial zur Minimierung von Fehlern bei der Anforderungseingabe in Projekten mit einer hohen Anzahl Anforderungen. Hierbei werden verwendete technische Bezeichnungen in einem technischen Glossar festgehalten, so dass eingegebene Substantive oder Satzbausteine mit diesem Glossar automatisch verglichen werden können und Abweichungen bei der Eingabe gezielt hervorgehoben und bearbeitet werden können. GÜLKE nennt dies „Plausibilisierung von Eingaben“, Ziel ist dabei die Vermeidung von Fehlinterpretationen durch unterschiedliche Projektbeteiligte [GUEL14, S. 61]. Diese Komplexitätsreduzierung erreicht analog zur *Anforderung R10* erst ab einer gewissen Menge an Systemelementen ihren Grenznutzen, da der Aufwand bei der Erstellung des Glossars und potenzielle Fehler bei der Glossarerstellung einkalkuliert werden sollten. Dennoch wird diese Funktion auch von anderen Autoren gefordert [HKWB04, S. 303].

Die Aufwände bei der Anforderungsdokumentation führen zu zwei weiteren Anforderungen an ein AMS (siehe Tabelle 3-10).

Tabelle 3-10: Anforderungen aus der Komplexität durch Dokumentationsaufwand

Nr	Anforderung	Anwendungsbereich
R20	Systemelemente (und ein bereits vorhandenes technisches Glossar) sollen automatisch eingelesen werden können	HPd, HPz, HE
R21	Es soll eine automatisierte Überprüfung von Systemelementen durch Gegenprüfen eines technischen Glossars möglich sein	HPd, HO, HE

3.5.4 Komplexität durch Änderungen und Erweiterung von Systemelementen

Da die Stakeholder eines zu entwickelnden Produktes oftmals zu Beginn nur unklare Vorstellungen von ihren wirklichen Bedarfen haben, ist der Prozess des Verfeinerns und Änderns von Anforderungen wesentlich und unvermeidbar [RUPP14, S. 35]. RUPP schlägt daher vor, Anforderungen hierarchisch nach ihrem Grad der Verfeinerung zu sortieren und somit jeder Anforderung ein Attribut „Anforderungsebene“ bzw. „Spezifikationslevel“ zuzuweisen (vgl. Tabelle 2-3) [RUPP14, S. 38f.]. Ebenso ergeben sich oftmals neue Anforderungen durch die Wahl eines bestimmten Lösungsprinzips oder Lösungselements. Ganz gleich, ob viele oder wenige Personen an der Entwicklung beteiligt sind, durch diese hohe Dynamik in der Anforderungsverwaltung ist es unerlässlich, dass Anforderungen eine eindeutige Identifikationsnummer (ID) haben, um im Laufe des Projekts immer eindeutig wiedergefunden werden zu können. Hierüber besteht Einigkeit bei vielen Autoren, und die Mehrheit kommerzieller AMSW realisiert daher die Vergabe solcher „Objekt-ID“s automatisch [HKWB04, S. 302; RORO13, S. 368; RUPP14, S. 383-385].

Da Anforderungen, Funktionen und Lösungselemente oft mehrmals inhaltlich überarbeitet und verfeinert werden, ist es bei der Menge an Systemelementen zur Komplexitätsbeherrschung sinnvoll und notwendig, den Verlauf der Änderungen im Nachhinein einsehen zu können, insbesondere wenn es zu Konflikten mit Stakeholdern kommt. Dabei sind der Änderungszeitpunkt und der Name des Urhebers der Änderung (und analog dazu der Entstehungszeitpunkt und der Name des Urhebers eines neuen Systemelements) wichtige Informationen, um offene Fragen klären zu können. Diese beiden Informationen können von kommerziellen RM-Werkzeugen oftmals automatisch in der Änderungsversion hinterlegt werden, da sich die Nutzer mit einem Single-Sign-On (SSO) einloggen und auch die Echtzeitinformationen jeder Aktion geloggt werden können [SPAR14, S. 20]. Diese Versionshistorie oder Änderungshistorie wird zwar nicht zwangsläufig in jedem Projekt zur Komplexitätsbeherrschung eingesetzt werden, sie stellt aber auch kein Hindernis dar und kann in großen, mehrjährigen Projekten mit vielen Änderungen von hohem Nutzen sein. Ebenfalls ist es sinnvoll, die Rationale für eine Änderung hinzufügen zu können. [HKWB04, S. 303; ISO11, S. 13; VRIN10, S. 10]

Ein erhebliches Komplexitätspotenzial liegt in der Konsensfindung bei der inhaltlichen und sprachlichen Formulierung von Anforderungen. Werden Anforderungen neu eingegeben, so ist für einen anderen Anwender als den Urheber nicht klar ersichtlich, ob diese Anforderung im Team analysiert und geprüft wurde. Zur Komplexitätsreduzierung eignet sich das vordefinierte Attribut *Anforderungsstatus,* welches viele kommerzielle AMSW anbieten. Üblicherweise hat eine neue Anforderung zunächst für das Attribut *Anforderungsstatus* die Ausprägung *offen,* die je nach Definition auf andere vordefinierte oder individuell konfigurierte Ausprägungen wie *freigegeben*, *abgelehnt* oder auch *umgesetzt* und *getestet* gestellt werden kann [vgl. IBMR10, S. 363; POLA17b; RUPP14, S. 395ff.]. Insbesondere in großen, dezentralen Projektteams kann ein definierter Freigabeprozess erheblich zur Komplexitätsbeherrschung beitragen, da dann die Rechte der Freigabe gezielt an einen oder mehrere Projektbeteiligte vergeben werden können und so alle Änderungswünsche gebündelt werden. Auf der anderen Seite stellt der Freigabeprozess einen Aufwand dar, der zu Ineffizienz führen kann, etwa wenn die Freigabeberechtigten eine zu hohe Bearbeitungszeit benötigen oder Änderungen zu lange auf eine Freigabe warten. Daher ist die Entscheidung über den Einsatz von Freigabeprozess und Anforderungsstatus projektindividuell auf Basis von Kosten-Nutzen-Abschätzungen zu treffen.

Zusammengefasst lassen sich fünf Anforderungen an ein AMS durch die Komplexität von Änderungen und Erweiterungen von Systemelementen formulieren (siehe Tabelle 3-11).

Tabelle 3-11: Anforderungen durch die Dynamik von Systemelementen

Nr	Anforderung	Anwendungsbereich
R22	Es muss eine eindeutige Identifikationsnummer für alle Systemelemente unabhängig von Änderungen vergeben werden	MH
R23	Alle Änderungen an einzelnen Systemelementen und Beziehungen müssen im Rahmen einer Änderungshistorie und durch Versionierung eindeutig nachvollziehbar sein	MH
R24	Neue Systemelemente und Änderungen müssen automatisch mit dem Urheber und dem Entstehungszeitpunkt versehen werden und Änderungen sollen um eine Rationale ergänzt werden können	MH
R25	Der Freigabestatus einer Anforderung muss festgelegt und geändert werden können	HPz
R26	Es muss ein Freigabeprozess eingeführt werden können, der die Verantwortlichkeiten regelt und technisch durch Rechtemanagement abgesichert werden sollte	HPz

3.6 Prozesse und Schnittstellen als Komplexitätstreiber in der Produktentwicklung

Auch Prozesse und Schnittstellen bilden einen Komplexitätstreiber für das Anforderungsmanagement in der physischen Produktentwicklung. Im Folgenden sind wesentliche Komplexitätsbereiche dargestellt, aus denen analog zu den Kapiteln 3.3, 3.4 und 3.5 Anforderungen für ein AMS abgeleitet werden.

3.6.1 Informationsverfügbarkeit in prozessinduzierten Entscheidungssituationen

Die Problematik der mangelnden Informationsverfügbarkeit wurde bereits in Kapitel 3.4.2 diskutiert, jedoch mit dem Fokus auf der individuellen Aufbereitung der im System vorhandenen Informationen, um auf Basis dieser Informationen eine individuelle Entscheidung treffen zu können. Darüber hinaus ist in den meisten Projekten Stand der Technik (vgl. Kapitel 2.2.2), dass zu gewissen Haltepunkten im Projekt, wie etwa Meilensteintreffen, Design Reviews oder Quality Gates, durch den Prozess bedingte Entscheidungen getroffen werden müssen. Ein konkretes Beispiel dafür wären die Messkriterien der VDA-Reifegradbewertung für Neuteile, die vor dem Projekt geplant sind und zu einem festgelegten Reifegrad-Zeitpunkt mit „Ja" beantwortet sein sollen, um beim Projektfortschritt auch im Sollbereich zu sein [VDA09, S. 28ff.]. Entscheidungen werden aber auch in jeder anderen Form der Projektsteuerung über wichtige Gestaltungsparameter getroffen. Zentral sind hier Entscheidungen über ungeplante Budget- oder Zeitplanänderungen oder gar über das Fortsetzen des Projekts zu nennen. Letztere werden oft auch „Go/Kill"-Entscheidungen genannt und spielen aufgrund der hohen technischen Unsicherheit und der oft hohen Budgets von Entwicklungsprojekten eine wesentliche und schwerwiegende Rolle für Unternehmen. COOPER kritisiert dabei, dass diese „Go/Kill"-Entscheidungen oft entweder keine „echten" Entscheidungen sind, da die Projekte in vielen Firmen fast nie gestoppt werden, oder dass die Entscheidungen auf der Grundlage wenig fundierter Argumente getroffen werden [COOP08, S. 218f.]. Der Status der Anforderungen bietet, verbunden mit den entstandenen Beziehungen zu Funktionen und Lösungselementen eine fundierte Entscheidungsgrundlage. Auch lassen sich mithilfe von bereits geforderten Funktionen wie Filteransichten und Priorisierungen die geeigneten Informationen in geeigneter Menge gut aufbereiten. Konkret sei zunächst die Analyse der Anforderungserfüllung erwähnt, die Anforderungen bzw. Funktionen herausstellt, denen noch kein Lösungselement zugeordnet wurde. Mit dieser Analysefunktion ist es möglich, auch bei mehreren tausend Anforderungen gezielt Anforderungen zu diskutieren, die noch nicht erfüllt wurden. Für das Projektmanagement ist es zur Beherrschung der Komplexität nicht nur hilfreich, alle „offenen" Anforderungen angezeigt zu bekommen, sondern auch einen Übersichtsbericht darüber vorliegen zu haben, wie viele der existierenden Anforderungen noch offen sind. Über den Bedarf einer solchen Funktionalität herrscht unter vielen Autoren Einigkeit [DNAT12, S. 15; OTT09, S. 39; SIWI11, S. 437; VRIN10, S. 10]. Darüber hinaus kann diese Analysefunktion auch dahingehend erweitert werden, zu überprüfen, welchen Anforderungen schon ein Testfall zugeordnet wurde bzw. wie vielen Anforderungen ein erfolgreicher Test zugeordnet wurde. Letzteres ist relevant für testintensive Produkte, etwa in der Medizintechnik. [VRIN10, S. 6]

Analog kann in sehr frühen Phasen ausgewertet werden, wie viele Anforderungen bereits vom Projektteam akzeptiert wurden, sofern die Anwender mit Anforderungsstatus (vgl. *Anforderung R25*) arbeiten. Die beiden Anforderungsstatus-Ausprägungen *umgesetzt* und *getestet* können zudem eine Basis für die Analyse der

Anforderungserfüllung bieten, wenn die Lösungselemente nicht im AMSW modelliert werden und somit auch keine Beziehungen zwischen Anforderungen und Lösungen hergestellt und ausgewertet werden können.

Die in *Anforderung R02* geforderten Beziehungen zwischen den einzelnen Systemelementen dienen nicht nur der Übersicht, sondern können auch als Basis für Analysen über die Auswirkung von Änderungen genutzt werden. Denn möglicherweise berührt eine Änderung an einem Systemelement, für welches der Änderungsurheber verantwortlich ist, eine andere Funktion oder ein Lösungselement, für das diese Person keine wesentliche Kompetenz besitzt. Es ist also erforderlich, dass sich der entsprechende Projektbeteiligte mit dem möglichen Einfluss der Änderung auseinandersetzt, oft auch in Diskussion mit dem Änderungsurheber. Es kann also eine Änderung zugleich eine weitere Änderung an einem anderen Systemelement bedingen, welche wiederum weitere Systemelemente beeinflusst. Letztlich kann die Änderung an einem Systemelement durchaus so viele andere Systemelemente betreffen, dass die Komplexität ohne eine Unterstützung durch das AMSW für den Anwender zu groß ist und wesentliche Auswirkungen vernachlässigt werden. Mithilfe sogenannter „Impact-Analysen“ (auch Change-Impact-Analyse genannt) kann bei der Änderung eines Systemelements herausgefunden werden, welche Systemelemente aufgrund der Beziehung zu dem geänderten Systemelement möglicherweise auch von der Änderung betroffen sind und geändert werden müssen. Der Änderungsurheber kann somit schnell und zuverlässig Änderungsfolgen analysieren und an die richtigen Projektbeteiligten weiterleiten, vorausgesetzt, die Beziehungen sind ordentlich gepflegt worden.

Es ist somit dringend zu gewährleisten, dass die Pflege der Beziehungen zwischen Systemelementen bei Anlage und Verfeinerung von Systemelementen in den AM-Prozess integriert wird, analog zu *Anforderung R13*. Zusätzlich sollten aber auch systematische Analysen der Beziehungsqualität in den AM-Prozess integriert sein. Während die Forderung nach einer Change-Impact-Analyse in Wissenschaft und Praxis geläufig ist und auch in kommerziellen AMSW verbreitet ist, ist die Forderung nach einem entsprechenden Prozess zur Pflege der Beziehungsqualität mindestens genauso wichtig, erlangt aber deutlich weniger Aufmerksamkeit [OTT09, S. 30; SIEM17, S. 15; SIWI11, S. 437; VRIN10, S. 11; zur Pflege der Beziehungsqualität RUPP14, S. 429ff.].

Für die Entscheidungssituationen in laufenden Projekten interessiert die Projektbeteiligten oftmals das „Delta“, also die Entwicklungen im Projekt seit einem bestimmten festgelegten Zeitpunkt in der Vergangenheit. Daher ist es zunächst einmal relevant, den Zustand aller Systemelemente zu einem Zeitpunkt einfrieren und später wieder aufrufen zu können. Aufgrund der hohen Relevanz dieser Möglichkeit ist diese Funktion in kommerziellen AMSW weitgehend verfügbar und unter dem Namen *Baseline* bekannt [HKWB04, S. 303; IBMR10, S. 299; OTT09, S. 28-30; SEIL16, S. 9ff.]. Dabei hat die Baseline zusätzlich noch einen weiteren Nutzen im Hinblick auf die Komplexitätserhöhung von Entwicklungsprojekten durch ungeplante Iteration: Wird dem Projektteam klar, dass ab einem bestimmten Zeitpunkt des Projekts möglicherweise in die falsche Richtung gearbeitet wurde, so lässt sich auch der vorherige Zustand, also die Baseline, wiederherstellen. Vor dem Hintergrund der weiter oben angesprochenen Entscheidungssituationen ist es aber auch wichtig, zwischen dem aktuellen Zustand und der letzten (oder einer anderen bestimmten) Baseline alle Änderungen in übersichtlicher Form visualisierbar zu machen. So kann ein Bericht beispielsweise zunächst eine Übersicht über die Gesamtänderungen geben und danach jede Änderung und Neuerung in einem gewählten Detaillierungsgrad wiedergeben. Aufgrund der verschiedenen Anforderungen an diese Berichte durch verschiedene Unternehmen ist es wichtig, dass diese *Änderungsberichte* individuell konfigurierbar und dann standardisiert erzeugbar sind und dass dies in einer möglichst automatisierten Weise geschieht. Sowohl wissenschaftliche Autoren wie kommerzielle AMSW-Anbieter haben diesen Bedarf ebenfalls formuliert [HKWB04, S. 303; IBMR10, S. 303f.; SPAR14, S. 21]. Es sei angemerkt, dass die Berichtkonfiguration einen Aufwand darstellt, der sich für Unternehmen mit einer geringen Prozessstandardisierung oder kleinen, zentralen Projektteams aus Kosten-Nutzen-Sicht nicht rentiert und nicht entscheidend zur Komplexitätsbeherrschung beiträgt, da die reine Ansicht der Baselines sowie beispielsweise auch Filteransichten mit dem Fokus auf neuen Systemelementen dazu ausreichen würden.

Tabelle 3-12 fasst die in diesem Kapitel erarbeiteten Anforderungen zusammen.

Tabelle 3-12: Anforderungen aus der Informationsverfügbarkeit in prozessinduzierten Entscheidungssituationen

Nr	Anforderung	Anwendungsbereich
R27	Der Erfüllungsstatus von Anforderungen muss auswertbar sein	MH
R28	Der Zuordnungs- und Erfüllungsstatus von Testfällen muss auswertbar sein	HPd, HPz
R29	Das AMSW muss die Analyse von Auswirkungen durch Änderungen an Systemelementen auf andere Systemelemente ermöglichen (Change-Impact-Analyse)	MH
R30	Die Pflege der Vollständigkeit und Korrektheit der Beziehungen zwischen Systemelementen muss im AM-Prozess verankert sein	MH
R31	Momentaufnahmen des Systems müssen eingefroren und später miteinander verglichen werden können	MH
R32	Änderungsberichte zwischen Momentaufnahmen des Systems müssen in standardisierter, konfigurierbarer Form verfügbar gemacht werden können	HPd, HPz, HO, HE

3.6.2 Prozesskomplexität durch Prozessanforderungen

Es ist zur Komplexitätsbeherrschung bei der konsequenten und durchgängigen Nutzung eines AMSW sinnvoll, Prozessanforderungen bezüglich der Ablauforganisation (beispielsweise erforderliche Erfüllungsgrade bei festgelegten Quality Gates) dahingehend zu untersuchen, ob sie durch systematisch erfasste Zusatzinformationen aus dem AMSW besser eingehalten oder optimiert werden können. Dies ist sicherlich in hohem Maß von den tatsächlichen und spezifizierten individuellen Prozessen in Unternehmen abhängig, dennoch sei auf einige besonders relevante Prozessanforderungen im Blick auf die der Komplexitätsbeherrschung eingegangen. So ist es oftmals unabhängig von der gewählten Nomenklatur der standardisierten Meilensteintreffen definiert, dass zu einem bestimmten vorher vereinbarten Treffen die Anforderungen freigegeben sein müssen und somit das Lastenheft final festgelegt sein soll (was einem bestimmten Zustand sämtlicher Systemelemente vom Typ Anforderung entspricht). Zu einem weiteren späteren Zeitpunkt muss ein komplettes Designkonzept stehen (entspricht der vollständigen Anforderungserfüllung aus *Anforderung R27*), und wiederum später müssen alle Komponenten erfolgreich getestet und das System verifiziert sein (entspricht wiederum einem bestimmten Status aller Anforderungen bzw. Testfällen aus den *Anforderungen R27* und *R28*). [PREF14, S. 415] Sämtliche dieser prozessualen Anforderungen lassen sich durch Integration von Berichten und Informationen in den AM-Prozess unterstützen, indem zum Beispiel für die Prozessphase *Konzept* als ein notwendiges Ergebnis festgelegt wird, dass alle freigegebenen Anforderungen im AMSW mit Funktionen und Lösungselementen verknüpft sein müssen. Der Projektmanager kann so in Vorbereitung eines nahenden Treffens sehr gut den Ist-Zustand auswerten und noch notwendige Aufgaben entsprechend priorisieren oder entsprechende Entscheidungen hinsichtlich des Meilensteintreffens fällen. Es muss aber angemerkt werden, dass die Definition und Einrichtung solcher zusätzlichen Prozessanforderungen aufwändig ist und dass je nach „Prozesskultur“ und Kommunikationsfähigkeit der Projektbeteiligten das Kosten-Nutzen-Verhältnis negativ ausfallen kann. Positive Entscheidungsfaktoren sind hier eine starke Prozessorientierung in der Produktentwicklung sowie eine hohe Anzahl Anforderungen und Systemelemente.

Ebenfalls muss es möglich sein, bestimmte Anforderungen, die explizit erst in späteren Phasen des Entwicklungsprojekts erfüllt oder getestet werden können, entsprechend zu markieren. Ein Beispiel wäre eine Anforderung an den Produktionsprozess oder an Prozesse der Inbetriebnahme und Wartung. Diese Markierung kann gut durch eine Attribuierung realisiert werden (*Anforderung R05*), es muss aber zusätzlich im Prozess (und gegebenenfalls in Automatismen im AMSW) hinterlegt werden, was mit diesen Anforderungen geschieht, damit sie zu den richtigen Zeitpunkten im Projekt richtig behandelt werden. Ebenfalls sollte hinterlegt sein, was mit Anforderungen geschieht, die nach gewissen Meilensteinen noch als neue oder geänderte Anforderungen in das Projekt eingebracht werden. Vielfach werden solche Anforderungen nicht mehr in ein AMSW eingegeben, sondern gehen durch ein unternehmensindividuelles Engineering Change Management (ECM) oder sogenannte Bug

Tracker in andere Werkzeuge und Datenbanken ein, wo ihr Einfluss auf andere Anforderungen und Systemelemente dann meist nicht mehr nachvollzogen werden kann. Es muss also im AM-Prozess auch der Umgang mit Anforderungen aus späteren Lebenszyklusphasen definiert sein. Diese Anforderung findet sich auch in der Literatur wieder, ist jedoch sicherlich nicht für alle Unternehmen und Produkte relevant, da oftmals eine Steuerung über andere Werkzeuge gewollt ist und in der Praxis auch gut funktioniert [OTT09, S. 21; SIWI11, S. 437].

Eine letzte wichtige Anforderung aus den Unternehmensprozessen ist der Bedarf, sich unternehmensspezifisch angepasste Dokumente generieren zu lassen, deren Format und Inhalt bereits bei der Einführung eines AMSW existiert. Eine fehlende Integration dieser Reports würde zwangsläufig die Komplexität und den Aufwand bei der Nutzung eines AMSW erhöhen, sofern solche Berichte notwendig sind. Ein AMSW muss es somit ermöglichen, dass die Anwender sich solche Berichte zusammenstellen und mit den entsprechenden Informationen über den Ist-Zustand des Projekts füllen können. Diese Anforderung wird durch kommerzielle AMSW zumeist erfüllt [VRIN10, S. 13].

Zusammengefasst ergeben sich aus der Prozesskomplexität durch Prozessanforderungen vier Anforderungen an ein AMS (siehe Tabelle 3-13).

Tabelle 3-13: Anforderungen aus der Prozesskomplexität durch Prozessanforderungen

Nr	Anforderung	Anwendungsbereich
R33	Der AM-Prozess muss Momentaufnahmen des Projektstatus in Form von Prozessanforderungen erfassen und mit Metriken (Input, Output, Messgröße) verarbeiten können	HPz
R34	Prozessinformationen müssen als Attribute hinterlegt werden können	MH
R35	Im AM-Prozess muss der Umgang mit Anforderungen aus Lebenszyklusphasen nach der Produktentwicklung definiert sein	HPd, HPz
R36	Die Generierung individualisierbarer standardisierter Dokumente durch die Anwender muss möglich sein	MH

3.6.3 Komplexität der Verantwortlichkeitsbeziehungen

Analog zu den Anforderungen durch Prozessparameter in Kapitel 3.6.2 spielt auch die Verantwortlichkeit für Aufgaben innerhalb eines Projekts und innerhalb eines Prozessschritts eine große Rolle. So kann in Unternehmen beispielsweise gefordert sein, dass Anforderungen nur durch den Projektleiter oder den Leiter der Entwicklung genehmigt werden können. Oder es sollen nur Testingenieure den Status einer Anforderung auf *getestet* setzen dürfen und nur ein Systemadministrator soll neue Nutzer hinzufügen können. Es ist also im Rahmen der Projektverantwortlichkeiten und der Minimierung von Fehlern durch menschliches Fehlverhalten ein probates Mittel zur Komplexitätsreduzierung, wenn das AMSW die Rechte der Anwender in Abhängigkeit zur Rolle des jeweiligen Anwenders spezifisch einschränkt. Dazu muss es sowohl möglich sein, Rollen definieren und zuweisen zu können, als auch dedizierte Lese- und Schreibzugriffe diesen Rollen zuzuordnen. Diese Anforderung spiegelt den Stand der Technik wider und ist in vielen kommerziellen AMSW umgesetzt [IBMR10, S. 213ff.; HKWB04, S. 303-306; YOUN04, S. 7f.].

All diese Überlegungen sind auf dem Hintergrund anzustellen, ob sich die Aufwände für die Rollenzuweisung und die Zuweisung von Lese- und Schreibrechten hinsichtlich der Komplexitätsbeherrschung und des Kosten-Nutzen-Verhältnisses lohnen, da in kleinen, eng vernetzten Teams mit einer gering ausgeprägten Hierarchie keine Komplexitätsreduzierung durch diese Maßnahmen zu erwarten ist. Insgesamt lassen sich somit drei weitere Anforderungen an ein AMS formulieren (siehe Tabelle 3-14).

Tabelle 3-14: Anforderungen aus der Komplexität der Verantwortlichkeitsbeziehungen

Nr	Anforderung	Anwendungsbereich
R37	Das AMSW muss die Definition und Zuweisung von Rollen an die Anwender ermöglichen	MH
R38	Die Anwender müssen im AMSW dedizierte Lese- und Schreibrechte für einzelne Attribute und Systemelementtypen vergeben können	HPz, HO, HE
R39	Die Lese- und Schreibrechte müssen so vergeben werden, dass sie eine Fehlervermeidung im AM-Prozess begünstigen	HPz, HO, HE

3.6.4 Schnittstellenkomplexität zu anderen softwarebasierten Werkzeugen

Schnittstellen zwischen einem AMSW und anderen eingesetzten softwarebasierten Werkzeugen können ebenfalls beeinflussen, ob und wie ein AMSW eingesetzt wird beziehungsweise wie ein AMSW dabei helfen kann, die mit den Schnittstellen verbundene Komplexität zu beherrschen. VERSTEEGEN ET AL. eruieren in ihrer Analyse das Hauptproblem der Schnittstellenkomplexität, ohne jedoch auf den Kern einzugehen. So zählen die Autoren insgesamt neun Werkzeugarten auf, zu denen ein AMSW Schnittstellen haben sollte. Das von ihnen nicht thematisierte Grundproblem ist aber, dass zweifellos nicht alle Unternehmen mit Bedarf eines AMSW auch diese Schnittstellen benötigen, da sie in ihrem Kontext die genannten Werkzeuge überhaupt nicht einsetzen [VERS04a, S. 26]. DE GEA ET AL. formulieren mehrere Anforderungen hinsichtlich eines offenen Datenmodells, wobei aus Sicht der Komplexität und Effizienz im Entwicklungsprozess ein offenes Datenmodell gegenüber einem geschlossenen keine Vorteile bringt, solange das geschlossene über ausreichend Import- und Exportfunktionen sowie über konfigurierbare Schnittstellen verfügt. Allein der von ihnen geforderte Aspekt der Echtzeitverarbeitung der Informationen im AMSW durch externe Werkzeuge kann eine deutliche Komplexitätsreduzierung bedeuten, sofern ein solcher Zugriff eines anderen softwarebasierten Werkzeugs dringend erforderlich ist. Dabei muss dies nicht über das offene Datenmodell erfolgen, sondern kann durch eine entsprechende Schnittstelle realisiert werden. [DNAT12, S. 12]

So sollte es beispielsweise möglich sein, (gefilterte) Listenansichten in gängige Dateiformate zu exportieren. Beispielsweise kann die Integration von aktuellen Lösungselementen in ein softwarebasiertes FMEA-Werkzeug dazu führen, dass deutliche Effizienzgewinne bei der Erstellung der FMEA erzielt werden und Fehler durch manuelles Eintippen eliminiert sind. Im Gegenzug sollten in der FMEA festgelegte Abstellmaßnahmen durch Import wiederum als Anforderungen oder neue Funktionen in das AMSW integriert werden können. Alternativ ließe sich eine FMEA auch innerhalb des AMSW durchführen, wenn die entsprechende Funktionalität ergänzt wird. OTT bezieht sich in seiner Arbeit auf eine solche Integration [OTT09, S. 161ff.].

Die Schnittstellenkomplexität liefert zwei weitere Anforderungen an ein AMS (siehe Tabelle 3-15).

Tabelle 3-15: Anforderungen aus der Schnittstellenkomplexität zu anderen softwarebasierten Werkzeugen

Nr	Anforderung	Anwendungsbereich
R40	Die Echtzeitdaten des AMSW müssen über eine Schnittstelle von externen softwarebasierten Werkzeugen lesbar sein	MH
R41	Das AMSW muss den Export und Import von Daten aus gängigen Dateiformaten ermöglichen	MH

3.7 Projektunabhängige Anforderungen an Anforderungsmanagementsysteme

Die in den vorigen Kapiteln herausgestellten Anforderungen ergaben sich jeweils aus konkreten Situationen und Gegebenheiten innerhalb eines Entwicklungsprojekts. Darüber hinaus entstehen noch einige weitere Anforderungen, wenn man die Interaktionen zwischen Projekten sowie übergeordnete Projektmanagementaktivitäten einbezieht. Ebenfalls projektunabhängig sind Anforderungen zu nennen, die unabhängig von konkreten Lösungen an die technische Realisierung eines AMSW zu stellen sind.

3.7.1 Anforderungen aus übergeordneten Projektmanagementaktivitäten

Bei der Erstellung eines neuen Projektes in einem AMSW hat ein Anwender prinzipiell zwei Möglichkeiten: Er kann mit einem komplett „leeren" Projekt starten oder sich überlegen, ob es gewisse Systemelemente in existierenden Projekten gibt, die er möglicherweise übernehmen will. Für letztere Variante muss es natürlich entsprechende Möglichkeiten geben, mehrere Systemelemente gleichzeitig zu übernehmen, eventuell auch mit den bestehenden Beziehungen, die zwischen den Elementen vorlagen. Diese Vorgehensweise ist insbesondere dann sinnvoll, wenn es im Zuge des Variantenmanagements darum geht, ein neu entwickeltes Produkt um entsprechende Varianten zu erweitern, da viele Anforderungen, Funktionen und Lösungselemente projektübergreifend gleich sind. Während die Effizienzgewinne hier evident sind, ist hinsichtlich der Komplexität zu berücksichtigen, dass die Gefahr besteht, durch unüberlegtes Kopieren von Systemelementen wesentliche Unterschiede zu übersehen, die vielleicht bei einer gründlicheren Auseinandersetzung mit der neuen Variante beim Start mit einem leeren Projekt sichtbar geworden wären. Da diese Anforderung als *Anforderung R03* bereits in Kapitel 3.4.1 behandelt wurde, wird sie nicht noch einmal in Tabelle 3-16 aufgeführt.

Für die Führungskräfte mag es ebenfalls sinnvoll sein, in einer Projektübersicht über alle laufenden Projekte im AMSW einen schnellen Überblick zu bekommen, in welcher Phase sich die Projekte befinden. Ein solches „Projektcockpit" würde zwar nicht die Komplexität der einzelnen Projekte reduzieren, allerdings kann es bei der richtigen Allokation von Projektbudgets und Ressourcen durchaus der Komplexitätsbeherrschung dienen. Alternativ könnte aber auch ein externes Projektmanagementwerkzeug als Projektcockpit dienen. In dem Fall würden nur die notwendigen Informationen über eine Schnittstelle aus dem AMSW übertragen. Dennoch ist diese Anforderung an ein AMS relevant und notwendig (siehe Tabelle 3-16).

Tabelle 3-16: Anforderungen aus übergeordneten Projektmanagementaktivitäten

Nr	Anforderung	Anwendungsbereich
R42	In einem Projektcockpit sollen alle laufenden Projekte übersichtlich mit relevanten aktuellen Informationen dargestellt werden	MH

3.7.2 Lösungsunabhängige technische Anforderungen an ein AMSW

Unabhängig davon, wie ein AMSW technisch umgesetzt wird, muss es eine Reihe von technischen Anforderungen erfüllen, die zumeist indirekt Bezug zur Komplexitätsbeherrschung haben, da eine Nichterfüllung der Anforderungen zu Verzögerungen, eingeschränkter Nutzbarkeit und geringer Anwenderakzeptanz führen würden. Sämtliche dieser Anforderungen sind dabei rein auf das AMSW bezogen. Da das AMSW ein Softwareprogramm darstellt, können zunächst einmal die Anforderungen beschrieben werden, die allgemein an die dafür benötigte Softwarequalität zu stellen sind. Nach HOFFMANN sind dies (neben der Funktionalität) Performance, Zuverlässigkeit, Benutzbarkeit, Wartbarkeit, Portierbarkeit, Transparenz und Testbarkeit [HOFF08, S. 7ff.]. Da die Erfüllung dieser Anforderungen den Stand der Technik wiederspiegelt, sei hier auf eine weitere Unterteilung, Analyse und Begründung verzichtet. Auch auf die Formulierung spezifischer Messgrößen für jedes der obigen Kriterien sei in der formulierten *Anforderung R43* verzichtet, da Unternehmen diese für sich selbst definieren müssen.

Besonders zu erwähnen, als Bestandteil des Qualitätskriteriums „Nutzbarkeit“, ist allerdings die Anwenderakzeptanz, für die das AMSW in der lokalen Sprache nutzbar sein sollte. Idealerweise lassen sich innerhalb einer Organisation mehrere sprachliche Lokalisierungen installieren, da die Projektbeteiligten unterschiedliche Muttersprachen sprechen könnten. Diese Anforderung entspringt den Projekterfahrungen des Autors mit betrieblichen Softwaresystemen in internationalen Unternehmen.

Konkret auf das Anforderungsmanagement bezogen muss neben der echtzeitfähigen Verarbeitung der Eingaben gewährleistet sein, dass eine hohe Anzahl Anwender gleichzeitig Eingaben in verschiedene Projekte durchführt. Daraus ergeben sich zwei Anforderungen: Eine Multi-User-Anwendung auf Basis einer Client-Server-Struktur sowie die Möglichkeit, Systemelemente in Bearbeitung für die gleichzeitige Bearbeitung durch einen anderen Anwender zu sperren. Letztere Funktion wird auch als Ein- und Ausloggen von Systemelementen bezeichnet. Analog zur *Anforderung R43* sei auch bei der *Anforderung R44* auf die spezifisch messbare Formulierung der Anforderung verzichtet, da diese durch den Anwender individuell erfolgen muss.

Insbesondere vor dem Hintergrund der Kompliziertheit des Anforderungsmanagements ist es notwendig, gute und umfängliche digitale Schulungsunterlagen zur Verfügung zu haben, um sich in dem AMSW schneller zurechtzufinden. Diese selbstverständlich klingende Anforderung gilt zwar für jede Software, ist aber bei einem IT-Werkzeug mit hoher interner Komplexität von umso größerer Bedeutung.

Zusammengefasst lassen sich vier technische Anforderungen an das verwendete AMSW stellen (siehe Tabelle 3-17).

Tabelle 3-17: Lösungsunabhängige technische Anforderungen an ein AMSW

Nr	Anforderung	Anwendungsbereich
R43	Das AMSW muss eine hohe Softwarequalität haben	MH
R44	Das AMSW muss echtzeitfähig sein und Multi-User-Bearbeitung erlauben	MH
R45	Das AMSW muss Anforderungen in Bearbeitung automatisch ausloggen	MH
R46	Es muss eine gut verständliche digitale Dokumentation verfügbar sein	MH

3.8 Anforderungen an die Adaptivität von Anforderungsmanagementsystemen

Zunächst kann anhand der Beobachtungen aus Kapitel 2 zur Unterschiedlichkeit von Entwicklungsprojekten in Unternehmen und zu den Eigenschaften eines Anforderungsmanagements konstatiert werden, dass es ein universell einsetzbares AMS nicht gibt. Anhand der Anforderungen in den vorangegangenen Kapiteln konnte zunächst dargelegt werden, dass gewisse Funktionen und Lösungselemente für ein eingesetztes AMSW in vielen Fällen unabhängig vom Kontext des Unternehmens und seiner Projekte einen positiven Effekt auf die Komplexitätsbeherrschung haben. Im Folgenden soll nun der Fragestellung nachgegangen werden, in welchem Rahmen der Kontext von Unternehmen, Projekt und Personen das AMS derart beeinflussen würde, dass entweder eine adaptive Gestaltung oder eine Fokussierung des AMS auf bestimmte Kontexte notwendig werden würde.

3.8.1 Generelle Adaptivität des Anforderungsmanagementsystems

Du Preez, Lutters und Nieberding diskutieren in ihrem Beitrag 15 Parameter, die je nach Unternehmen und je nach Entwicklungsprojekt unterschiedlich ausgeprägt sein können und den Entwicklungsprozess beeinflussen (siehe Abbildung 3-4) [DPLN09, S. 191-198]. Wenngleich die Autoren ihre Parameter nicht durchgängig mit konkreten Ausprägungen versehen und die Auswahl nicht systematisch begründen, stellen sie doch ein Kernproblem von Entwicklungssystematiken heraus: Jegliches Konzept zur Verbesserung eines Teils des Entwicklungsprozesses, welches sowohl organisatorische als auch prozessuale Elemente enthält und in die Daten- und Kommunikationsstruktur des Nutzers eingreift, mag für bestimmte Ausprägungen von Unternehmens- und Entwicklungsparametern funktionieren, aber möglicherweise für andere überhaupt nicht.

Abbildung 3-4: Einflussfaktoren auf den Entwicklungsprozess nach Du Preez et Al. [DPLN09, S. 192]

Um diese Behauptung zu verifizieren, soll anhand eines Beispiels das Gegenteil falsifiziert werden: Gegeben seien zwei fiktive Unternehmen A und B. Unternehmen A mit großen, dezentralen Entwicklungsteams liefert mechatronische Produkte für den Endkundenmarkt mit Seriencharakter, definierter Variantenzahl und typischen Projektvolumina von mehreren Milliarden Euro. Unternehmen B ist ein Sondermaschinenbauer in einer Nischen-Sparte mit einer zentralen Produktentwicklung und einer derart hohen Varianz, dass auf Basis weniger Standardmodule jedes Produkt in enger Abstimmung mit den Kunden konfiguriert wird. Der Anforderungsmanagementprozess von Unternehmen A beginnt mit Marktstudien über das Kundenverhalten und ist geprägt von Entwicklungspartnerschaften mit Lieferanten, entsprechend ist ein Austausch von Informationen und Anforderungen über die Unternehmensgrenzen hinweg notwendig, zudem müssen die Entwickler, die in verschiedenen Zeitzonen parallel an den Produkten arbeiten, in Echtzeit über ein leistungsfähiges, vernetztes und sicheres Werkzeug miteinander Anforderungen und Arbeitsergebnisse austauschen. Produkte werden zudem aufwendig simuliert und Prototypen in mehreren Entwicklungs-Stadien einer Reihe von Tests unterzogen, deren Ergebnisse mit den Anforderungen verglichen werden. Eine Vielzahl von softwarebasierten Informations- und Autorensystemen werden standardisiert in den Projekten eingesetzt, die Schnittstellen zum Anforderungsmanagement sind teils automatisiert, teils manuell durch die Entwickler zu pflegen. Unternehmen B benötigt weder ein vernetztes System für den Austausch innerhalb des Projektteams noch für den Austausch mit den Entwicklungspartnern. Dafür ist der direkte Kunde regelmäßig mit einzubeziehen, um die realen Anforderungen zu konkretisieren und um Prinziplösungen und Randbedingungen zu diskutieren. Die Produkte können als Ganzes vor dem Aufbau beim Kunden nicht wirtschaftlich getestet werden, entsprechend ist ein Austausch über Projekte hinweg unerlässlich, um Probleme bei ähnlichen, historischen Projekten frühzeitig im Auge zu haben und zu vermeiden. Der Austausch geschieht aufgrund der räumlichen Nähe der Mitarbeiter und auf der Basis regelmäßiger Besprechungen, die dokumentiert werden. Das Unternehmen nutzt einige wenige Informationssysteme, die keine technischen Schnittstellen zum Anforderungsmanagement besitzen. Aufgrund dieser oberflächlichen Vorinformationen lohnt es sich für Unternehmen A, ein komplexes, durch externe Berater begleitetes Einführungsprojekt einer konfigurierten Anforderungsmanagementsoftware zu starten, um sämtliche beteiligten Mitarbeiter und schrittweise die externen Firmen einzubinden sowie um die notwendigen automatisierten Schnittstellen zu schaffen. Einige Mitarbeiter werden sich in Vollzeit um die Pflege des Systems kümmern und die interne Schulung der Mitarbeiter übernehmen. Ein solches System wäre für Unternehmen B in keiner Weise wirtschaftlich und würde durch die Mitarbeiter nicht angenommen. Somit ist es evident, dass für diese beiden Unternehmen aus Effizienzgründen entweder jeweils unterschiedliche AMS eingesetzt werden müssen oder dass das System so weit adaptiv ist, dass es in beiden Fällen eingesetzt werden kann. Entsprechend muss eine solche Anforderung an ein adaptives AMS gestellt werden (siehe Tabelle 3-18).

Tabelle 3-18: Anforderungen an die generelle Adaptivität des AMS

Nr	Anforderung	Anwendungsbereich
R47	Das AMS muss entweder den spezifischen Kontext des Einsatzes und seiner Grenzen spezifizieren oder über eine entsprechend hohe Adaptivität verfügen, um dem jeweiligen Kontext angepasst werden zu können	MH

3.8.2 Projektbezogene Adaptivität des Anforderungsmanagementsystems

Auch wenn jedes Produktentwicklungsprojekt, bedingt durch die Einbettung in das Unternehmensgeschehen, komplex ist, so variiert, wie dargelegt wurde, die tatsächliche Komplexität stark in Abhängigkeit von der Komplexität des Produkts, des Ausmaßes der technischen Unsicherheit, der Anzahl und Art der Beteiligten und vielen weiteren Faktoren. Neben der Einteilung aus Kapitel 2.1.1 nach dem Grad der Neuheit des Produkts kann auch die Größe eines Projekts als Einteilung dafür dienen, dass unterschiedliche Anforderungsmanagementsysteme benötigt werden. So unterteilen ROBERTSON und ROBERTSON die Projekte in „Hasenprojekte", „Pferdeprojekte" und „Elefantenprojekte". Erstere sind Projekte mit geringerem Umfang und wenigen Beteiligten, die daher mit weniger formalem Aufwand im Anforderungsmanagement durchgeführt werden sollten. Konkret halten die Autoren ein formales, schriftliches Anforderungsdokument nicht für notwendig, sie betrachten allerdings reine Softwareprodukte. „Pferdeprojekte" sind mittelgroße Projekte, die dementsprechend einen Mittelweg zwischen Aufwand und Nutzen beim Anforderungsmanagement finden müssen, während Elefantenprojekte eine komplette und formale Anforderungsspezifikation benötigen [RORO13, S. 32-354]. Die meisten Einteilungen in der Literatur legen dabei implizit oder explizit keine konkreten Grenzwerte für diese „Projektklassen" fest. Dennoch kann sicher festgehalten werden, dass ein Projekt mit einem geringen Neuheitsgrad und einer einfachen Teamstruktur sicher hinsichtlich einer effizienten Zielerreichung und minimierten Fehlerbehebungskosten ein anderes Anforderungsmanagementsystem benötigt als eines mit hoher technischer Unsicherheit, großem Umfang und einem großen, verteilten Projektteam. Auch die Kundenart (Endkunde, Geschäftskunde oder beide) sowie die technische Klassifizierung des Produkts (Software, mechatronisches Produkt, Hardware, hybrides Produkt-Service-System) ist ein zu berücksichtigender Faktor. Geschäftskunden haben oft konkrete technischen Anforderungen oder Rahmenbedingungen, während die Bedürfnisse von Endkunden über Interviews, Marktstudien oder Feldbeobachtungen ermittelt werden müssen. Dafür können Geschäftskunden neben technischen Anforderungen auch prozessuale Anforderungen stellen (beispielsweise die Durchführung einer FMEA und die Aushändigung der dazugehörigen Dokumentation).

Die Liste der relevanten Unterschiede ließe sich sicher noch fortsetzen. An dieser Stelle ist nur relevant, dass eine solche Anforderung an ein AMS gestellt werden muss (siehe Tabelle 3-19).

Tabelle 3-19: Anforderungen an die projektbezogene Adaptivität

Nr	Anforderung	Anwendungsbereich
R48	Das AMS muss für unterschiedliche Entwicklungsprojekttypen innerhalb eines Anwenderkreises auf die projektbedingten Unterschiede anpassbar sein	MH

3.8.3 Anwenderbezogene Adaptivität des Anforderungsmanagementsystems

Alle bisher beschriebenen Anforderungen beziehen sich auf die Nutzung durch ein mehr oder weniger unspezifiziertes Unternehmen, das eine solche Systematik effektiv anwenden können muss. Wie in den Kapiteln 2 und 3 herausgearbeitet wurde, weisen Unternehmen jedoch höchst unterschiedliche Strukturen und Randbedingungen auf, die die Nutzung und vor allem den Nutzen einer Systematik mehr oder weniger stark beeinflussen. Dies sei an einem Beispiel kurz erläutert: Das kommerzielle AMSW *Siemens Polarion Requirements*, hier stellvertretend für viele kommerzielle AMSW ausgewählt, stellt sich dem Nutzer aus funktionaler Sicht als eine Mischung aus vorkonfiguriert geführtem Anwendungsprozess und anpassbarem prozessgeführten Softwaresystem dar, im folgenden Software-Prozess-Hybrid (SPH) genannt[9]. So gibt es für eingegebene Informationen die Möglichkeit, sie als eine der vorgegebenen „Work Items" zu klassifizieren. Gleichzeitig kann ein User auch, sofern er durch das Softwaresystem dazu berechtigt ist, eigene „Work Items" anzulegen. Das Benutzerinterface gibt dem Anwender schließlich die erzeugten „Work Items" in einer Tabellen- oder Baumstrukturansicht aus. Die Festlegung einer komplexen Prozessanweisung, etwa wann Nutzer welche „Work Items" (beispielsweise für den Typ „Requirements") anzulegen haben, wann diese einen bestimmten Status erreicht haben müssen (beispielsweise: alle „Requirements" müssen den Status *freigegeben* oder *abgelehnt* zum Projektmeilenstein „Concept freeze" haben), und welche firmenspezifischen Randbedingungen und Ausnahmen es dazu gibt, ist nicht mithilfe des SPH abbildbar, sondern muss durch eine entsprechende Organisationseinheit des Unternehmens entweder manuell (beispielsweise durch Beschreibung im Qualitätsmanagementhandbuch) oder semi-automatisch (z.B. durch ein integriertes oder eigenständiges Workflow-Management-Softwaresystem) angelegt werden. Für ein großes Unternehmen mit dezentralen Entwicklungseinheiten und einer großen Anzahl paralleler Projekte mag die Realisierbarkeit einer solchen Prozessanweisung eine notwendige Anforderung an ein effektives AMS sein, für einen kleinen Maschinenbauer mit einer zentralen Produktentwicklung und einer übersichtlichen Anzahl paralleler Entwicklungsprojekte ist sie hingegen wahrscheinlich nicht rentabel. [POLA17a, S. 1-32]

Ein wichtiger Aspekt der Adaptivität liegt in der Grundsatzentscheidung, ob Anwender nur die Anforderungen an sich im AMSW managen, und somit Funktionen und Lösungselemente in anderen Autorenwerkzeugen erzeugt werden, oder ob diese Elemente ebenfalls Teil des AMS sind. Wie in Kapitel 4.2 gezeigt wird, setzen die meisten Konzepte hier eine Vorfestlegung voraus. Aus der Beratung der Praxis ist es dem Autor aber durchaus bewusst, dass diese Festlegung nicht immer die Lösung

[9] Der SPH stellt dabei kein AMS dar, sondern lediglich einen größeren Teilbereich eines AMS als ein prozessunabhängiges AMSW wie etwa ein Textverarbeitungsprogramm. Für die Definition des Umfangs von AMS sei auf Kapitel 2.6.3 verwiesen.

hinsichtlich einer optimalen Komplexitätsbeherrschung unter Kosten-Nutzen-Betrachtungen ist. Daher soll die Gestaltung von Prozessen und die Konfiguration des AMSW es Anwendern auch ermöglichen, eine reine Lösung zum Verwalten von Anforderungsobjekten (inklusive Beziehungen und Attributen) zu realisieren. Auch muss das AMS im laufenden Betrieb anpassbar sein, etwa wenn eine unternehmensweite Umstellung der Prozesslandschaft oder eine Einführung neuer relevanter Informationssysteme dies erfordern. Ebenfalls im laufenden Betrieb muss es möglich sein, hinzugezogene externe Projektpartner, die beispielsweise Anforderungen an ein bestimmtes Produktmodul testen sollen, für das AMSW freizuschalten, wobei die Einstellung von dedizierten Lese- und Schreibrechten hier nochmals gesondert durch einen Systemadministrator vorgenommen werden sollte. Unter Einbezug der Eigenschaften kommerzieller AMSW (vgl. Kapitel 4.3) ist bei der Wahl eines AMSW darauf zu achten, wie die Daten gespeichert werden können und welche Hindernisse sich bei einem späteren Wechsel des AMSW ergeben würden. Diese Anforderung bleibt aufgrund der ständigen Bewegung auf dem AMSW-Markt etwas ungenau, da Entwicklungen wie der Konkurs eines Anbieters oder die Etablierung von Monopolstellungen nicht gänzlich vorhersehbar sind, dennoch großen Einfluss auf die Realisierbarkeit dieser Anforderung haben.

Tabelle 3-20: Anforderungen an die anwenderbezogene Adaptivität

Nr	Anforderung	Anwendungsbereich
R49	Das AMS muss ein SPH sein	MH
R50	Unternehmensprozesse müssen mit dem SPH verknüpft werden können, es soll aber keinen „Prozesszwang“ durch den SPH geben	MH
R51	Das AMSW muss sowohl die Verwaltung reiner Anforderungsobjekte ermöglichen als auch das ganzheitliche Managen von Systemelementen wie Funktionen, Lösungselementen und Testfällen	MH
R52	Das AMSW muss über notwendige Schnittstellen zu unternehmensindividuellen IT-Systemen verfügen und auf Änderungen in der Prozesslandschaft im laufenden Betrieb anpassbar sein	MH
R53	Das AMS muss externen Anwendungspartnern auch während eine Projekts Zugang zu dem AMSW gewähren können, wobei eine Sicherstellung der Wahrung exklusiver Lese- und Schreibrechte durch den AM-Prozess gewährleistet werden muss	MH
R54	Das AMSW muss einen Vendor-Lock-In vermeiden	MH

Eine vollständige Aufzählung aller relevanten Einflussgrößen und Ausprägungen der Adaptivität ist im Rahmen dieser Forschungsarbeit weder möglich noch notwendig. Vielmehr wird durch die sinnvolle Berücksichtigung wesentlicher beobachteter Adaptivitäts-Einflussgrößen wie auch durch die Erprobung der Systematik mit mehreren (notwendigerweise unterschiedlichen) Industrieunternehmen eine wesentliche Adaptivität des Systems überprüft und validiert.

Ungeachtet dessen muss ein adaptives AMS somit die in diesem Kapitel herausgestellten sechs Anforderungen erfüllen (siehe Tabelle 3-20).

3.9 Zwischenfazit

In den vorangegangenen Kapiteln wurden 38 universelle und 16 spezifische Anforderungen aus der Komplexitätsbeherrschung und anhand lösungsrelevanter Randbedingungen abgeleitet und formuliert. Aus Gründen der Einfachheit sei hier auf eine Priorisierung dieser Anforderungen verzichtet. Es gilt nun im folgenden Kapitel zu überprüfen, inwieweit diese Anforderungen durch reale Systeme auf dem Markt und durch Konzepte aus der Literatur erfüllt werden können und welchen Handlungsbedarf es konkret gibt. Zur Überprüfung hinsichtlich der Hauptforschungsfrage ist schließlich noch eine letzte Anforderung zu stellen, nämlich die, dass ein AMS überhaupt eine Messbarkeit hinsichtlich Effizienz und Zuverlässigkeit gewährleistet (siehe Tabelle 3-21). Dazu ist im Folgekapitel noch eine eindeutige Definition dieser beiden Messgrößen festzulegen.

Tabelle 3-21: Anforderungen an die Messbarkeit des Nutzens dieses Konzepts

Nr	Anforderung	Anwendungsbereich
R55	Die Messbarkeit des Nutzens dieses Konzepts muss für Anwender nachgewiesen werden können	MH

4 Analyse bestehender Konzepte und Entwicklung des Zielsystems

Um die im vorigen Kapitel gestellten Anforderungen zu überprüfen, muss zunächst eine Messbarkeit des Erfolgs hinsichtlich geeigneter Ziele sichergestellt werden. Die Nutzung und Pflege eines AMS ist kein Selbstzweck, sondern entspringt der Forderung, durch diese Mehrarbeit eine höhere Zuverlässigkeit hinsichtlich der Zielerreichung von Entwicklungsprojekten und eine erhöhte Effizienz bei der Durchführung dieser Projekte zu erlangen. Um dies zu verifizieren, müssen die Parameter Effizienz und Zuverlässigkeit gemäß der 1. Nebenforschungsfrage aus Kapitel 1.3 zunächst im Kontext dieser Arbeit analysiert sowie messbar gemacht werden (Kap. 4.1). Auf der Basis dieser Messgrößen und der gestellten Anforderungen lassen sich nun bestehende Konzepte aus Literatur (Kapitel 4.2) und Praxis (Kapitel 4.3) analysieren und miteinander vergleichen (Kapitel 4.4). Nach einer Analyse relevanter Arbeiten mit erweitertem Fokus (Kapitel 4.5) schließt das Kapitel mit der Herausarbeitung des konkreten Handlungsbedarfs (Kapitel 4.6).

4.1 Erfolgsmessung im Entwicklungsprozess

In den vorangegangenen Kapiteln wurden eine Reihe von Problemen herausgearbeitet, die für Unternehmen bei der erfolgreichen Durchführung von Entwicklungsprojekten hinderlich sein können. Auch wenn es auf den ersten Blick intuitiv verständlich ist, warum diese Probleme von Unternehmen vermieden oder minimiert werden sollten, ist es aus wissenschaftlicher Sicht notwendig, diese zu analysieren und ihre Ursachen zu ergründen.

4.1.1 Überlegungen zur Identifikation der Zielgrößen

Zunächst sei auf dazu auf den ursprünglichen Zweck der Produktentwicklung verwiesen: Unternehmen sind in der freien Marktwirtschaft bei der heutigen Informations- und Transportverfügbarkeit mehr denn ja darauf angewiesen, diejenigen Produkte auf den Markt zu bringen, die den impliziten wie expliziten Anforderungen der potenziellen Kunden am ehesten entsprechen. Die Vorgehensweisen und Entscheidungen, die zur Identifikation der Produkte, ihrer Eigenschaften und der anvisierten Kundenmärkte führen, werden an anderen Stellen wissenschaftlich erörtert und sind nicht Teil dieser Arbeit. Ist im Rahmen solcher Prozesse ein konkretes Entwicklungsvorhaben definiert worden, so muss dieses Vorhaben wiederum konkreten Unternehmenszielen genügen. Besonders zwei von ihnen sind allerdings branchenunabhängig stets von zentraler Bedeutung: die Maximierung der Absatzmenge des neuen Produkts auf den Märkten, also die Marktdurchdringung wie auch die Maximierung des Profits durch den Absatz des Produkts, also die Profitabilität. Betrachtet man eine übliche Visualisierung eines Produktlebenszyklus inklusive der produktbezogenen Ausgaben und Einnahmen wie in Abbildung 4-1, ist zu erkennen, dass in den Zeitraum der Produktentwicklung üblicherweise nur Ausgaben fallen, während die Einnahmen erst mit Markteinführung beginnen und ab dem sogenannten „Break-Even-Point“ zu einer Rentabilität des Produkts führen.

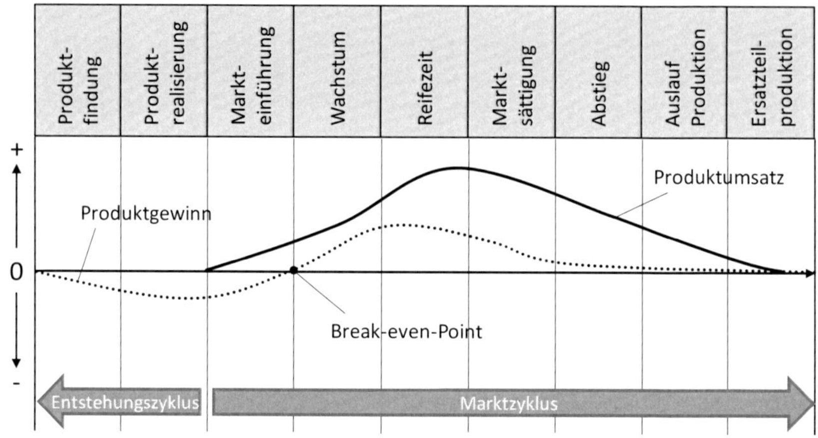

Abbildung 4-1: Produktlebenszyklus eines exemplarischen Produkts in der Einteilung nach WIENDAHL [WIEN14, S. 100]

Möchte man die Unternehmensziele Marktdurchdringung und Profitabilität mit geeigneten Mitteln in der Phase der Produktentwicklung wie auch durch die Produktentwicklung selbst beeinflussen, so lassen sich vor allem zwei generelle Strategien anhand der Grafik festmachen: Man kann zum einen die Ausgaben während der Produktentwicklung minimieren, wodurch sich primär die Profitabilität erhöhen würde. Alternativ würde eine Verkürzung der Entwicklungszeit bei gleichen Kosten dazu führen, dass das Produkt früher auf den Markt kommt und länger auf dem Markt bleibt, somit würde hauptsächlich die Marktdurchdringung erhöht. Der Schlüssel bei beiden Ansätzen liegt in der Steigerung der Effizienz der Produktentwicklung. Dass dies ein geeigneter und mächtiger Hebel ist, zeigen zwei wissenschaftliche Analysen: DOMBROWSKI und EBENTREICH vergleichen den Automobilisten Toyota mit europäischen und amerikanischen Konkurrenten Ende der 1980er Jahre und weisen nach, dass Toyota trotz einer über 40% verkürzten Entwicklungszeit und einer höheren Anzahl neuer Produkte auf dem Markt nur einen deutlich geringeren Anteil des Umsatzes von durchschnittlich 3,6% an Ausgaben für Forschung und Entwicklung (F&E) gegenüber den Konkurrenten mit etwa 5% besaß [DOEB15, S. 2f.]. Auch MCGRATH beobachtet branchenübergreifend, dass die besten Unternehmen eine um durchschnittlich 50% reduzierte Entwicklungszeit gegenüber ihren Konkurrenten haben und somit auch deutlich höhere Umsätze mit Neuprodukten erzielen können [MCGR96, S. 2ff.].

Es liegt also nahe, zunächst die ***Effizienz*** als eine Zielgröße für Entwicklungsprozesse zu untersuchen. Eine effiziente Produktentwicklung ist heute essenziell, um sich langfristig auf dem Markt zu behaupten. Aber, so formulieren HAHN ET AL., „was nutzt eine effiziente Produktentwicklung, wenn [...] die gewünschte Qualität nicht erreicht ist“ [HAHG13, S. 45]. Die Produktqualität ist folglich ein ebenso gewichtiger Faktor, der bei einer Optimierung der Effizienz von Entwicklungsprozessen stets zu beachten ist.

Die Definition von Produktqualität ist durchaus ein herausforderndes Thema: Bereits in den 1980er Jahren hat GARVIN verschiedene Perspektiven auf die Produktqualität erarbeitet, die Qualität unterschiedlich betrachten: Eine produktbasierte Ansicht, eine nutzerbasierte Ansicht, eine produktionsbasierte Ansicht, eine wertbasierte Ansicht und eine transzendente Ansicht. Dabei sieht die produktbasierte Perspektive vor allem produktinhärente Attribute, deren Ausprägung die Qualität bestimmen. Hingegen sieht der produktionsfokussierte Ansatz Produktqualität rein nach dem Erfüllungsgrad der gestellten Anforderungen, wobei sowohl ein Unter- als auch ein Übererfüllen eine verringerte Qualität bedeutet. Darüber hinaus stellt GARVIN heraus, dass diese Ansichten zwar in Konflikt miteinander stehen, gleichwohl erachtet er eine Betrachtung aus mehreren Sichten über den Produktlebenszyklus für notwendig. Zur Konkretisierung entwickelt er acht Qualitätsdimensionen, die in sich redundanzfrei sind und noch heute in der Literatur Anwendung finden [vgl. SCPF15, S. 20f.]. Die acht Dimensionen sind *Leistung*, *Ausstattung*, *Zuverlässigkeit*, *Konformität*, *Haltbarkeit*, *Serviceleistungen/-möglichkeiten*, *Ästhetik* und *wahrgenommene Qualität*. Seine fünf Perspektiven fokussieren dabei jeweils unterschiedlich stark auf eine oder mehrere dieser acht Dimensionen, und auch Unternehmen sollten eine bewusste Segmentationsstrategie entwickeln, indem sie bewusst auf bestimmte Ausprägungen der Qualitätsdimensionen fokussieren. [GARV84, S. 25-32]

Dennoch erschweren mehrere gesamtwirtschaftliche wie auch technologische Entwicklungen die eindeutige Fokussierung auf phasen- sowie produktspezifische Perspektiven und Dimensionsausprägungen für Unternehmen: So ist die Integration von Faktoren der wahrgenommenen Qualität in die Produktentwicklung gerade vor dem Hintergrund erhöhter Produktkomplexität als ein entscheidender Faktor im gesamten Produktlebenszyklus zu sehen, um sich auf umkämpften Konsumentenmärkten behaupten zu können [LIQS08, S. 5]. Darüber hinaus stellt sich die Frage nach der Integration der Prozessqualität, bezogen insbesondere auf den Entwicklungsprozess des Produkts, die mit dem Einzug des Qualitätsmanagements in die Unternehmen stark mit der Produktqualität verbunden ist. Nicht zuletzt stellen PFEIFER und SCHMITT heraus, dass unternehmerische Qualität nicht nur die Ebenen der Kundenanforderung und der eigenen Erfüllungsfähigkeit beinhaltet, sondern auch die Unternehmensausrichtung und damit die bewusste Schaffung von Ressourcen [SCPF15, S. 108ff.].

Eine Bewertung von Ansätzen unter dem Gesichtspunkt des Begriffs Qualität gestaltet sich zusammenfassend aus mehreren Gründen schwierig:

1. Die Qualität der Produkte wird an höchst unterschiedlichen Kriterien festgemacht. Als Folge der oben diskutierten Konflikte zwischen Qualitätsperspektiven und der Schwierigkeit, inhärente und zugeschriebene Qualitätsmerkmale eindeutig voneinander zu trennen, ist eine messba-

re und universale Kenngröße, die beiden Anforderungen genügt, bisher nicht verfügbar.

2. Gleichzeitig ist die Prozessqualität zu integrieren, bezogen auf den Entwicklungsprozess, wobei die Effizienz (vgl. Kapitel 4.1.1) als eine Kenngröße für die Qualität des Prozesses gesehen werden kann und somit ebenfalls integriert oder aber sauber separiert werden müsste. Auch hierfür ist kein anwendbarer Ansatz bekannt.

Stattdessen sollen daher bei der Erfolgsmessung nur diejenigen Qualitätsdimensionen als Messgrößen herangezogen werden, die durch den Entwicklungsprozess wie auch durch die inhaltliche Arbeit der Entwickler beeinflusst werden können oder produktinhärente Größen darstellen. Produktinhärente Anforderungen seien für diese Arbeit all jene Anforderungen, die sich durch konkrete Spezifikationen im Produkt verorten und durch Tests oder einfache Prüfungen nachweisen lassen. Bewusst ausgelassen werden somit Faktoren der *wahrgenommenen Qualität*, sofern sie nicht spezifiziert und messbar gemacht worden sind, etwa nach der Methode von LIEB, QUATTELBAUM und SCHMITT [LIQS08, S. 3ff.].

Zusätzlich zu den produktinhärenten Anforderungen stellt die Bereitstellung der Produktfunktionen über die geplante Lebensdauer hinweg eine zentrale Anforderung dar. Elemente dieser Anforderung sind üblicherweise unter dem Begriff ***Zuverlässigkeit*** gesammelt, können jedoch oft nur teilweise schon vor Abschluss des Entwicklungsprojekts validiert werden. Es wird daher bewusst die Vereinfachung getroffen, dass lediglich die Anforderungserfüllung sowie die Erfüllung über die Nutzungszeit des Produkts hinweg (soweit zu einem Erhebungszeitpunkt bekannt) als Messgrößen dienen sollen. Diese werden deshalb ebenfalls auf ihre Eignung zur Erfolgsmessung hin untersucht.

4.1.2 Die Zielgröße Effizienz

Effizienz wird im Sprachgebrauch wie auch in vielen Quellen häufig vom Begriff Effektivität abgegrenzt. Auf konzeptioneller Ebene sind die folgenden Definitionen geläufig: Effektivität wird verstanden als Gradmesser für die Ausprägung, in der *die richtigen Dinge getan werden*, während mit Effizienz der Grad gemeint ist, mit dem *die Dinge richtig getan werden* [vgl. EHME13, S. 545]. Bezogen auf betriebliche Prozesse definiert ELLRINGMANN Effizienz als „Maß für die Wirtschaftlichkeit und Wirksamkeit, mit der Ziele erreicht werden“ [ELLR14, S. 80].

Analog zum Toyota Produktionssystem (TPS), welches Toyota enorme Effizienzgewinne in der Produktion einbrachte und in den 1990er Jahren durch die Studie von WOMACK, JONES und ROOS unter dem Namen *Lean Production* eine enorme Verbreitung in der Automobil- und Automobilzulieferindustrie erfuhr, hat Toyota auch seine Entwicklungsprozesse nach dem Prinzip der Eliminierung von Verschwendung (muda) erheblich verschlankt, was durch die Studie von MORGAN und LIKER als *Lean Product Development (LPD) System* ebenfalls weitgehend bekannt gemacht wurde [WOJR90, MOLI06]. Dabei liegt der Fokus der Verschwendung nicht wie bei Lean

Production auf dem innerbetrieblichen Materialfluss, sondern auf dem Informationsfluss. So meint etwa die Verschwendungsart „Bestand“ im LPD ein nicht benötigtes Übermaß an Daten, die das Herausfiltern der tatsächlich benötigten Information erschweren wie auch ein redundantes dezentrales Ablegen von Daten [DOKR15, S. 29]. Eine Übersicht der Verschwendungsarten und ihrer Bedeutung für LPD liefert Tabelle 4-1.

Tabelle 4-1: Verschwendungsarten im LPD nach Dombrowski und Krenkel [DOKR15, S. 29-31]

Verschwendungsart	Bedeutung für LPD
Wartezeiten	Warten von Personen auf Informationen oder zu frühe Bereitstellung von Informationen
Bestand	Zu viele nicht benötigte Daten und Informationen oder redundante Informationen
Überproduktion	Ausarbeitung unnötiger Details oder gleichzeitige Erarbeitung von Informationen durch verschiedene Projektbeteiligte
Transporte	Überflüssiger Transport von Informationen z.B. durch mangelnde Zugriffsrechte
Unnötige Bewegung	Unnötige oder oberflächliche Besprechungen, zu hohe Distanzen zwischen den Projektbeteiligten, Aufwand durch mangelhafte Datenschnittstellen, fehlendes Training zum Umgang mit Daten
Überflüssige und nicht-standardisierte Prozesse	Schnittstellenprobleme und unstrukturierte, ineffiziente Abläufe bei der Informationsweitergabe oder -erzeugung
Nacharbeit	Unnötige Wiederholung von Arbeitsschritten durch z.B. Tests mit unzureichenden Daten

Dombrowski et al. liefern zwar keine messbare Definition der Effizienz in Entwicklungsprojekten, geben aber anhand von Effizienzzielen die Zielbereiche vor: Hohe Effizienz bedeutet frühestmögliche Erkennung und Behandlung von Fehlern, kurze Durchlaufzeiten und geringe Kosten [DORZ15, S. 173]. Diese Zielbereiche sind für die Messbarkeit nicht anwendbar, da sie nicht redundanzfrei zueinander sind: Späte Erkennung von Fehlern führt zu höheren Kosten. Zur Redundanzfreiheit wird vorgeschlagen, Kosten- und Zeitaufwände in getrennten Teilkennzahlen zu aggregieren. So wird ein zu spät erkannter Fehler die Effizienz in zwei Dimensionen herabsetzen: zum einen durch das erneute Durchlaufen einer Iteration verschiedener Prozessschritte, was zu Zeitverlusten gegenüber dem idealen Zeitplan führt. Zum anderen durch höhere Personalaufwendungen und höhere Kosten für z.B. Prototypenfertigungen. Ebenfalls in die Kennzahl für unnötige Zeitaufwände einzubeziehen ist bei abgebrochenen Projekten jede ins Projekt noch investierte Zeit über den Zeitpunkt hinaus, zu dem ein Projektabbruch auf Basis der bis dahin vorliegenden Informationen eindeutig hätte beschlossen und umgesetzt werden müssen.

Zuletzt sind auch die Zielbereiche Kosten und Durchlaufzeiten zu untersuchen, insofern die vermeidbare Verschwendung auf mangelhaftem Informationsmanagement beruht. Nach Tabelle 4-1 sind hier alle Verschwendungsarten mögliche Faktoren für mangelnde Effizienz. Während sich die verschwendungsbedingten Kosten einfach in die aggregierte Kosteneffizienzkennzahl integrieren lassen, lassen sich erhöhte Zeitaufwände beim Suchen, Verarbeiten und Versenden von Informationen nur schwer genau ermitteln. Sinnvoller ist es hier, den verfügbaren Gesamtarbeitszeitraum für einen Referenzzeitraum mit der durchschnittlichen Zeit in Beziehung zu setzen, die Projektbeteiligte in Entwicklungsprojekten mit überflüssigen Tätigkeiten (nach Tabelle 4-1) verbringen. Grundlage für diese veränderte Bezugsgröße gegenüber den Kosten und Fehlerbehebungsaufwänden ist der, dass sich ein erheblicher Teil der Verschwendung nicht allein auf ein bestimmtes Projekt bezieht, sondern nach Erfahrung des Autors gerade durch die Bearbeitung mehrerer Projekte entsteht. Es bleibt abschließend anzumerken, dass nur die tatsächlich für die Produktentwicklung relevante Arbeitszeit von Projektbeteiligten anzusetzen ist.

Als Kenngröße sei somit die „***Effizienz von Entwicklungsprojekten*** $\mathbf{E_{PD}}$" für diese Arbeit mit den relativen Parametern „*Verschwendung durch unnötige Iterationen* σ_{It}", „*Verschwendung durch unnötige Kosten* σ_c" und „*Verschwendung durch Informationsdefizite* σ_{In}" definiert (gemäß Formel 1).

$$E_{PD} = \sigma_{It} \times \sigma_c \times \sigma_{In} = \frac{\sum t_{I,n}}{\sum t_{I,ges}} \times \frac{\sum c_n}{\sum c_{ges}} \times \frac{\sum t_{ges} - \sum t_w}{\sum t_{ges}}$$

(Formel 1)

Dabei sei $t_{I,n}$ als die Zeit für notwendige Iterationen innerhalb eines Produktentwicklungsprojekt definiert, $t_{I,ges}$ als die Zeit für alle Iterationen des Projekts, c_n als notwendige absolute Kosten des Entwicklungsprojekts, c_{ges} als Gesamtkosten des Projekts, t_w als verschwendete Zeit zum Suchen vorhandener Informationen in einem beliebigen Zeitraum und t_{ges} als verfügbare Gesamt-Arbeitszeit der Projektbeteiligten an der Produktentwicklung in selbigem Zeitraum. Es gelten folgende Zahlbereiche: $t_{I,n} \in]0;\infty]$, $t_{I,ges} \in]0;\infty]$, $t_w \in [0;\infty]$, $t_{ges} \in]0;\infty]$, $c_n \in]0;\infty]$ und $c_{ges} \in]0;\infty]$ mit $t_{I,n}$, $t_{I,ges}$, t_w, t_{ges}, c_n, $c_{ges} \in \mathbb{R}$. Die Größenwerte eines Quotienten sollten dabei jeweils von gleicher Dimension oder zumindest in gleiche Dimensionen umzurechnen sein, um jeweils eine gültige reelle Zahl für die relativen Dimensionen σ_{It}, σ_c und σ_{In} berechnen zu können.

4.1.3 Die Zielgröße Zuverlässigkeit

Die Zuverlässigkeit technischer Systeme wird allgemein nach der VDI-Norm 4003 als die „Fähigkeit einer Betrachtungseinheit, eine geforderte Funktion unter gegebenen Bedingungen für ein gegebenes Zeitintervall zu erfüllen" bezeichnet [VDI07, S. 5]. Eine Sonderstellung innerhalb der Zuverlässigkeit technischer Systeme nimmt die funktionale Sicherheit ein, die sich mit der Identifikation, Analyse, Beurteilung und Vermeidung von Gefährdungen durch Funktionen oder Fehlfunktionen technischer

Systeme auseinandersetzt [DIN11, S. 6]. Die Grundnorm DIN EN ISO 12100:2011 benennt hierbei als Gefährdung jegliche potenzielle Schadensquelle für die Gesundheit und Unversehrtheit von Menschen [DIN11, S. 7]. Für ein Unternehmen ist es ein erheblicher Unterschied, ob ein Produkt aufgrund mangelnder Zuverlässigkeit von Kunden reklamiert wird oder wegen Misserfolgs vom Markt genommen werden muss oder ob die mangelnde funktionale Sicherheit die Ursache des Problems darstellt, da dies eine Verletzung gesetzlicher nationaler Forderungen darstellt, für Deutschland beispielsweise durch das Produktsicherheitsgesetz (ProdSG) [PROD11].

Aus Sicht des Produkterfolgs spielt neben der funktionalen Sicherheit und der allgemeinen Zuverlässigkeit eines Produkts aber noch eine dritte Komponente eine wichtige Rolle: das technische System muss die real gewünschten Anforderungen der Kunden erfüllen. Im Kontext der Anforderungen wird dafür der Begriff der *Anforderungsvalidierung* verwendet, siehe Definition in Kapitel 2.6.2.

Die Zuverlässigkeit sei in dieser Arbeit definiert als *Grad der Anforderungserfüllung* durch das Produkt, bezogen auf die gesamten freigegebenen Anforderungen, die zum Zeitpunkt der Markteinführung bekannt sind. Wird ein Produkt und sein Entwicklungsprojekt im Nachhinein bewertet, bezieht man sich hingegen auf die zum aktuellen Zeitpunkt bekannten Anforderungen und deren Erfüllungsgrad zum Zeitpunkt der Markteinführung. Die Bewertung muss subjektiv durch die Projektbeteiligten, am besten in Form einer Konsensfindung im Team, bewertet werden, die Bewertungen sollten begründet werden.

Ein letzter Aspekt sei erwähnt, der das Thema Bewertung unter dem Aspekt von Anforderungskonflikten betrifft: Stehen Anforderungen an ein Produkt in einem durch kein bekanntes Lösungsprinzip lösbaren Konflikt und es muss somit eine partielle Anforderungserfüllung gewählt werden, so handelt es sich nicht um ein Problem, welches durch geeignetes Anforderungsmanagement gelöst werden kann. Diese Situation wäre auf strategischer Ebene (z.B. durch massive Budget- oder Zeitplanveränderungen oder eine deutliche Veränderung des Projektrahmens in Absprache mit dem Kunden) zu lösen. Daher sollte auch eine nur teilweise Erfüllung als maximale Anforderungserfüllung bewertet werden, insofern sie zum Bewertungszeitpunkt der bestmöglichen Erfüllung entspricht, wenn man die konfliktbehafteten Beziehungen zu anderen Anforderungen berücksichtigt.

Die Kenngröße „***Zuverlässigkeit von Entwicklungsprojekten*** Z_{PD}" sei daher wie in Formel 2 beschrieben definiert, mit den Elementen $\alpha_{RF,n}$ als Gewichtungsfaktor und RF_n als relativen Grad der Anforderungserfüllung der Anforderung n.

$$Z_{PD} = \frac{\sum_{i=1}^{n} \alpha_{RF,n} \times RF_n}{n} \qquad \text{(Formel 2)}$$

Dabei gilt $\alpha_{RF,n} \in]0;1]$ und $RF_n \in [0;1]$. Der Gewichtungsfaktor ist idealerweise durch die Gewichtung der Anforderungen bereits gegeben, alternativ bietet es sich an, im Rahmen der Bewertung der Anforderungserfüllung mittels paarweisen Vergleiches der Anforderungen die Werte festzulegen, wobei kritisch angemerkt werden muss, dass dies sehr lange dauern kann. Alternativ bietet sich eine einfache Einteilung in z.B. drei Größen [0,25; 0,5; 0,75] basierend auf einer qualitativen Bewertung der Wichtigkeit von Anforderungen [gering; mittel; hoch] an. Der Erfüllungsgrad sollte qualitativ abgeschätzt werden oder nach Markteinführung durch Kundenbefragungen ermittelt werden.

Es sei abschließend angemerkt, dass man berechtigterweise diskutieren kann, ob die Zuverlässigkeit einer Produktentwicklung nicht über die Analyse des Prozesses der Produktentwicklung erfolgen sollte anstatt über die Zuverlässigkeit des technischen Produktsystems, wie es hier gewählt wurde. In den Vorarbeiten des Autors ließ sich jedoch keine befriedigende Lösung erzielen, um die Effizienz und die Zuverlässigkeit von Geschäftsprozessen redundanzfrei zu ermitteln. Zuverlässigkeitsaspekte sind in effizienten Entwicklungsprozessen bereits inhärent berücksichtigt, weswegen ein hoher Wert in der Effizienzbewertung E_{PD} auch eine gute Performance hinsichtlich der Prozesszuverlässigkeit impliziert.

4.2 Bestehende Konzepte des Anforderungsmanagements für physische Produkte

Mit der Einführung von kommerziellen AMSW in komplexen Produktentwicklungsprojekten physischer Produkte, vor allem in der Automobilindustrie und in sicherheitskritischen hochpreisigen technischen Systemen etwa in der Luft- und Raumfahrt wurde natürlich auch in der Wissenschaft untersucht, inwieweit AMSW in die bestehenden Produktentwicklungsprozesse integriert werden können und wie die AMS ausgestaltet sein müssen. Auch findet sich zahlreiche anwendungsorientierte Literatur, die die physische Produktentwicklung im Fokus hat oder zumindest auch mitberücksichtigt. Exemplarisch seien hier die Werke von JOCHEM und LANDGRAF, HOOD ET AL., und RUPP sowie für den englischsprachigen Raum HULL ET AL., VERSTEEGEN ET AL. und YOUNG erwähnt [JOLA11; HWFP07; RUPP14; HUJD05; VHHM04; YOUN04]. Die anwendungsorientierte Literatur liefert dabei keinen stringenten Gestaltungsrahmen für AMS, sondern bietet auf verschiedenen Abstraktionsniveaus Handlungsempfehlungen und Best-Practice-Beschreibungen an. Auf dieser Basis können die Anwender selbst Prozesse definieren, AMSW konfigurieren und einführen und die Integration in den Produktentwicklungsprozess gestalten. Im Bereich der wissenschaftlichen Arbeiten sind seit den frühen 1990er Jahren diverse Arbeiten entstanden. Aufgrund der Entwicklungen im Bereich der Softwaretechnik und der Informationssysteme in Unternehmen seien im Folgenden diejenigen aktuelleren Arbeiten analysiert, die sich explizit mit physischen Produkten auseinandersetzen.

4.2.1 Konzept nach Schedl

In der Arbeit von SCHEDL wird ein Vorgehensmodell zur Handhabung von Anforderungen in der Produktionsanlagen-Industrie entwickelt, das insbesondere auf spezifische Herausforderungen der Mechatronik bei der Entwicklung eingeht. Dabei fokussiert SCHEDL auf die Anforderungserfassung und -strukturierung und orientiert sich eng an der Integration von Software-Technik in den Entwicklungsprozess. Dabei wird die softwaretechnische Integration nicht an eine spezifische Software geknüpft, sondern lediglich exemplarisch in einem AMSW umgesetzt. Das entworfene Modell zeichnet sich daher durch eine gewisse Adaptivität aus: So ist die Strukturierungsweise der Anforderungen zu Beginn durch den Anwender zu definieren. Ob aber nach Baugruppen, nach Funktionen oder nach den mechatronischen Fachgebieten strukturiert wird, kann der Anwender selbst bestimmen. Auch erlaubt das Modell das Anlegen von Vorlagen, in denen Strukturen und dazugehörige Anforderungen vorgegeben sind. Nach dem Festlegen der Struktur gibt das Modell vor, wie Anforderungen zu formulieren und welche Informationen zu hinterlegen sind. Hierbei wird gezielt darauf eingegangen, dass eine gemeinsame Datenbasis zwingende Voraussetzung dafür ist, dass es beim kollaborativen Arbeiten nicht zu Inkonsistenzen oder Redundanzen kommt. Im letzten Teil, der Nutzung von Anforderungen, wird insbesondere auf das dafür sinnvolle Verknüpfen von Anforderungen untereinander wie auch mit nachgelagerten Software-Werkzeugen hingewiesen.

Durch die Fokussierung auf Erfassung und Strukturierung von Anforderungen wird dem Prozess der Verknüpfung mit Lösungselementen keine Rechnung getragen. Entsprechend wird der Status der Anforderungen zwar abgefragt, dabei geht es aber lediglich um die Kenntlichmachung, ob eine Anforderung zu berücksichtigen ist und ob sie vollständig beschrieben ist. Der Status der Erfüllung von Anforderungen kann somit nicht abgefragt und analysiert werden. Dennoch ermöglicht das Modell zumindest die Integration des mithilfe des Vorgehensmodells erzeugten Anforderungssystems in spätere Phasen der Entwicklung. Dazu werden die Anforderungen mit den weiteren softwarebasierten Entwicklungswerkzeugen automatisch verknüpft. Zudem sichert ein Prozess die Aktualisierung der Anforderungen bei Änderungen im Entwicklungsverlauf. Kritisch anzumerken ist, dass sich Änderungen zwar nachträglich in die aktuell genutzte Anforderungsstruktur einbauen lassen, jedoch fehlt eine weitere Schleife zur Modifikation des entsprechenden Eintrags in der Struktur-Vorlage. Auch können Anforderungen nicht bewertet werden. Dafür schlägt SCHEDL allerdings eine Zuordnung von Kosten zu den übergeordneten Modulen vor, die in der Struktur festgelegt wurden. Zwar bedient sich SCHEDL der Verknüpfung von Anforderungen untereinander, jedoch bleibt es bei einfachen bidirektionalen Verknüpfungen ohne weitere Erläuterung zur Art der Verknüpfung. Ob zwei Anforderungen einander bedingen, ob sie im Widerspruch zueinanderstehen oder ob eine Anforderung unidirektional Einfluss auf die andere hat, ist nicht beschreibbar. Auch gibt es keine Möglichkeit zur Visualisierung der Beziehungen und Strukturen als Teil des Vorgehensmodells. Positiv ist zu erwähnen, dass SCHEDL ein AMS entwickelt hat, das zwar zur Validierung mit einem spezifischen AMSW, Telelogic DOORS (heute IBM Rational DOORS), umgesetzt wird, prinzipiell aber softwareunabhängig ist.

Abschließend beziffert SCHEDL den Aufwand zur initialen Einführung des Vorgehens in Organisationen, wobei sie zwischen kleinen und großen Unternehmen differenziert. Dazu wird zunächst sehr kurz der Einführungsprozess skizziert. Trotz Aufteilung des Aufwands auf die Phasen des Einführungsprozesses bleibt jedoch unklar, wie sich die Aufwände genau zusammensetzen und wie die Aufwände erhoben wurden. Selbiges gilt für die Abschätzung von Ersparnissen durch den Einsatz der Methode, die pauschal mit zwei Arbeitstagen eines Mitarbeiters pro Entwicklungsprojekt angegeben werden. Eine solche Pauschalisierung erscheint auf den ersten Blick unrealistisch, da sich in komplexen Projekten wesentlich mehr Zeit einsparen lassen sollte als in einfachen. Auch ist der Systematik von SCHEDL anzumerken, dass eine klare Herausstellung der Anforderungen aus der Analyse des Stands der Technik nicht erfolgt ist und entsprechend auch nicht in der Validierung eingesetzt werden konnte. [SCHE09]

4.2.2 Konzept nach Mayer-Bachmann

Mit einem der Biologie entlehnten Konzept geht MAYER-BACHMANN das Anforderungsmanagement in der Produktentwicklung an. In Anlehnung an die Desoxyribonukleinsäure (DNA) als Träger der Erbinformation bei Lebewesen wird die von ihm entworfene Produkt-DNA durch Evolution und Wachstum zu einem vollständigen Produktmodell entwickelt. Im Gegensatz zur Natur besteht ein wesentlicher Bestandteil der Produktentwicklung darin, überhaupt erst einmal eine Produkt-DNA zu erstellen, da diese als die Gesamtheit aller Produktelemente, Funktionen, Eigenschaften, Produktmerkmale und Beziehungen der obigen Entitäten untereinander definiert ist und somit dem Zeitpunkt des Concept Freeze (vgl. Kapitel 2.2.1) entspricht. Das Konzept nutzt zwar Fachtermini aus der Biologie wie Transformation, Evolution und Wachstum, damit gemeint sind jedoch meistenteils konventionelle Konzepte und Ideen der Produktentwicklung. So bezeichnet er mit Transformation die Veränderung beziehungsweise Konkretisierung von Produktanforderungen, während das Produktwachstum den zeitlichen Übergang von im Konzept beschriebenen Lösungselementen zu technisch realisierten Produktelementen darstellt, also den Verlauf der inhaltlichen Abarbeitung eines Entwicklungsprojekts. Die Anforderungen werden in einer normativen Notation formuliert und müssen sich in ihrer Terminologie mit einem für das Produkt und den Kontext definierten Begriffssystem decken. Wer diesen Begriffssystem-Katalog erstellt und für seine Aktualität sorgt, ist nicht explizit erwähnt. Es ist also davon auszugehen, dass die Anwender dies selbst tun müssen. Die normative Notation erleichtert Eindeutigkeit und spätere Analysen, sie ist jedoch, ähnlich einer formalen Programmiersprache, umständlich zu lesen und erfordert eine längere Einarbeitungszeit. Die Anforderungen können gewichtet werden und mit Beziehungen untereinander versehen werden. Darüber hinaus ist ein Review-Prozess für die Anforderungen entworfen worden. Das Konzept bezieht sich ausschließlich auf Produktanforderungen. Wie mit weiteren Anforderungen umgegangen werden soll, wird vom Autor nicht spezifiziert. Zwar visualisiert der Autor einige Beziehungen und Strukturen mittels UML-Diagrammen und schematischen Darstellungen, eine Überführung solcher Darstellungen in die konkrete Vorgehensweise ist jedoch nicht beschrieben worden.

Ein wesentlicher Kritikpunkt ist das Validierungskonzept des Autors, da dieser mangels eines vorliegenden realen Projekts lediglich den theoretischen Einsatz simuliert. Dabei belässt es der Autor dabei, Spezialfälle zu untersuchen und diese zu validieren, etwa den Einsatz bei Anforderungen, die komponentenübergreifend gültig sind oder sich auf Umweltgegebenheiten beziehen. Eine Überprüfung der Gesamtheit des Konzepts findet nicht statt. Aussagen über die Auswirkungen auf Effizienz und Zuverlässigkeit des Entwicklungsprozesses durch Anwendung der Vorgehensweise sind somit nicht überprüfbar und werden vom Autor auch nicht gemacht. Durch die starke Determinierung der Anforderungssemantik und -systematik auf die Vorschläge des Autors ist zudem damit zu rechnen, dass eine Einführung bei Unternehmen auf viel Widerstand durch die zukünftigen Anwender stoßen dürfte, da sie ein hohes Maß an Veränderungen und initialen Mehraufwand in Kauf nehmen müssten. [MAYE08]

4.2.3 Konzept nach Maletz

In seiner Arbeit entwickelt MALETZ ein Konzept zum modellbasierten Anforderungsmanagement mit Fokus auf mechatronischen Produkten. Ein besonderer Schwerpunkt ist bei ihm die Integration in die bestehenden Informationssysteme über eine softwareunabhängige Plattform, den Enterprise Service Bus (ESB). Diese Plattform wurde im Rahmen eines Forschungsprojekts von einem Softwarepartner entwickelt, wobei MALETZ ein modellbasiertes Demonstrator-Werkzeug beschreibt, das die strukturierten Anforderungen, Funktionen und Systembestandteile sowie die Beziehungen untereinander als semantisches Netz modelliert. Für die Beziehungen der Elemente untereinander hat der Autor vier Beziehungstypen definiert. Außerdem vergibt er mehrere Attribute, um Anforderungen zu charakterisieren und zu klassifizieren. Veränderungs- und Freigabeprozesse sollen über ein Workflow-System integriert werden.

In der Validierung seines Konzepts beschreibt MALETZ jedoch lediglich an einem Use Case, wie ein fiktiver Automobilzulieferer in einer Beispielsituation mit einem ganzheitlich verfügbaren Tool umgehen würde, wie die Integration von Daten und Informationen aus CAD-Modellen gehandhabt wird und wie mit im Verlaufe des Entwicklungsprozesses geänderten Anforderungen umgegangen werden soll. Eine Beschreibung der Interaktionen auf Werkzeugebene fehlt, ebenso fehlt eine Evaluation des simulierten Szenarios. Durch das kurz gehaltene Szenario und die fehlende Evaluation ist nicht klar, inwieweit die angedachten Funktionen des Demonstrator-Werkzeugs realisiert werden konnten und wie sie sich im realen Einsatz verhalten. Auch der Aspekt der interdisziplinären Kollaboration, der durch den modellbasierten Ansatz und durch die Verknüpfung von eingesetzten Autorenwerkzeugen miteinander im ESB konzipiert wurde, wurde nicht im Detail beschrieben. Letztlich bleibt der Autor die Antwort schuldig, ob im spezifischen Validierungsfall oder in anderen Einsatzszenarien des Konzepts und des Demonstrator-Werkzeugs ein positives Kosten-Nutzen-Verhältnis oder zumindest eine Verbesserung von Effizienz oder Zuverlässigkeit der Produktentwicklung erzielt werden kann. [MALE08]

4.2.4 Konzept nach Ott

In seiner Arbeit entwickelt OTT ein lebenszyklusorientiertes Vorgehens- und Systembeschreibungs-Modell für das Anforderungsmanagement in der mechatronischen Produktentwicklung auf Basis der Demand-Compliant Design- (DeCoDe-)

Vorgehensweise von SITTE und WINZER [SIWI05, OTT09]. Dabei orientiert er sich an dem V-Modell und beschreibt in seiner Methode auch explizit Schritte zur Verknüpfung von Anforderungen mit Lösungskonzepten, im späteren Verlauf eines Projekts auch Schritte zur Verknüpfung mit Testfällen. Dazu können neben der Sammlung von Anforderungen in relationalen Datenbanken auch Beschreibungen möglicher Lösungskonzept-Alternativen im Strukturmodell des DeCoDe-Tools hinterlegt werden, wodurch Lösungsalternativen durch die Anforderungserfüllung objektiv beurteilt werden können. Durch die intelligente Nutzung dieser Datenbanken mittels Templates kann auch auf bestehende Anforderungen, Beziehungen und Strukturelemente zurückgegriffen werden. Auch kann eine quantitative Anforderungsbewertung und eine Bewertung von Wechselwirkungen zwischen Funktionen, Anforderungen, Prozessen und Systemkomponenten durchgeführt werden, die OTT auf einer Skala von [-10; 10] normiert. Des Weiteren sieht der Autor das Problem der mangelnden Übersichtlichkeit bei Darstellungen von komplexen Systembeziehungen in Listenansichten. Er beschreibt die Möglichkeit, mittels Unified Modeling Language (UML) beziehungsweise Systems Modeling Language (SysML) Diagramme auf Basis der in relationalen Datenbanken gespeicherten Listen zu erzeugen. Auf eine Umsetzung in einem entsprechenden UML-Modellierer geht er in der Arbeit aber nicht weiter ein. Auch der Bedarf nach Integrierbarkeit in weitere Werkzeuge und Analysemethoden wird in diesem Vorgehensmodell explizit erwähnt und exemplarisch anhand der FMEA untersucht. Hierbei übergibt das Systemmodell Komponenten, Funktionen und Informationen über eine mögliche Nichterfüllung von Anforderungen als potenzielle Failure Modes an eine FMEA-Software. Die Risikoprioritätszahl und alle Anpassungen aus den Maßnahmen der FMEA werden wiederum als Eingangsinformationen übernommen. Die Übergabe der Informationen wird allerdings nur theoretisch beschrieben, eine Umsetzung würde die Tool-spezifische Konzeptionierung und Realisierung einer Schnittstelle bedeuten.

Kritisch anzumerken ist, dass die Methode durch die starke Vernetzung mit dem Tool DeCoDe nicht ohne großen Aufwand auf AMSW mit kommerziellen Softwarelösungen übertragbar ist. Zuletzt fehlt auch eine Diskussion der projektübergreifenden Wiederverwendbarkeit von Anforderungen und Informationen. [OTT09]

4.2.5 Konzept nach Ilie

ILIE stellt in seiner Arbeit das Konzept der modularen Strukturierungsmethodik vor. Die Autorin setzt sich mit dem konkreten Fall des automobilen Anforderungsmanagements detailliert auseinander und untersucht die in der Produktentwicklung entstehenden Informationsartefakte losgelöst von bestehenden System- und Dokumentationsstrukturen. Ihr Konzept basiert auf der Klassifizierung von Informationsartefakten in sechs Strukturierungsebenen: dem Informationscharakter, der Produktstrukturierung, der Basisattribuierung, dem Beziehungswissen, den Entwicklungsindikatoren und der Priorität. Ist eine Anforderung in allen sechs Ebenen erfasst, ergibt sich ein differenziertes Gesamtstrukturprofil, welches noch durch die weiteren Ebenen der Nachvollziehbarkeit und der Wiederverwendbarkeit angereichert werden kann und in einem entsprechenden Repository angelegt wird. Die einzelnen Strukturierungsebenen weisen einen hohen Detaillierungsgrad auf, beispielsweise kann der Priorität einer Anforderung auch eine Volatilität zugeordnet werden. Genauso gut können einzelne Informationsbausteine auch nicht ausgefüllt werden, um eine Überinformation zu vermeiden. Es lassen sich zudem komplexe Wirkzusammenhänge abbilden, hauptsächlich über die Ebenen Beziehungswissen und Priorisierung. Informationen zum aktuellen Status, beispielsweise zum inhaltlichen Ausarbeitungsstatus oder dem Reviewstatus finden sich in den Basisattributen. Die Methode wird konkret am Beispiel eines Scheibenwischersystems für ein Automobil validiert und ist in einem Softwareprototypen realisiert worden, wobei die Autorin explizit erwähnt, dass die Bausteinschablonen auch in existierende Werkzeuge implementiert werden können.

Des Weiteren wird ein Augenmerk auf die Informationslandschaft geworfen, wie sie durch Anwendung der modularen Strukturierungsmethodik entstehen würde. Die Dokumentengenerierung auf Basis von sogenannten Referenzprofil-Filtern ist eine vielversprechende effizienzsteigernde Maßnahme, die aufgrund des dazu notwendigen Aufwands nicht umgesetzt werden konnte. Zusätzlich entwirft die Autorin noch ein Konzept für den in ihrer Arbeit analysierten Automobilhersteller, wie dieser bei einer Umstrukturierung die wichtigsten Dokumente der „Ist-Informationslandschaft" auf die neue Informationslandschaft übertragen könnte.

Das Konzept weist allerdings an einigen Stellen Lücken auf. So existieren zwar drei sinnvolle Subebenen der Produktstrukturierung, nämlich die Eigenschafts- und Funktionssicht, die technische Eigenschafts- und Funktionssicht und die Produktstruktur-Sicht. Doch eine Abbildung der Ebenen aufeinander, also eine eindeutige und im besten Fall visualisierte Zuordnung der Elemente aus den jeweiligen Sichten zueinander, ist nicht realisiert worden. Generell wird keine Visualisierung der Beziehungen oder Strukturen in der Vorgehensweise vorgestellt, obwohl dies gerade bei dem möglichen hohen Detailierungsgrad der Informationsartefakte sinnvoll wäre, gerade zur besseren Beherrschung von Komplexität. Ohne diese Visualisierung bleibt die Gefahr, dass bei einer hohen Menge von Informationen die Komplexität der Methodik schnell zu hoch wird, um den Überblick zu wahren. Ob ein Glossar angelegt werden kann, ist hier nicht klar. Zudem ist auch das schnelle Filtern von Informationen oder das Ändern von Strukturebenen auf der Ebene des Graphical User Interfaces (GUI) nicht beschrieben, welches für mehr Übersichtlichkeit und schnelleres Arbeiten sorgen würde. [ILIE13]

4.3 Kommerzielle Systeme

Kommerzielle Softwaresysteme für das Anforderungsmanagement haben sich in den letzten 20 Jahren von einfachen Tabellenkalkulationsprogrammen zu umfassenden und komplexen Softwarelösungen entwickelt [FIEM00, S. 1-3; EBER12, S. 328-334]. Diese kommerziellen Systeme sind insbesondere für die Softwareentwicklung detailliert analysiert worden und wurden in den letzten Jahren verstärkt weiterentwickelt, wobei die Themen „Modellierung und Visualisierung" und „Integration mit anderen Informationssystemen" für die größten Veränderungen verantwortlich sind. Die Firma

Seilevel etwa veröffentlichte eine Analyse von 168 AMSW, wobei die 22 besten Werkzeuge detailliert analysiert und verglichen wurden [SEIL16]. Einige der ca. 200 Anforderungen von Seilevel sind denen in dieser Arbeit sehr ähnlich, jedoch werden (wie in anderen Analysen auch) nur das reine AMSW und seine Fähigkeiten bewertet, nicht die Einbettung des AMSW in ein AMS. Seilevel empfiehlt hier lediglich, die Anforderungen nach eigener Relevanz zu gewichten und die ranghöchsten AMSW mit Demoversionen einer detaillierten Analyse für die eigene Produktentwicklung zu unterziehen [SEIL16, S. 27].

Eine große Schwierigkeit ist die Wahl des richtigen Produktpakets kommerzieller AMSW und der damit verbundenen Vorgehensweise zur Implementierung in die Unternehmensprozesse. Denn ob eine AMSW die richtige Wahl für den Anwendungsfall darstellt (und welche tatsächlichen Kosten und Aufwände damit verbunden sind), kann nur in einer detaillierten Analyse gut eingeschätzt werden, die ihrerseits von Spezialisten durchgeführt oder begleitet werden sollte, die sich mit entsprechenden AMSW gut auskennen. Anbieter kommerzieller AMSW arbeiten oftmals mit (teils internen) Software-Beratungsunternehmen zusammen, die eine Analyse des Ist-Prozesses in Unternehmen durchführen und auf dieser Basis einen Soll-Prozess und das dazugehörige Produktpaket empfehlen. Neben den hohen Kosten für den externen Dienstleiser ist es für Unternehmen auch ein Risiko, dass die Analyse nicht produktunabhängig durchgeführt wird, sondern dass dieser externe Partner meist auf eine oder einige wenige Lösungen spezialisiert ist und mit den Produktanbietern Partnerschaften geschlossen hat. Des Weiteren sind sowohl mögliche Implementierungsvorgehen als auch die Soll-Prozess-Definition wesentlich von der Fachkenntnis des externen Beraters abhängig, und nicht selten sind die veranschlagten Beratungsaufwände und Anpassungskosten letztendlich deutlich höher als zunächst kalkuliert.

Auch ohne diese zusätzliche Dienstleistung sind die Kosten oftmals unübersichtlich, da es verschiedene Lizenzmodelle gibt und Schulungsaufwände hinzukommen. So schätzt WILLERT beispielsweise für die Einführung eines Anforderungsmanagementsystems Lizenzkosten, Schulungskosten und Anpassungskosten für mehrere Werkzeuge, die in Tabelle 4-2 aufgeführt sind [WILL17, S. 8-11]. Demgegenüber stellt VERSTEEGEN in einem Fallbeispiel, dass allerdings aufgrund des Alters der Veröffentlichung nicht als repräsentativ gelten kann, eine ROI-Kalkulation für einen Automobilhersteller auf und kommt auf Gesamtkosten in Höhe von 1.750.000 €. Dieser Wert beinhaltet interne Schulungskosten für 120 Mitarbeiter und den Kostenanteil für Implementierung und Beratung, den er auf 850.000 € beziffert. [VERS04a, S. 34-36]

Zusätzlich dazu bleibt das Risiko, dass wesentliche Funktionalitäten erst im Nachhinein als notwendig oder wünschenswert erachtet werden, die das ausgewählte Tool entweder gar nicht ermöglicht, oder die zusätzlich hinzugekauft werden müssen. WILLERT bietet beispielsweise für das Produkt IBM® Rational® DOORS® eine Reihe von ergänzenden kostenpflichtigen Produkten an, die fehlende Funktionalitäten ergänzen [MATU17].

Tabelle 4-2: geschätzte Kosten in Personentag-Equivalente (PTE) für kommerzielle Systeme in Abhängigkeit der Anwenderzahl nach Willert [WILL17, S. 8-11]

	Produkt: IBM® Rational® DOORS®	Produkt: Siemens Polarion® ALM™	Beispiel 1: 5 Anwender, 1 PowerUser	Beispiel 2: 50 Anwender, 2 PowerUser
Lizenzkosten	4 PTE / Anwender	4 PTE / Anwender	10 - 19 PTE	100 - 190 PTE
Schulungskosten Anwender	0,5 PTE / Anwender	0,5 PTE / Anwender	2,5 PTE	25 PTE
Schulungskosten PowerUser	1 PTE / PowerUser	1 PTE / PowerUser	1 PTE	2 PTE
Aufwand Implementierung	2-4 Tage begleitet durch Berater	2-10 Tage begleitet durch Berater	Nicht angegeben	Nicht angegeben
Gesamt			**13 - 23 PTE** *	**126 – 210 PTE** *

** exklusive Beraterkosten, jährliche Lizenzkosten und Kosten durch interne Aufwände, abzüglich ausgehandelter Rabatte*

Zusätzlich sei als ein hohes Risiko der sogenannte Vendor-Lock-In erwähnt, also die Abhängigkeit von einem Softwarehersteller nach vollzogener Einführung des AMSW. Oftmals verwenden die Unternehmen proprietäre Datenbanken und versuchen durch ein hohes Maß individueller Lösungsbestandteile, eine Migration zu einem anderen Softwarehersteller deutlich zu erschweren und unrentabel zu machen, wenngleich die meisten zumindest den ReqIF-Standard unterstützen, der den Import und Export von Anforderungen ermöglicht. [JAST15, S. 67]

Es besteht seit einigen Jahren kein Zweifel daran, dass die Technologieführer im Bereich kommerzieller AMSW die meisten technischen Anforderungen erfüllen, was in einer vom Autor betreuten studentischen Arbeit detailliert dargelegt wurde. In den Bereichen Prozess- und Organisationskomplexität kommen die Systeme oftmals an ihre Grenzen, können jedoch teilweise mit entsprechendem Anpassungsaufwand die Erwartungen erfüllen. Hier offenbart sich jedoch eine essenzielle Schwachstelle aus Sicht des Anwenders: Bedingt durch die Komplexität des Softwaresystems und seiner Anpassungsmöglichkeiten ist die Einführung nur durch eine individuelle Analyse der Einsatzbedingungen durch den Softwareanbieter oder durch ein spezialisiertes Beratungsunternehmen nachhaltig und effizient erfolgreich. Ob die in diesem Rahmen analysierte Software auch die optimale für das Unternehmen ist, wird sich nur schwer ermitteln lassen, da der Analyst als Beauftragter des Softwareunternehmens nicht unabhängig ist. Ein unabhängiger Vergleich ist daher aufwändig und kompliziert.

Die größte Schwachstelle liegt aber zweifellos in den Anforderungen an die Adaptivität der Systeme: Selbst in Standardmodulen sind die Systeme bereits komplex und somit nicht für alle Anwendungen effizienter als etwaige selbstkonfigurierte Lösungen auf Basis von Standard-Textverarbeitungs- oder Tabellenkalkulations-Software-Programmen. Insbesondere bei kleineren Unternehmen mit zentralen Abteilungen oder bei Produkten, bei denen die Komplexität der Produktentwicklung nicht in einer Vielzahl unbekannter und zu vernetzender Komponenten oder Anwendungsfälle liegt, sondern z.B. eher im Bereich des Testens unter Extrembedingungen, wäre eine spürbar „einfachere" Anforderungsmanagement-Lösung effizienter, als die untersuchten Programme es bieten.

Ein weiterer nicht zu unterschätzender Faktor ist die Offenheit von System und Datenbank der kommerziellen Softwaresysteme. Sowohl HOFFMAN ET AL. als auch DE GEA ET AL. weisen die Zugänglichkeit von Daten für andere Analyseprogramme als einen wesentlichen Faktor für softwarebasierte Anforderungsmanagement-Systeme aus. DE GEA ET AL. bewerten in ihrer Auswertung von 38 Anforderungsmanagement-System-Anbietern den Bereich der Datenverfügbarkeit als den mit dem geringsten Erfüllungsgrad bezüglich der gestellten Anforderungen [HKWB04, S. 307; DNAT12, S. 12].

4.4 Weitere Arbeiten mit erweitertem Zielsystem

An dieser Stelle sei kurz auf Arbeiten eingegangen, die das Anforderungsmanagement als Teil einer übergeordneten Entwicklungsmethodik betrachten und insofern auch Lösungskonzepte für die Gestaltung und Integration von AMS liefern. Zunächst sei prinzipiell auf Arbeiten hingewiesen, die den Fokus auf MBSE für mechatronischer Systeme legen, da gerade der Anforderungsvalidierung im V-Modell eine Schlüsselrolle zukommt.

So entwerfen etwa EIGNER, ROUBANOV und ZAFIROV ein modellbasiertes Systems Engineering-Vorgehen, das auch die Aspekte des Anforderungsmanagements integriert. Ihr Fokus liegt aber auf der Integration von Simulationsmethoden in ein ganzheitliches PLM-System, welches auch die Anforderungen als Systemelemente beinhaltet. Auch sie richten ihr Modell aus an der Unterteilung in Anforderungen, Funktionen und Lösungselemente, wobei sie die Lösungselemente in logische und physikalische Elemente der Systemarchitektur unterteilen. Diese Struktur des Produktsystems namens AFLP wird mit dem Fortschritt der Systementwicklung entlang des V-Modells eingesetzt, wobei die Gestaltung der Elemente durch standardisierte Ontologien und Dateiformate erfolgen soll, allen voran durch SysML und Modelldatenaustauschformate wie STEP. Da der Fokus dieser Arbeit auf der Integration von Simulationsergebnissen in das Modell liegt, wird die Ausgestaltung des AMS nicht eingehend beleuchtet und kann daher auch nicht mit den Anforderungen aus Kapitel 3 verglichen werden. [EIRZ14]

GÜLKE erarbeitet auf Basis semantischer Netze und unter Einbezug einer eigens entwickelten Ontologie ein AMS für die Automobilindustrie, unter Berücksichtigung aktueller Vorgaben des Produktmanagements hinsichtlich der Plattformstrategie für Neufahrzeuge. In seiner Arbeit entwirft er, ähnlich wie schon MAYER-BACHMANN, eine sehr komplexe und arbeitsintensive Logik, deren Nutzen für sehr große Konzerne durchaus sinnvoll sein mag, da sie über die Möglichkeit verfügen, enorme Ressourcen für eine solche Einführung einzusetzen. Für andere Bereiche kann bereits bei einer groben Kosten-Nutzen-Einschätzung gesagt werden, dass die Einführung eines solchen Systems die vorhandenen Mittel schlichtweg überschreitet und wohl auch langfristig keine Rentabilität erzeugen würde, ganz abgesehen von der fehlenden Nutzerakzeptanz. [GUEL14]

4.5 Bewertung bestehender Konzepte und Ableitung des Handlungsbedarfs

Alle vorgestellten wissenschaftlichen Konzepte sowie die kommerziellen Konzepte berufen sich bei der Bedarfsermittlung auf empirisch erfasste Fehlzustände und induktiv erhobene Anforderungen sowie auf Problemstellungen aus anderen Quellen. Eine Herleitung ihrer Anforderungen aus problemrelevanten Formalwissenschaften bleiben sie den Lesern schuldig. Die in Kapitel 3 gesammelten Anforderungen des Autors decken sich zwar mit einigen der Anforderungen der analysierten Konzepte, sie sind jedoch im konkreten Kontext der Komplexitätswissenschaft eingeordnet worden und durch empirische Beobachtungen oder – wo möglich – durch logische Schlussfolgerungen in ihrer Existenz bestätigt worden.

In Tabelle 4-3 findet sich eine Beurteilung der beschriebenen wissenschaftlichen Konzepte sowie eine zusammengefasste Einordnung von kommerziellen AMSW, wobei bei Abweichungen innerhalb der Gruppe der kommerziellen AMSW ein Mittelwert eingetragen wurde. Darüber hinaus bietet Anhang A.3 eine Detailanalyse des Erfüllungsgrads aller Anforderungen durch die entsprechenden Konzepte inklusive der Begründung der Bewertung.

Tabelle 4-3: Vergleich bestehender Konzepte mit den aufgestellten Anforderungen

Erfüllungsgrad / Anforderungsgruppe	**Schedl**	**Mayer-Bachmann**	**Maletz**	**Ott**	**Ilie**	**Kommerzielle AMS**
Beherrschung der Komplexität der Produktarchitektur	●	◕	●	●	◕	●
Beherrschung der Komplexität des Lösungsraums	◔	◑	◑	◕	◕	◕
Beherrschung der Komplexität heterogener Datenstrukturen	◕	○	●	◕	◔	●
Beherrschung der Kommunikationskomplexität bei der Anforderungsermittlung	◔	◕	○	◑	○	◑
Beherrschung der Komplexität durch Verfügbarkeits- und Aufbereitungsdefizite von Informationen im Produktentwicklungsprozess	◑	◔	○	◑	◑	●
Beherrschung der Komplexität durch Aufwand bei der Anforderungsdokumentation	◔	○	◑	○	○	●
Beherrschung der Komplexität durch Änderungen und Erweiterung von Systemelementen	◑	●	◕	●	◕	◕
Beherrschung der Komplexität der Informationsverfügbarkeit in prozessinduzierten Entscheidungssituationen	◔	◔	◑	●	◑	●
Beherrschung der Prozesskomplexität durch Prozessanforderungen	◔	○	◑	◕	◔	◑
Beherrschung der Komplexität der Verantwortlichkeitsbeziehungen	○	○	◑	◔	○	◕
Beherrschung der Schnittstellenkomplexität zu anderen softwarebasierten Werkzeugen	◕	○	●	◑	◔	◕
Anforderungen aus übergeordneten Projektmanagementaktivitäten	◔	○	●	●	○	●
Lösungsunabhängige technische Anforderungen	●	○	◕	○	○	●
Anforderungen an die generelle Adaptivität	◑	◔	◔	◔	◔	○
Anforderungen an die projektbezogene Adaptivität	◑	○	◕	◑	○	◑
Anforderungen an die anwenderbezogene Adaptivität	◑	○	◕	○	◔	◑
Anforderungen an die Messbarkeit vom Nutzen des Konzepts	○	○	○	○	○	◔

Aus dieser Bewertung ist ersichtlich, dass keines der kommerziellen und wissenschaftlichen Konzepte sämtliche Anforderungen erfüllt. Insbesondere fällt auf, dass gerade die Anforderungen nach Adaptivität bezüglich individueller Randbedingungen von Projekten, Anwendern oder Entwicklungsprozessen von keinem Konzept voll erfüllt werden konnten. Haupt-Kritikpunkt ist aber, dass keines der wissenschaftlichen Konzepte glaubhaft demonstrieren konnte, inwieweit es einen *messbaren* Beitrag zur Verbesserung von Effizienz und Zuverlässigkeit in Entwicklungsprojekten leistet. Lediglich die kommerziellen AMSW bieten teilweise eine einfache, abschätzende Berechnung der *Kapitalrentabilität* (RoI) auf Basis der eingesetzten Mitarbeiter sowie der Menge der Anforderungen an.

Für diese Arbeit wird aufgrund der dargestellten Defizite in den vorhandenen Konzepten der Handlungsbedarf abgeleitet, eine ***Systematik für das Anforderungs-***

management zu entwickeln, die sich ***adaptiv an Entwicklungsprojekte und Unternehmen*** anpassen lässt und die sich in verschiedenen Entwicklungsumgebungen und in unterschiedlichen Branchen einsetzen lässt. Darüber hinaus ist es zweckmäßig, ein solches System empirisch hinsichtlich der ***Realisierung von Optimierungspotenzialen durch Messung der Effizienz und Zuverlässigkeit*** zu validieren. Aufgrund der Einmaligkeit von Entwicklungsprojekten muss zur Validierung die Expertenmeinung hinzugezogen werden, unter Anwendung von Simulationsmethoden, da eine gleichzeitige Durchführung zweier gleichwertiger Entwicklungsprojekte, jeweils einmal mit und einmal ohne Verwendung eines AMS, nicht möglich ist. Um diese Simulation mit hinreichend relevantem Inhalt füllen zu können, ist es zielfüh-rend, ein funktionales Demonstrator-Werkzeug einzusetzen. Das in dieser Arbeit eingesetzte Demonstrator-Werkzeug wurde im Rahmen eines öffentlich geförderten Forschungsprojekts entwickelt und wurde für die Umsetzung eines AMS in den von den Experten analysierten Beispielprojekten als Diskussionsgrundlage herangezogen.

5 Modell des adaptiven Anforderungsmanagements in der Entwicklung physischer Produkte

Die Diskussion der bestehenden Konzepte im vorangegangenen Kapitel ergab, dass keines der bestehenden Konzepte den Anforderungen vollständig genügt. Darüber hinaus wurde auch ersichtlich, dass die Konzepte jeweils an unterschiedlichen Stellen Schwachpunkte aufweisen. Dies lässt sich unter anderem damit begründen, dass die Konzepte jeweils bestimmte Zielgruppen oder Anwendungsfälle anvisiert haben, für die bestimmte Anforderungen weniger wichtig oder sogar vernachlässigbar sind. Während eine vollständige Analyse dieser Wechselwirkungen auch im Rahmen der vorliegenden Arbeit nicht erfolgen kann und soll, lässt sich doch in Vorbereitung eines Lösungskonzepts eine grundsätzliche Lösungshypothese aufstellen:

> *Eine allgemeingültige Lösung wird sich aufgrund der Vielzahl heterogener und zeitdiskreter Einflussfaktoren in der realen Unternehmenswelt nicht formulieren lassen. Ein Lösungskonzept muss daher entweder*
>
> - *spezifisch für bestimmte Anwendungsfälle gelten oder*
> - *modular aufgebaut sein, so dass sich die verschiedenen spezifischen Anforderungen durch eine geeignete Modulkonfiguration decken lassen.*

Da im Rahmen der vorliegenden Praxisanalyse keine wesentlichen Anwendungseinschränkungen eingebracht wurden, wird mit dem hier vorgestellten Modell der Weg eines modularen Lösungskonzepts eingeschlagen: Im Sinne der Entwicklungssystematik nach VDI 2221 (vgl. Abbildung 2-2) werden entsprechend der Aufgabenstellung aus Kapitel 4.5 nun zunächst in Kapitel 5.1 die Lösungsprinzipien und deren Strukturen vorgestellt, um daran anschließend das Grobkonzept und dessen modulare Strukturen zu beschreiben . Die Beschreibung der maßgebenden Module erfolgt in Kapitel 5.2, wobei optionale Bestandteile des Lösungskonzepts in Kapitel 5.3 und Kapitel 5.4 noch näher erläutert werden.

5.1 Modellbildung und Grobkonzept des Modells

Das in dieser Arbeit vorgeschlagene Lösungskonzept stellt ein Modell dar. Zunächst sei daher definiert, was in dieser Arbeit unter dem Begriff „Modell“ zu verstehen ist. Anschließend wird das Konzept der Modularisierung kurz vorgestellt und auf der Grundlage dieser beiden Definitionen das Metamodell des mit dieser Arbeit vorgelegten Lösungskonzepts erläutert.

5.1.1 Modelltheorie

Modelle sind nach PATZAK die „Abbildung eines bestimmten Ausschnitts der Realität“ [PATZ82, S. 306]. Daher haben die Modelle, auch wenn sie die Komplexität der Realität nie vollständig abbilden können, laut STACHOWIAK immer drei Merkmale:

- *Das Abbildungsmerkmal*: Jedes Modell besitzt eine reale oder theoretische Entsprechung, ein Original.
- *Das Verkürzungsmerkmal*: Jedes Modell lässt bestimmte Aspekte des Originals weg, z.B. weil sie sich nicht darstellen lassen oder vernachlässigbar sind.
- *Das pragmatische Merkmal*: Jedes Modell wurde für einen bestimmten Zweck geschaffen, anhand dessen sich die Ausprägung der Abbildungs- und Verkürzungsmerkmale sinnvollerweise orientieren.

Ein Modell lässt sich demnach in Teilobjekte unterteilen, die wiederum durch Attribute mit Eigenschaften und Relationen zueinander ausgestattet werden können. Diese Struktur entspricht den Strukturen von Systemen in der Systemtheorie, nach der sich Systeme in Teilsysteme unterteilen lassen, die wiederum miteinander in Beziehung stehen, vgl. Kapitel 1.3. Ein Modell kann sich in Bezug auf das Original sowohl durch weggelassene Attribute als auch durch neu hinzugekommene Attribute unterscheiden. So kann beispielsweise innerhalb eines Berechnungsmodells eine Variable definiert werden, die keine Entsprechung in der Realität hat. [STAC73, S. 131-158]

Bezogen auf das pragmatische Merkmal definiert PATZAK vier Typen von Modellen: *Beschreibungs-*, *Erklärungs-*, *Prognose-* und *Entscheidungsmodelle*. Während Beschreibungsmodelle einen anzustrebenden Zustand eines realen Systems darstellen, wird ein Erklärungsmodell durch Vereinfachung komplexer Originalsysteme zur Analyse komplexer Systeme eingesetzt. Prognosemodelle treffen Vorhersagen durch das abstrakte Experimentieren mit Ausprägungen eines Systems unter festgelegten Umgebungsparametern. Zuletzt bieten Entscheidungsmodelle Handlungsalternativen für bestimmte Situationen an. [PATZ82, S. 313ff.]

> *In dieser Arbeit wird entsprechend der Hauptforschungsfrage ein Entscheidungsmodell entwickelt, welches anhand einer modellierten „Vorgehensweise" unter Berücksichtigung individueller Rahmenbedingungen Handlungsalternativen bietet, nach denen Anwender ihre Entwicklungsprozesse gestalten können, um eine erhöhte Zuverlässigkeit und Effizienz der Produktentwicklung zu erlangen (gemäß den Definitionen aus Kapitel 4.1).*

KUHRMANN definiert für Vorgehensmodelle in der Produktentwicklung Submodelle, die jeweils spezifische Objekt- und Attributsklassen des Gesamtmodells beinhalten (siehe Abbildung 5-1). Für diese Arbeit stellen die definierten Submodelle eine sinnvolle Grundlage im Sinne eines Erklärungsmodells dar, die helfen, den Komplexitätsgrad des Modells durch geeignete Strukturierung zu verringern. [KUHR08, S. 42f.]

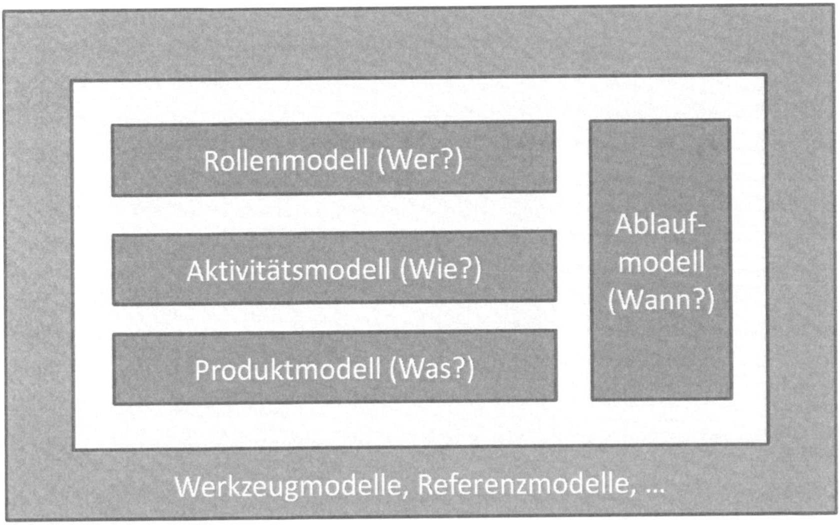

Abbildung 5-1: Submodelle eines Vorgehensmodells für die Produktentwicklung nach KUHRMANN [KUHR08, S: 42f.]

5.1.2 Ansatz zur adaptiven Gestaltung des Systemmodells

Unternehmen haben aufgrund von Produktstruktur und Organisationseigenschaften sehr unterschiedliche Anforderungen an ein AMS. Streng genommen handelt es sich somit um verschiedene AMS, die für jedes dieser Unternehmen zu entwerfen wären. Wie sich jedoch in der Beratung der Praxis in mehreren Forschungsprojekten des Autors gezeigt hat, lässt sich durch geeignete Modularisierung der AMS ein Modell konzipieren, welches den verschiedenen Unternehmen und Produktsystemen genügt. *Nach dem Konzept der „optimalen Komplexität“ von REISS müssen Unternehmen für sich feststellen, welches der optimale Aufwandsgrad ist, mit dem sie ein AMS betreiben wollen* [REIS93, S. 56].

Zur Klassifizierung der unternehmensindividuellen optimalen Komplexität und der dazugehörigen Lösungsansätze könnte der in der Wissenschaft weit verbreitete *morphologische Kasten* zielführend sein [ZWIC66, S. 116f.]. Doch kann aufgrund der hohen individuellen Komplexität nicht mit hinreichender Sicherheit gesagt werden, dass alle relevanten Parameter erfasst und betrachtet würden. Nicht berücksichtigte Parameter von hoher Relevanz würden aber zur Unbrauchbarkeit der Lösung führen. Zudem ist die Unabhängigkeit der Parameter voneinander höchstwahrscheinlich auch mit großem Aufwand nicht erreichbar. Zuletzt müsste für jede mögliche Ausprägungskombination eine Lösung gefunden werden, was den Aufwand zur adaptiven Anpassung des Modells deutlich übersteigt. Deshalb wird im Folgenden ein *modulbasiertes Konzept* vorgestellt, dessen Module so auf spezifische Anforderungen zugeschnitten sind, dass sich über die Selbstbewertung bezüglich der Anforderungen ein vorgeschlagenes Modulkonzept ergibt. Für jedes Systemmodul sowie für einzelne Funktionen oder Elemente der Module wird dazu neben den *Ausbaustufen* auch die darauf bezogene Anforderung beschrieben, wobei Arbeitsaufwand und Mehrwert in den Kategorien Effizienzgewinn und Zuverlässigkeitsgewinn kurz und generisch herausgestellt werden. Aus wissenschaftlicher Sicht ist diese Methode mit einer Unschärfe belastet, da Unternehmen beziehungsweise Entscheider nicht alle Entscheidungen auf Basis von messbaren Kriterien treffen können. Auch können sich die gewählten Ausprägungen mit der Zeit verändern, so beispielsweise die Ausprägung der Automatisierbarkeit der Anforderungserfassung, weil neu erworbene Software-Autorensysteme dies ermöglichen. Dieser Umstand findet sich in der Praxis jedoch bei einer Vielzahl von Entscheidungen wieder, und dennoch zeigt sich gleichzeitig, dass die Selbstbewertung auf Basis der zur Verfügung stehenden adaptiven Module mit hoher Effizienz durchgeführt werden kann.

5.1.3 Metakonzept des Modells des adaptiven Anforderungsmanagements

Gemäß der Systemtheorie ist auch ein Modell als ein System zu betrachten, welches aus Systemelementen besteht, die ihrerseits wiederum Modelle sein können. In der wissenschaftlichen Literatur werden hierfür häufig die Begriffe „Submodell“ oder „Partialmodell“ verwendet. Das Gesamtmodell des vorliegenden Konzepts wird in fünf Submodelle unterteilt, die jeweils inhaltlich abgeschlossene spezifische Komponenten des Gesamtmodells beschreiben. Eine schematische Darstellung dieser Submodelle bietet Abbildung 5-2. Wie in der Abbildung skizziert, bilden die drei Submodelle *Entitätsmodell*, *Aktivitätsmodell* und *Rollenmodell* gewissermaßen die Säulen für das *Vorgehensmodell*. Übergeordnet bildet das *Metamodell der Modularisierung* den Rahmen, innerhalb dessen sich modulbasiert individuelle Kombinationen aus Rollen, Aktivitäten und Vorgehen zusammenstellen lassen.

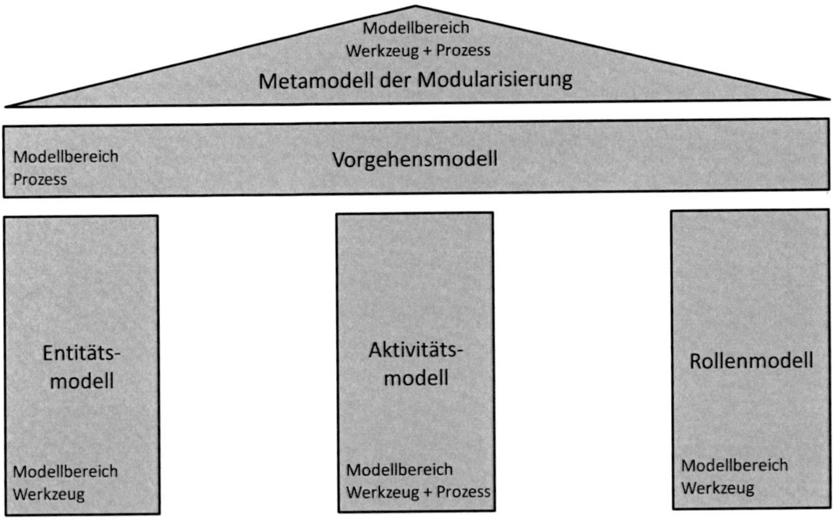

Abbildung 5-2: Grobkonzept des Gesamtmodells und seiner Elemente

Im *Entitätsmodell* sind die Datentypen und deren Attribute beschrieben, die im Rahmen des Gesamtmodells existieren beziehungsweise erzeugt werden können. Eine Entität ist hierbei definiert als eine Objektklasse, die als Bestandteil der Beschreibung des zu erzeugenden Produktsystems dient oder die eine Repräsentanz eines Teils des Produktsystems darstellt. Das *Aktivitätsmodell* legt fest, welche Operationen im eingesetzten AMSW durch Anwender mit entsprechenden Rollen durchgeführt werden können und welche Auswirkungen dies hat. Diese Aktivitäten stellen teils in ihrer Kombination Prozesse dar, die wiederum im Vorgehensmodell beschrieben werden. Auch automatisiert stattfindende Aktivitäten und Interaktionen mit anderen Softwareprodukten können im Aktivitätsmodell definiert werden. Im *Rollenmodell* werden Anwenderkreise mit entsprechenden Aktivitätsbefugnissen ausgestattet, die sich auch über den Verlauf eines Projekts ändern können (beispielsweise Schreibrechte nach einem Design Freeze). Die standardisierten Abläufe sowie die dazugehörigen Regeln werden im *Vorgehensmodell* festgelegt. Hierunter fallen auch Aktivitäten mit Schnittstellen zu anderen Prozessen und Softwareprodukten. Zuletzt wird im *Metamodell der Modularisierung* festgelegt, welche optionalen Module verwendet werden sollen bzw. welche Ausprägungen innerhalb einzelner Module angewandt werden sollen.

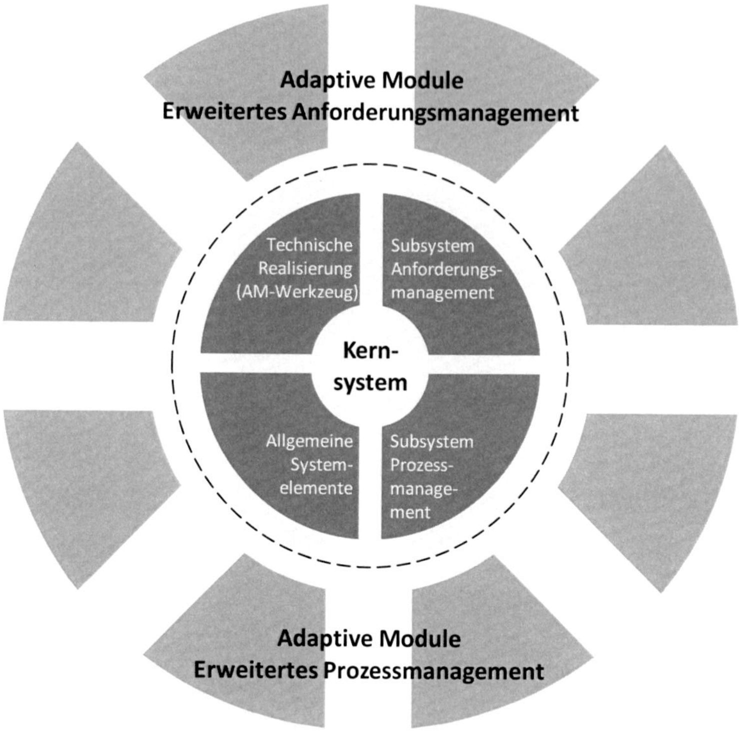

Abbildung 5-3: Übersicht der Kernmodule und der adaptiven Module des Systems

5.2 Kernsystem

Zunächst sollen an dieser Stelle die prinzipiellen Bausteine und Funktionseinheiten des Kernsystems vorgestellt und in Bezug zu den Anforderungen aus Kapitel 3 gesetzt werden. Aus Gründen der Lesbarkeit wird dabei nur auf die Anforderungsnummer der jeweiligen Anforderung referenziert. Die Teilelemente des Bausteins „technische Realisierung/AMSW" werden an dieser Stelle nicht explizit vorgestellt, da sie in der jeweiligen Ausgestaltung des Systems bei der Wahl einer Anforderungsmanagement-Software zu diskutieren sind. Einige der in den folgenden Kapiteln vorgestellten Funktionalitäten implizieren allerdings bereits eine entsprechende Lösung mit einem AMSW. Sie werden dementsprechend in der Validierung in Kapitel 6.1.2 aufgegriffen.

5.2.1 Allgemeine Systemelemente

Die Kernfunktionen benötigen neben einem technischen Grundgerüst – dem technischen Modell – auch einige allgemeine Systemelemente, die in den einzelnen Kernfunktionen genutzt werden. Basierend auf den Submodellen aus Abbildung 5-2 handelt es sich um die grundlegenden Entitätsmodelle, Rollenmodelle und Aktivitätsmodelle.

Das Entitätsmodell EM

Die wichtigsten notwendigen Entitätstypen im vorliegenden Modell sind die vorkonfigurierten Systemelemente gemäß der Definition aus Kapitel 2.1.2. Gemäß den Definitionen in den *Anforderungen R01, R02* und *R04* sind dies die Entitätstypen *„Anforderung*[10]*"*, *„Funktion"* und *„Lösungselement"*, sowie mehrere Beziehungsentitätstypen zwischen diesen Entitäten. Diese Entitäten sind in einer technischen Realisierung durch Relationen in Datenbanksystemen zu implementieren, die obligatorische, optionale und frei konfigurierbare Attribute haben, wodurch *Anforderung R05* erfüllt ist. Zu den automatisch zugeordneten obligatorischen Elementen zählen eine unveränderliche Objekt-ID, der Zeitstempel der Erstellung eines Datensatzes und dem im System definierten Namen des Urhebers sowie der Zeitstempel und der Urheber für jegliche Änderungen an vorhandenen Datensätzen. Somit erfüllt das Entitätsmodell bereits die *Anforderungen R22* und *R24*. Zu den konfigurierbaren Attributen zählt unter anderem die Attribute „Verantwortlicher", „Rationale", „(Freigabe-)Status" sowie gegebenenfalls prozessindividuelle Attribute. Hierdurch sind die *Anforderungen R18, R25* und *R34* werkzeugseitig erfüllt. Ebenfalls können werkzeugseitig durch vorkonfigurierte Attribute die *Anforderungen R06, R07* und *R08* erfüllt werden. Ebenfalls automatisch, allerdings indirekt durch Aktionen der Benutzer in den grafischen Oberflächen der technischen Realisierung (nicht durch direkte Änderung des Attributswertes) werden die Attribute „Elementtyp", „Version" und „Hierarchieebene" ausgefüllt, wodurch werkzeugseitig die *Anforderungen R01* und *R23* erfüllt sind. Möchten Anwender den Erfüllungsstatus von Anforderungen und Testfällen nicht über Beziehungen zu Lösungselementen, sondern über Attribute ausdrücken, so sind auch die *Anforderungen R27* und *R28* werkzeugseitig erfüllt. Systemseitig denkbar und werkzeugseitig umsetzbar ist die Herstellung von Beziehungen als Attribute mit dem Attributtyp *„Beziehungstyp X"* und dem Attributwert *„Systemelement Y"*, auf welches die Beziehung verweist. Eine weitere Möglichkeit zur Herstellung von Beziehungen ist durch die Entität *„Flow"*, die zwischen zwei Systemelementen besteht und als Attributwerte den Beziehungstyp sowie mindestens die beiden Systemelemente als Ein- und Ausgangsattribute erhält. Beide technischen Konzepte sind für das Modell umsetzbar, erfüllen *Anforderung R02* und können auch kombiniert genutzt werden, beispielsweise indem eine „Mutter-Kind-Beziehung" über Attributwerte und alle anderen Beziehungen über *„Flows"* realisiert werden. Durch den Zeitstempel und den Urheber bei Vergabe und Änderung einer Beziehung sowie entsprechend konfigurierbare Attribute kann *Anforderung R24* werkzeugseitig erfüllt werden.

---

[10] Alle folgenden Systembegriffe sind zunächst in Deutsch und Englisch aufgeführt, da im für dieses Modell verwendeten prototypischen AMSW als Nutzersprache nur Englisch zur Verfügung stand. Im weiteren Verlauf wird dann der deutsche Begriff verwendet.

Element	Category	Type	Value
mowing machine	SUD		
Required Functions			
mow	Function		
Performance			
mowing accuracy [1..1]	Performance	mm	[-5..5]
Inputs/Outputs			
lawn [1..1] [in]	Parameter	Uncut lawn	
Value Properties			
lawn height [1..1]	Design	mm	[50..300]
cutting height [1..1] [in]	Parameter	cutting height set	
cut of grass [1..1] [out]	Parameter	Cut of grass	
cut lawn [1..1] [out]	Parameter	Cut lawn	
Value Properties			
lawn height [1..1]	Design	mm	[20..80]

Abbildung 5-4: Visuelles Erscheinungsbild von Datensätzen (Zeilen) und Attributen (Spalten) sowie der Mutter-Tochter-Beziehungen der Datensätze durch Einrückungen im Demonstrator-Werkzeug

Standardgemäß bietet die übergeordnete Entität *„Projekt/Main Project“*, die in einem übergeordneten Projekteditor angelegt und verwaltet wird, eine Unterteilung des Systems in eine *„Problembeschreibung/Problem specification“* und eine *„Lösungsbeschreibung/Solution specification“*. Beim Anlegen neuer *Anforderungen* wird diese standardgemäß im Projektbereich *Problembeschreibung* eingeordnet, während Funktionen und Lösungselemente im Bereich *Lösungsbeschreibung* eingeordnet werden. Im Sinne einer hohen Konfigurierbarkeit sind die Elemente jedoch auch in den anderen Bereichen anlegbar. Der Status von Projekten kann zu jedem Zeitpunkt über eine *Baseline* eingefroren und gespeichert werden, womit die *Anforderung R31* werkzeugseitig prinzipiell erfüllt, wobei der Vergleich von Baselines über ein entsprechendes Aktivitätsmodell realisiert werden muss.

Weitere Entitäten sind für die Visualisierung in UML/SysML-Diagrammen notwendig, etwa *Ports* und *Flows*. Diese Entitäten sind hinreichend in der SysML Spezifikation beschrieben und dienen der technischen Umsetzung der Visualisierung von Diagrammen aus den Datensätzen, womit sie werkzeugseitig *Anforderung R04* erfüllen [OMG17].

Das Rollenmodell RoM

Analog zu gängigen AMSW sollen Rollen an jeden Anwender frei vergeben werden können, wobei Anwender mehrere Rollen besitzen können. Gleichwohl gibt es mindestens eine Standardrolle, die jeder Anwender bekommt, wenn ansonsten keine Rolle zugewiesen wird. Die Konfiguration neuer Rollen kann durch Anwender mit einer „Systemadministrator“-Rolle vergeben werden. Das System muss also einen eigenen Rollen-Editor zur Verfügung stellen, und Rollen sollten auch den Anwendervorgaben entsprechend frei benannt werden können. Das Rollenmodell erfüllt somit die *Anforderung R37*.

Das Aktivitätsmodell AM

Hiermit sind Aktivitäten gemeint, die die Anwender des AMS während der Nutzung des AMSW durchführen müssen oder können. Es handelt sich dabei sowohl um Aktivitäten auf der Prozessschrittebene als auch um zugehörige detaillierte Arbeitsschritte. Entsprechend sind alle Aktivitäten als Prozessschritte oder als Teil von Prozessschritten zu verstehen. Eine Visualisierung von Aktivitäten kann gegebenenfalls in klassischen Prozessdiagrammen erfolgen, die aus Gründen der Verständlichkeit gegenüber den detaillierteren SysML-Diagrammen bevorzugt wurden.

Das Vorgehensmodell VG

Das Vorgehensmodell beschreibt den zeitlichen und organisatorischen Ablauf der Integration und Nutzung der Entitäten, Aktivitäten und der allgemein festgelegten Prozesse, bezogen auf das AMS. In Abgrenzung zum Aktivitätsmodell sind hier zeitlich aufeinanderfolgende Aktivitäten zusammengefasst, die im direkten Kontext der einmaligen Definition von Prozessen dienen oder Teil des standardisierten Durchführens des Produktentwicklungsprozesses sind.

5.2.2 Subsystem Prozessmanagement

Für die Prozesse gibt es zunächst zwei Gruppen: organisatorische Prozesse (OP) und projektbezogene Prozesse (PP). In die erste Gruppe fallen insbesondere die Aktivitäten, die zur Einführung eines AMS notwendig sind und nur einmalig oder unregelmäßig ausgeführt werden. Sie sind somit die Hauptbestandteile des Vorgehensmodells. Demgegenüber finden projektbezogene Prozesse während der laufenden Nutzung des AMS für ein Projekt statt, wahlweise optional oder obligatorisch und einmalig oder mehrmals in einem Projekt. Daher sei jedem der folgenden Modulbausteine seine „Prozessart" vorangestellt.

Modulbaustein OP01: Definition eines unternehmensindividuellen AM-Prozesses und seiner Varianten, Grenzen und Ausnahmen

Dieser Prozess ist chronologisch der erste und direkt mit einer hohen Entscheidungskomplexität behaftet, da viele Informationen und ein hohes organisationales Wissen vorhanden sein müssen. In der Regel bietet es sich daher an, dass erfahrene Führungskräfte und Projektmanager mit Wissen über die aktuelle Produktentwicklung an der Durchführung dieses Prozesses beteiligt sind. Zunächst wird der bestehende Produktentwicklungsprozess analysiert. Dann wird auf Basis eines Referenzprojekts überlegt, an welchen Stellen die Prozessschritte der Anwendungsbereiche „Anforderungsermittlung", „Anforderungsverwaltung" und „Anforderungsanalyse" sowohl als Arbeitsaufgaben als auch als Lieferanten von Arbeitsergebnissen gefordert sind. Insbesondere ist auch zu berücksichtigen, ob neue Anforderungen in späteren Phasen des Projekts anders gehandhabt werden sollen als Anforderungen in frühen Phasen, beispielsweise durch die in Kapitel 2.6.2 erwähnten ECR. Wird dies auch in existierenden Prozessbeschreibungen hinterlegt, wird somit *Anforderung R50* prozessseitig erfüllt. Damit geht zugleich die Festlegung der Rollen einher: Hierbei geht es generisch zunächst nur darum, ob und in welchem Maße unterschiedliche Projektmitarbeiter mit unterschiedlichen Rollen und damit verbundenen Verantwortlichkeiten und Rechten ausgestattet werden sollen, wobei explizit externe Partner mit zu betrachten sind. Letzterer Schritt erfüllt somit prozessseitig die *Anforderung R53*. Die Definition der einzelnen Rechte erfolgt dann im organisatorischen Prozess *OP02: Festlegung von Verantwortlichkeiten im AM-Prozess*. Im dritten Schritt werden an dieser Stelle Vorfestlegungen hinsichtlich Fragestellungen der weiter unten aufgeführten projektbezogenen Prozesse definiert, bspw. ob es beim Ändern von Systemelementen in bestimmten Projektphasen (unterschiedliche) Freigabeprozesse geben soll und wie regelmäßig und in welchem Detailierungsgrad beispielsweise eine Überprüfung der Anforderungsqualität stattfinden soll. Auch ist hier die grundsätzliche Entscheidung zu treffen, ob nur das Management der Elemente vom Typ *Anforderungen* durch den AM-Prozess und das AMSW geregelt werden soll, oder ob Funktionen und Lösungselemente auch einzubeziehen sind. Somit wird *Anforderung R51* erfüllt. Letztlich ist hier die Grundauswahl zu treffen, welches Modulkonzept das geeignete ist, also ob und wie adaptive Module bzw. Elemente der Module für das Unternehmen nötig sind. Demgegenüber soll die Wahl des dazu geeigneten AMSW bewusst getrennt davon stattfinden und ist im organisatorischen Prozess *OP03: Festlegung eines AMSW und seiner Schnittstellen* beschrieben. Neben den genannten Festlegungen sind eine Reihe von unternehmensindividuellen Festlegungen zu betrachten, die stark von den individuellen Prozessen und Prozessanforderungen abhängen. Beispielsweise ist es für Unternehmen mit einer hohen Prozessstandardisierung inklusive Zuordnung von Mitarbeiteraufwänden innerhalb des Projektcontrollings notwendig, die zusätzlichen Bedarfe an Arbeitsaufwand je Mitarbeiter, möglicherweise in Abhängigkeit der Projektgröße, zu definieren und in die entsprechenden Softwareprodukte einzubetten. Eine zentrale Frage betrifft alle Prozessschritte und sollte den Überlegungen vorangestellt werden: Gibt der so definierte Prozess das Vorgehen für alle Entwicklungsprojekt-Typen vor oder sollte eine Ausdifferenzierung je nach Projekttyp vorgenommen werden, oder sind gar bestimmte Projekttypen von besagtem Prozess ausgenommen? Idealerweise sind existierende Unterschiede zwischen den Projekten bereits im existierenden PEP festgelegt und werden somit automatisch analysiert, dies stellt jedoch nach Erfahrung des Autors nicht den Regelfall dar. Mit der Berücksichtigung dieser Frage wird durch diesen Prozess die *Anforderung R48* erfüllt.

Abbildung 5-5: Aktivitätsdiagramm OP01: Definition eines unternehmensindividuellen AM-Prozesses und sei-ner Varianten, Grenzen und Ausnahmen (Auf Grund der stark fallspezifischen Charakteristika des AM-Prozesses ist dieses Aktivitätsdiagramm - wie auch die folgenden - sehr generisch; ein beispielhaftes, vollständigeres Aktivitätsdiagramm liefert Anhang A.5.

Modulbaustein OP02: Festlegung von Verantwortlichkeiten im AM-Prozess

Im Ablaufmodell sollte dieser Prozess chronologisch nach dem *Prozess OP01* erfolgen, da die dort festgelegten Rollen hier bezüglich der Rechte und Verantwortlichkeiten im gesamten AM-Prozess konkretisiert werden. Dies geschieht unter Einbezug sämtlicher definierter projektbezogener Prozesse und auf Prozessschrittebene. Eine mögliche Festlegung wäre somit etwa „[Rolle X] darf Anforderungen erzeugen, ändern, löschen und freigeben“ oder „[Rolle Y] darf Anforderungen nicht freigeben“. Zur Dokumentation dieser ggf. sehr umfangreichen Analyse eignet sich die Darstellung in einer Verantwortungs-Matrix, in der die definierten Rollen gegen die einzelnen Verantwortlichkeitselemente aufgetragen werden und in den Matrixzellen jeweils entsprechende Markierungen gesetzt werden. Dieser Prozess bietet die Grundlage, um *Anforderung R18* technisch erfüllen zu können. Die Prozessschritte können dabei je nach unternehmensindividueller Vorgehensweise voneinander abweichen, daher wurde hier auf eine Darstellung des Prozesses verzichtet.

Modulbaustein PP01: Aufnahme und Verfeinerung von Anforderungen und Systemelementen

Mit dem Prozess *Aufnahme und Verfeinerung von Anforderungen und Systemelementen* wird nun der chronologisch erste Prozess beschrieben, der innerhalb eines Projekts im Rahmen des definierten AM-Prozesses durchgeführt wird, nämlich die initiale Ermittlung und Aufnahme von Anforderungen. Idealerweise werden zunächst die empfohlenen oder vorgeschriebenen Ermittlungstechniken und die dazu einzusetzenden Ressourcen spezifiziert oder es wird auf entsprechende existierende Dokumentationen verwiesen. Als nächstes wird konkret beschrieben, wie und durch wen Anforderungen in welcher Art dokumentiert werden sollen, wobei ggf. die konkrete Benennung des AMSW noch nicht erfolgt, insbesondere wenn der Prozess zum ersten Mal konkretisiert wird. Viel wichtiger als die Nennung des AMSW ist an dieser Stelle die Definition der obligatorischen und optionalen Informationen, die bei der Dokumentation erfasst werden müssen, wobei im konkretesten Fall spezifiziert wird, ob eine Information ein eigenes Attribut darstellt, einer definierten qualitativen Skalierung unterworfen sein soll und welche Regeln bei der Dokumentation einzuhalten sind. Letzteres gilt auch für die Einhaltung von Regeln bezüglich der Anforderungsqualität, also *Anforderung R13* und *R14*. Besonderes Augenmerk muss auch auf die Festlegung von Regeln für die Erstellung von Beziehungen zu anderen Systemelementen gelegt werden, da dies einen wesentlichen Baustein zur Erhaltung einer hohen dokumentierten Systemqualität darstellt, siehe *Anforderung R30*. Bei der Verfeinerung von Anforderungen und weiteren Systemelementen sind Regeln festzulegen, wann eine Anforderung durch eine neue Version ersetzt wird und wann eine Unteranforderung erzeugt werden soll. Wurde im AM-Prozess auch der Einbezug von Prozessinformationen in Anforderungen festgelegt, so sollte auch diese konkret mit Regeln und Skalierungen beschrieben sein. Ebenfalls muss festgelegt werden, inwieweit diese Festlegungen auch für andere Systemelemente, insbesondere Funktionen, Lösungselemente und Beziehungen gelten. Prozessseitig werden somit die *Anforderungen R01, R02* und *R34* erfüllt, außerdem wird die Grundlage für weitere projektbezogene Prozesse sowie Anforderungen geschaffen. Es ist aus Sicht des Autors auch an dieser Stelle festzulegen, neue Systemelemente stets mit einer *Rationale* zu versehen, womit *Anforderung R18* prozessseitig erfüllt ist.

Abbildung 5-6: Aktivitätsdiagramm *PP01: Aufnahme und Verfeinerung von Anforderungen und Systemelementen*

Modulbaustein PP02: Überprüfung der Anforderungs- und Systemqualität

Wie bereits in Kapitel 3.5.4 dargelegt wurde, sind Anforderungen und Systemelemente ständigen Änderungen unterworfen, vor allem auch deshalb, weil im Verlauf des Entwicklungsprojekts neues Wissen generiert wird und ebenso erst ab einem bestimmten Konkretisierungsgrad des Produkts auch Kundenanforderungen besser verstanden werden können. Daher müssen die Anforderungen und Systemelemente regelmäßig daraufhin überprüft werden, ob sie entsprechend dem aktuellen Wissensstand hinreichend detailliert sind und ob sie den gestellten Qualitätsansprüchen genügen. Dazu muss im PEP ein Prozess etabliert werden, in dem standardisiert festgelegt wird, in welchem Umfang und mit welcher Methode die Anforderungsqualität bestimmt und optimiert werden soll. Gleiches gilt für die Qualität des Gesamtsystems, die nach *Anforderung R30* hautsächlich über die Korrektheit und Vollständigkeit der Beziehungen zwischen den existierenden Systemelementen bestimmt ist. Dieser Prozess ist bei Festlegung von Verantwortlichkeiten für die entsprechenden Aufgaben mit dem *Prozess OP02* zu koppeln. So kann bspw. festgelegt werden, dass der Projektmanager zu bestimmten Projektmeilensteinen eine Analyse der Anforderungs- und Systemqualität vorzunehmen hat, welche Ressourcen er dazu einsetzen muss und ob die Analyse stichprobenartig oder komplett sein soll. Mit diesem Prozess werden die *Anforderungen R13* und *R30* prozessseitig erfüllt, falls dies nicht bereits durch die *Prozesse PP01* und *PP03* geschehen ist.

Abbildung 5-7: Aktivitätsdiagramm *PP02: Überprüfung der Anforderungs- und Systemqualität*

Modulbaustein PP03: Ändern von Systemelementen

Analog zur Festlegung des *Prozesses PP01* muss auch der Änderungsprozess von Systemelementen festgehalten werden. Hierbei sind detailliert zu spezifizieren, welche Bestandteile von Anforderungen, Funktionen und Systemelementen durch wen geändert werden können, ob dies direkt gültig ist oder freigegeben werden muss und welche Regeln es bezüglich der Überprüfung vorhandener und neuer Beziehungen gibt. Auch eine Änderung an sich wie auch die Erschaffung einer Beziehung sollten definiert sein. Insofern sich die Festlegungen auf die Sicherstellung der Anforderungs- und Systemqualität beziehen, ist dies Bestandteil der prozessseitigen Erfüllung der *Anforderungen R13* und *R30*. Analog zu *Prozess OP02* soll hier auf eine Darstellung der Prozessschritte verzichtet werden.

Modulbaustein PP04: Analyse von Anforderungen und des Systems

Unternehmensindividuell muss auch festgelegt werden, welche Zustände und Probleme standardisiert mit Analysemethoden identifiziert und analysiert werden sollen. Dieser Prozess kann durchaus auch Schnittstellen zu anderen Prozessen im PEP haben: So ist es etwa vorstellbar, dass für Prozesse zur Definition der Systemarchitektur eine Vollständigkeitsanalyse bezüglich der Lösungselemente gefordert ist, verbunden mit einer Visualisierung in einer Listenansicht und einem Strukturbaum. Auch das Vorgehen einer Change-Impact-Analyse und genereller Statusanalysen für Projektmeilensteine ist hier prozessseitig zu spezifizieren. Hierbei ist es im Rahmen des Vorgehensmodells ratsam, eine iterative Definition des Prozesses durchzuführen, sowohl bei der ersten Spezifikation des AM-Prozesses als auch nach Durchführung der ersten Pilotprojekte, da die Analysefähigkeiten der AMSW oftmals erst in laufenden Projekten hinsichtlich ihres Nutzens erprobt und bewertet werden können. Durch Festlegung der Bestandteile dieses Prozesses werden prozessseitig die *Anforderungen R27, R29, R31* erfüllt. Insofern Visualisierungen zur Analyse festgelegt und eingesetzt werden, ist auch *Anforderung R04* prozessseitig erfüllt.

Modulbaustein OP03: Festlegung eines AMSW und seiner Schnittstellen

Nach der Festlegung des AM-Prozesses und sämtlicher projektbezogener Prozesse sollte nun chronologisch die Festlegung des AMSW und seiner Schnittstellen erfolgen. Denn mit den dort spezifizierten Anforderungen an ein AMSW lässt sich sehr gut analysieren, was vorhandene kommerzielle AMSW abdecken. Darüber hinaus sollte auch berücksichtigt werden, ob die AMSW die technischen *Anforderungen R40, R43, R44, R45, R46* realisieren können. Ein besonderes Augenmerk sollte dabei auf die Softwarequalität (*R43*) gelegt werden, da hier insbesondere im Bereich der *Usability* große Unterschiede zwischen den AMSW liegen, die aber unternehmensindividuell unterschiedlich stark gewertet sein können.

Zuvor muss jedoch im Rahmen des Prozesses schon festgelegt worden sein, welche Schnittstellen zu anderen Informationssystemen und softwarebasierten Werkzeugen gewünscht sind. Gehören Schnittstellen für einfache Office-Anwendungen oft zum

Standard, ist es für die Integration mit FMEA-Werkzeugen oder Autorensystemen wie 3D-CAD oftmals kritisch, da nicht vorhandene Schnittstellen aufwändig geschaffen werden müssen. Sind die Schnittstellen definiert und vorhanden und wurde auch in einer Überprüfung die Adaptivität des AMSW an die vorhandene Prozesslandschaft positiv geprüft, so ist *Anforderung R52* erfüllt.

Zuletzt sollte kritisch überprüft werden, inwieweit man sich mit der Wahl des AMSW durch proprietäre Datenbanken an den Anbieter bindet. Ist man in einem ausreichenden Maße für zukünftige Systemwechsel abgesichert, kann auch *Anforderung R54* als abgesichert gesehen werden.

5.2.3 Subsystem Anforderungsmanagement

Im Subsystem Anforderungsmanagement sei nun konkret auf eine Realisierung in einem technischen Demonstrator-Werkzeug eingegangen, wobei das hier vorgestellte Modell explizit nicht auf dieses Demonstrator-Werkzeug angewiesen ist, sondern lediglich ein AMSW benötigt, was technisch die Realisierung der beschriebenen Funktionen und Verhaltensweisen des AMS umsetzen kann.

Modulbaustein F01: Anforderungsermittlung und -dokumentation

Das bestehende Entitätsmodell *EM* aus Kapitel 5.2.1 wird bei der Anforderungsdokumentation eingesetzt, indem ein Anwender per Prozess *PP01* neue Anforderungen eingibt und mit den dort geforderten Attributen und Beziehungen versieht. Gleiches Vorgehen ist analog für die anderen Systemelemente wie Funktionen und Lösungselemente durchzuführen. Zusätzlich zu den dadurch realisierten *Anforderungen R01, R02, R05, R06, R18, R22, R23* und *R24* werden durch Funktionalitäten des verwendeten Demonstrator-Werkzeugs noch weitere Anforderungen erfüllt. So können im Demonstrator-Werkzeug externe Daten verlinkt und hochgeladen werden (*Anforderungen R11* und *R12*). Auch ist das Prüfen sowohl gegen Anforderungsschablonen als auch gegen ein vorher angelegtes technisches Glossar möglich (*Anforderungen R10* und *R14*).

Modulbaustein F02: Anforderungsverwaltung

Zu den Tätigkeiten *Anforderungen und Systemelemente verfeinern und verknüpfen* und *Anforderungen und Systemelemente ändern* müssen Unternehmen die in Kapitel 5.2.2 beschriebenen unternehmensindividuellen Prozesse gestalten, die diese Tätigkeiten und ihre Bestandteile festlegen und beschreiben. Darüber hinaus muss das Werkzeug den Anwendern effektive Such- und Filterfunktionen zur Verfügung stellen, um schnell gewünschte Systemelemente zu finden. Dies wurde im Demonstrator-Werkzeug realisiert, somit ist *Anforderung R17* erfüllt, gleichzeitig wurde die technische Grundlage für *Anforderung R16* geschaffen. Eine Suche oder Verständnisfrage kann aber auch über die Visualisierung in verschiedenen Diagrammen erfolgen, deren Bestandteile bereits im *Entitätsmodell EM* definiert worden sind. Im Demonstrator-Werkzeug wurden dazu die Diagrammtypen *Aktivitätsdiagramm*, *Zustandsdiagramm*, *Anwendungsfalldiagramm* und *internes Blockdiagramm* (IBD) technisch umgesetzt, womit *Anforderung R04* werkzeugseitig umgesetzt wurde. Ein Beispiel für ein solches Diagramm zeigt exemplarisch Abbildung 5-8.

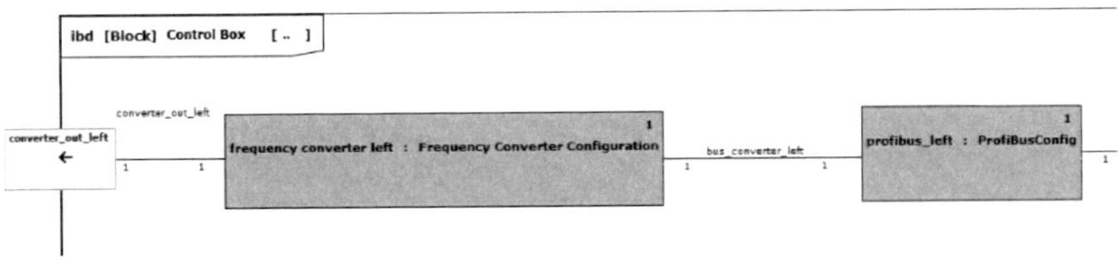

Abbildung 5-8: Auszug eines IBD im Demonstrator-Werkzeug

Modulbaustein F03: Anforderungsanalyse

Analog zu den vorangegangenen Funktionalitäten sind auch die Aktivitäten der Anforderungsanalyse durch einen Prozess unternehmensindividuell zu definieren (*Prozess PP04*). Somit hängt die Einsetzbarkeit von Analysemethoden von den Bedarfen und Spezifikationen der Anwender bei der Prozessgestaltung ab. Dennoch soll hier die technische Umsetzung exemplarisch beschrieben werden: Möchten Unternehmen den Erfüllungsstatus auswerten, so ist zunächst ein konfigurierter Filter auf Basis der Funktionalität F02 sinnvoll. Dabei werden im Demonstrator-Werkzeug zunächst vereinfacht nur Anforderungen angezeigt, eine weitere Ansicht zeigt dann nur Anforderungen mit einem bestimmten Status, bspw. „offen" oder „erfüllt". Darüber hinaus kann schließlich der Erfüllungsgrad von Anforderungen, die mit quantitativen Werten ausgestaltet wurden, durch Vergleich mit qualitativen Werten von Lösungselementen automatisch prozentual ermittelt werden, was im adaptiven Modul erweitertes Anforderungsmanagement beschrieben wird. Somit wird *Anforderung R27* technisch erfüllt.

Change-Impact-Analysen dienen dazu, die Auswirkungen einer späten Änderung im Konzept oder das späte Hinzufügen oder Verändern einer Kundenanforderung nachzuverfolgen. Im Demonstrator-Werkzeug können Change-Impact-Analysen per Funktionsaufruf erzeugt und durch den *dependency view* visualisiert werden. Dabei können Verknüpfungen zum analysierten Systemelement angezeigt werden, die folgende Beziehungen besitzen:

- automatische Beziehung durch das Erstellen des Systemelements an einer definierten Stelle, wie etwa Mutter-Tochter-Beziehungen,
- automatische Beziehung zum Ursprungsobjekt beim Erstellen aus einem anderen Projekt oder einer vorhandenen Daten-Bibliothek heraus,
- manuell erzeugte „Erfüllungsbeziehung",
- manuell erzeugte frei definierte Beziehung.

Die Systemelemente im *dependency view* sind aus diesem heraus anwählbar, so dass der Anwender die Change-Impact-Analyse für ein verknüpftes Systemelement direkt weiterführen kann. Eine solche Visualisierung zeigt beispielhaft Abbildung 5-9. Mit dieser Funktion wird Anforderung R29 erfüllt.

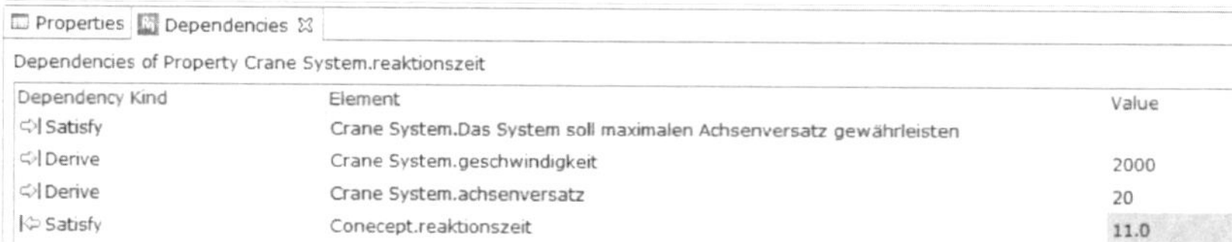

Properties | Dependencies

Dependencies of Property Crane System.reaktionszeit

Dependency Kind	Element	Value
Satisfy	Crane System.Das System soll maximalen Achsenversatz gewährleisten	
Derive	Crane System.geschwindigkeit	2000
Derive	Crane System.achsenversatz	20
Satisfy	Conecept.reaktionszeit	11.0

Abbildung 5-9: Ausschnitt eines „Dependency View“ für Change-Impact-Analysen im Demonstrator-Werkzeug

Zuletzt sei auf die Funktion hingewiesen, zu jedem Projektstand Baselines zu erzeugen. Auch diese Funktion existiert im Demonstrator-Werkzeug, Baselines wurden im Projektordner analog zu normalen Projekten gespeichert. Zum Zeitpunkt des Abschlusses des Projekts war der Vergleich von Baselines miteinander oder mit dem aktuellen Projektstand nur über das parallele Öffnen und manuelles Vergleichen möglich, erweiterte Funktionen, wie sie kommerzielle Systeme besitzen, waren aber in konkreter Planung. Kann ein entsprechendes AMSW Baselines nach Stand der Technik miteinander vergleichen, so ist hiermit *Anforderung R31* erfüllt.

Modulbaustein F04: Projektmanagement

Für die übergeordneten Funktionen zum Projektmanagement sind keine festgelegten Prozesse definiert worden. Dennoch gibt es eine Reihe von Funktionen, die in der Vorbereitung oder bei der Durchführung von Projekten auf dieser Ebene in einem AMSW umgesetzt werden sollten, um die gestellten Anforderungen zu erfüllen.

Zunächst sei auf die Neuerstellung von Projekten hingewiesen. Hier ist es im Demonstrator-Werkzeug möglich, gezielt beliebige einzelne Systemelemente oder ganze Teilsysteme aus vorhandenen Projekten zu kopieren oder auch nur auf diese zu verweisen. Letzteres ist speziell für Variantenentwicklungen sinnvoll, da dann Änderungen in einer anderen Variante (also einem anderen Projekt), die die gleichen Systemelemente betreffen, auch automatisch in das eigene Projekt übernommen werden können. Darüber hinaus ist es möglich, diverse miteinander verbundene und häufig genutzte Elemente in eine eigene Datenbibliothek zu überführen, die von allen Projekten immer wieder genutzt werden kann. Auch hier können direkt mehrere Systemelemente inklusive ihrer Verbindungen zu einem Subsystem zusammengefasst abgelegt und herausgenommen werden. Sinnvoll ist dies insbesondere bei gleichteiligen Lösungselementen wie Schrauben oder bei abstrakten Anforderungen. Durch diese Funktionen wird *Anforderung R03* realisiert.

Im übergeordneten Projektordner lassen sich die verschiedenen Projekte jeweils in eigenen Unterordnern zusammenfassen und strukturieren. Das Demonstrator-Werkzeug konnte zwar einzelne Projekte in dieser Ordneransicht darstellen, ein schneller Überblick in Form eines Projektcockpits, ohne jedoch das Projekt zu öffnen, wurde noch nicht realisiert. Analog zu den weiter oben erwähnten Baselines sei angemerkt, dass solche Funktionen Stand der Technik sind und in den meisten kommerziellen AMSW zu finden sind. Somit ließe sich *Anforderung R42* erfüllen, wobei das Projektcockpit idealerweise Raum für unternehmensindividuelle Konfigurationen zulassen sollte.

Ebenfalls zum Bereich Projektmanagement gehört die Funktion, Projektansichten in Form von standardisierten Projektberichten zu konfigurieren und mit wenig Aufwand automatisiert generieren zu können. Solche „Statusberichte" sind ebenfalls Stand der Technik, wenngleich gesagt werden muss, dass die Editoren in kommerziellen AMSW oft recht umständlich und kompliziert anmuten. Ist ein solcher „Bericht-Editor" in hinreichender Qualität für den Anwender vorhanden, so ist auch *Anforderung R36* erfüllt.

Übergeordnet muss das AMSW auf projektbedingte Unterschiede anpassbar sein. So kann beispielsweise ein Neuprojekt deutlich mehr Funktionalitäten hinsichtlich der Analyse- und Darstellungsmöglichkeiten verlangen als ein Anpassungsprojekt. Die Gefahr besteht hier bei einigen kommerziellen AMSW, dass die Software hier zu viel „Mindestfunktionalitäten" vorgibt oder Änderungen immer nur für alle Projekte vorgenommen werden können. Diesbezüglich wurde das Demonstrator-Werkzeug sehr adaptiv konzipiert, Administratoren können für jedes Projekt eigene „Mindestattribute" definieren und auch eigene Standardansichten, die der Anwender allerdings mit eigenen Ansichten auf die Datensätze überlagern darf. Zudem kann der Anwender frei Prozessinformationen bezüglich seiner eigenen Prozesse und seiner Entwicklungsmethodik definieren und auch grundlegende Nomenklaturen des AMSW für sich anpassen. Somit kann festgestellt werden, dass *Anforderung R48* und *R50* durch das Demonstrator-Werkzeug erfüllt werden.

Auch die *Anforderung R51*, die fordert, dass freie Wahl bezüglich eines reinen Managements von Anforderungen oder eines integrierten Managens von Anforderungen, Funktionen und Lösungen fordert, kann durch das Demonstrator-Werkzeug erfüllt werden. Sofern kommerzielle AMSW das Spezifizieren von Lösungselementen erlauben, ist dies auch dort zumeist nach Erfahrung des Autors möglich.

Ein letzter Punkt des Projektmanagements ist die sichere Einbindung externer Anwender, beispielsweise Entwicklungspartner von fremden Firmen. Zunächst ist dazu sicherzustellen, dass lokal entfernte Personen über eine gesicherte Verbindung auf das AMSW zugreifen können. Dies ist im Demonstrator-Werkzeug durch eine Webapplikation gewährleistet. Des Weiteren müssen einzelne Anwender mit sehr spezifischen Sonderrechten ausgestattet werden, damit sie nur den Teil des Projekts zu sehen bekommen, der ihnen auch gezeigt werden soll. Auch diese Feineinstellung von Lese- und Schreibrechten bis auf Systemelementebene ist im Demonstrator-Werkzeug bereits möglich, wobei dies auch als Stand der Technik bei kommerziellen AMSW angesehen werden kann. Somit ist auch *Anforderung R53* erfüllt.

5.3 Adaptives Modul erweitertes Anforderungsmanagement

Im Folgenden sind Funktionalitäten vorgestellt, die jeweils ausschließlich für Unternehmen bzw. Projektteams relevant sind, die mit besonderen Komplexitätsfaktoren umgehen. Anwender sollten jeweils prüfen, ob einzelne Funktionalitäten in ihrem Umfeld überhaupt eine Erhöhung von Effizienz und Zuverlässigkeit der Produktentwicklung zur Folge haben, wenn sie den damit einhergehenden erhöhten Aufwand sowie die teils erhöhte Anwendungskomplexität ebenfalls berücksichtigen.

Adaptiver Modulbaustein AF01: Bewertung von Lösungskonzepten

Anwender mit geringen konstruktiven Beschränkungen sind oft in der Situation, dass sie mehrere Lösungsprinzipien für ein technisches Problem identifiziert haben und demzufolge auswählen zu müssen, welche dieser Lösungen zu bevorzugen ist, die sie dann im weiteren Verlauf auch konkretisieren sollen. Die Frage nach dem „Besten“ kann dabei aus mehreren Perspektiven beleuchtet werden und entzieht sich schnell einer messbaren und nachvollziehbaren Begründung. Einen Lösungsansatz liefert hier der Konzeptvergleich anhand der gestellten Anforderungen. Hat ein Entwickler also mehrere Lösungsprinzipien für eine oder mehrere Anforderungen vorliegen, so kann er mithilfe qualitativer und quantitativer Werte hinsichtlich der geschätzten Anforderungserfüllung jedes Konzepts eine quantitative und qualitative Bewertung vornehmen. Wird nun für die expliziten Anforderungen auch eine Gewichtung vorgenommen, lässt sich darüber hinaus ein Gesamtwert für jedes Konzepte ermitteln. Somit können die unterschiedlichen Lösungskonzepte gegeneinander abgewogen werden anhand des Grades, in dem sie die an sie gestellten Anforderungen erfüllen. Werden Anforderungen nur teilweise erfüllt oder handelt es sich um Performance-Anforderungen, wäre es zudem möglich, mittels einer Wertfunktion zu hinterlegen, inwieweit ein gewisser Erfüllungsgrad durch den abgeschätzten Wert erreicht würde. Dafür wurde in das Demonstrator-Werkzeug die Darstellungsform *„evaluation table“* integriert, mit der anhand von geforderten Anforderungswerten und ihrer dazugehörigen *„merit function“* mehrere Konzepte quantitativ verglichen werden. Anforderungen ohne Werte können ebenfalls verglichen werden, indem entweder mit der *„merit function“* die Erfüllungswahrscheinlichkeit abgeschätzt wird oder indem der Erfüllungswert mit einem booleschen Operator festgelegt wird. Diese einfache Bewertungsmethodik lässt sich zwar auch leicht mit einem Tabellenkalkulationsprogramm ausführen, integriert in das Demonstrator-Werkzeug ist sie jedoch jederzeit wieder aufrufbar und bei iterativen Prozessen schnell erneut bewertbar. Eine exemplarische Anwendung ist in Abbildung 5-10 gezeigt. Mit dieser Funktion können die *Anforderungen R07* und *R08* erfüllt werden.

Element	Type	Verbrennun Priority	Diesel-Sa (DS) Value	Diesel-Saugmotor (DS) Satisfaction Rate	Diesel-Tu (DT) Value	Diesel-Turbomotor (DT) Satisfaction Rate	Otto-Sau (OS) Value	Otto-Saugmotor (OS) Satisfaction Rate
Verbrennungsmotor				79.93		85.21		71.74
Required Functions								
Aggregatanordnung beachten				100.0		100.0		50.0
Performance								
Einbaurichtung [1..1]	String		Längs	100	Längs	100	Längs	100
Einbauposition [1..1]	String		Front	100	Front	100	Back	0
#01-Gutes Betriebsverhalten				48.46		52.31		48.46
Performance								
Drehmomentverlauf [1..1]	Integer	9	4	40.0	4	40.0	4	40.0
Anfahrverhalten [1..1]	Integer	9	2	20.0	4	40.0	2	20.0
Regelverhalten und Startwilligkeit [1..1]	Integer	8	9	90.0	8	80.0	9	90.0
#03-Umweltbeeinflussung				53.91		53.91		69.57

Abbildung 5-10: Auszug einer Konzeptbewertung im Demonstrator-Werkzeug

Adaptiver Modulbaustein AF02: Anforderungskonflikte

Anforderungskonflikte können insbesondere dort auftreten, wo viele externe Vorgaben gemacht werden, die den Lösungsraum einschränken. Komponentenhersteller haben oft genaue Vorgaben hinsichtlich des Bauraums, den ihr Produkt in einem Gesamtsystem einnehmen darf. Aber auch abstrakte Anforderungen wie Qualität und Kosten können sich schnell widersprechen, wenn jeweils abgeleitete Anforderungen nicht gleichzeitig realisierbar sind. Ist sich ein Unternehmen dieser Problematik bewusst und will es die Konflikte auflösen, so kann es ein Lösungsschritt sein, im Rahmen eines geführten Prozesses Anforderungskonflikte zu identifizieren. Als nächstes sollte dann ein spezieller Beziehungstyp, *„conflicts with"*, erstellt werden und die identifizierten Anforderungen könnten so miteinander verbunden werden. Ähnliches lässt sich auch für andere Systemelemente durchführen. Zuletzt muss für jeden Konflikt entschieden werden, ob eine Priorisierung der Systemelemente erfolgen soll, ob Systemelemente ausgetauscht werden müssen oder ob Kompromisslösungen gefunden werden können. Es empfiehlt sich, das Ermitteln von Anforderungskonflikten explizit in den Prozessbeschreibungen auch zu erwähnen und Mitarbeiter dahingehend auch zu schulen. Ist dies geschehen und auch technisch umsetzbar, so ist *Anforderung R09* erfüllt.

Adaptiver Modulbaustein AF03: Nutzung eines technischen Glossars

Das technische Glossar ist zunächst eine Tabelle mit technischen Bezeichnungen, die im Rahmen eines Projekts verwendet werden, sowie ihrer dazugehörigen Kurzbeschreibungen. Gegebenenfalls wird es noch durch ein entsprechendes Wort in einer anderen Sprache ergänzt, insbesondere für Kunden aus dem Ausland oder in internationalen Projektteams. Ein solches Glossar sollte in einem AMSW ebenfalls erzeugt werden können, im Demonstrator-Werkzeug geschieht dies durch die Daten-Bibliotheken. Idealerweise kann das Glossar auch aus einer bereits existierenden Datei eingelesen werden. Dies wurde im Fall des Demonstrator-Werkzeug zwar nicht umgesetzt, technisch ist es jedoch gut möglich. Werden nun Anforderungen aufgenommen, so kann jedes Wort daraufhin überprüft werden, ob es bereits im Glossar vorhanden ist, wobei dies nur bei Substantiven und Substantiven mit Adjektiven sinnvoll erscheint. Ist ein Wort nicht vorhanden, wird der Anwender durch das AMSW gefragt, ob er das neue Wort im Glossar anlegen möchte oder ob er ein anderes

Wort im Glossar suchen möchte, welches er vielleicht meinte. Mit dieser Funktion werden die *Anforderungen R10* und *R21* erfüllt, sowie *R20* hinsichtlich des Glossars.

Adaptiver Modulbaustein AF04: Verhaltensdarstellung

Viele Produkte können heute eine Vielzahl von Funktionen ausführen, teils sogar autonom. Das Vorausdenken und die Beschreibung dieser Funktionen bei der Produktentwicklung sind daher für solche Produkte von großer Bedeutung und machen standardisierte Visualisierungsmethoden notwendig. Aus diesem Grund wurden Anwendungsfalldiagramme und Zustandsdiagramme in SysML spezifiziert, die Verhaltensweisen möglichst gut grafisch wiedergeben sollen, ohne dabei jedoch die Modellierungsebene zu verlassen. Das Demonstrator-Werkzeug, ebenso wie eine Reihe von modellbasierten AMSW, verfügt über die Möglichkeit der Generierung solcher Diagramme, in denen die ausgewählten Datensätze visualisiert und in Kontext gebracht werden können (siehe Abbildung 5-11). Mit dieser Funktion kann die *Anforderung R15* erfüllt werden.

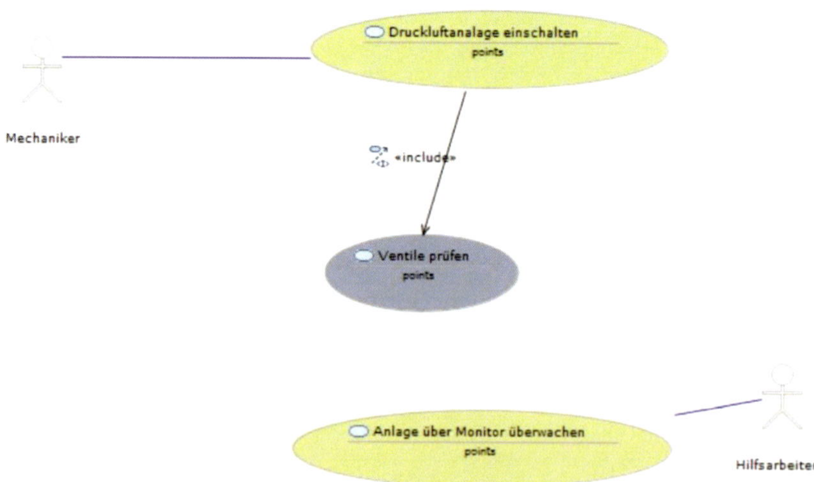

Abbildung 5-11: Beispiel für ein Anwendungsfall-Diagramm im Demonstrator-Werkzeug

Adaptiver Modulbaustein AF05: Rollenspezifische Filter

Für komplexe Produkte und große Entwicklungsteams in Projekten, die über einen sehr langen Zeitraum gehen, ist es unter Umständen sinnvoll, dass die Projektbeteiligten sich ihre je eigenen Ansichten auf die Daten konfigurieren, um direkt gewünschte Inhalte präsentiert und weniger Relevantes ausgeblendet zu bekommen. Diese Funktion stellt einen Konfigurationsaufwand dar, ist aber durch das *Entitätsmodell EM* sowie mittels der Filterfunktionen aus der *Funktionalität F02* einfach realisierbar. Mit ihr wird die *Anforderung R16* erfüllt.

Adaptiver Modulbaustein AF06: Kommentarfunktionen

In Projekten mit hohen Überschneidungen der Arbeitspakete der einzelnen Projektbeteiligten und in Teams, die auf eine gemeinsame Erarbeitung von Lösungen Wert legen, ist eine schriftliche Kommentierung von Lösungskonzepten und Anforderungen sehr nützlich. Dies gilt insbesondere dann, wenn die Mitarbeiter sich nicht immer in Person treffen können. Im Demonstrator-Werkzeug ist dies durch ein Kommentar-Attribut realisiert, in welches beliebig viele Zeilen eines formatierten Textes sowie Bilder und Tabellen eingefügt werden können. Dank der eindeutigen Zuordnung von Änderungen ist auch stets nachvollziehbar, wer welchen Kommentarteil ergänzt hat. Hiermit ist die *Anforderung R19* erfüllt.

Adaptiver Modulbaustein AF07: Automatisches Einlesen

Die *Anforderung R20* zum automatischen Einlesen von Daten ist im Demonstrator-Werkzeug nur insoweit erfüllt, dass ReqIF-Daten eingelesen werden können. Diese Funktion ist kritisch zu analysieren, da neue Daten jeweils hinsichtlich zu ergänzender Attribute und Beziehungen untersucht werden müssen. Dennoch ist die Funktion insbesondere dann sinnvoll und hilfreich, wenn Kunden ihre eigenen Anforderungen so spezifiziert haben oder wenn Anforderungen aus alten Projekten in die Datenbibliothek eingelesen werden sollen.

5.4 Adaptives Modul erweitertes Prozessmanagement

Analog zum Modul erweitertes Anforderungsmanagement sind im Folgenden einige optionale Funktionen beschrieben, die allerdings ihren Fokus mehr auf die Festlegung und Durchführung von Prozessen richten als auf die entsprechende notwendige technische Unterstützung durch das AMSW.

Adaptiver Modulbaustein AP01: Anforderungsfreigabeprozess

In großen standardisierten Organisationen ist es üblich, dass Anforderungseingabe und Anforderungsänderung nur durch speziell dazu beauftragte Mitarbeiter erfolgen. Hierfür muss zunächst definiert sein, wie die Mitarbeiter im Prozess identifiziert werden, wobei dies idealerweise direkt im Rollenkonzept im *Prozess OP02* (Kapitel 5.2.2) festgelegt wurde. Zusätzlich dazu muss der Attributstyp „Freigabestatus“ entsprechend der Vorgaben des Unternehmens angelegt werden. Eine sinnvolle Funktion in diesem Zusammenhang ist die automatisierte Benachrichtigung per E-Mail, wenn jemand eine Freigabe durchzuführen hat, sowie die Benachrichtigung des Verantwortlichen, wenn seine Anforderung freigegeben wurde. Letzteres bieten eine Reihe von kommerziellen AMSW an. Mit dieser Funktion sind die *Anforderungen R25* und *R26* umgesetzt.

Adaptiver Modulbaustein AP02: Testmanagementprozess

Analog zum Freigabeprozess gibt es in testintensiven Branchen den großen Bedarf, Anforderungen nach der Erfüllung durch Lösungskonzepte auch dahingehend zu steuern, inwiefern sie testbar oder auch bereits getestet worden sind. Hier ist zunächst zu definieren, ob Testfälle im AMSW definiert werden sollen oder ob dafür ein eigenständiges Softwareprodukt verwendet wird. In letzterem Fall sollte bereits im *Prozess OP03* untersucht worden sein, ob man Daten über Schnittstellen abgleichen will oder ob dies manuell zu geschehen hat. Danach kann in Analogie zur *Funktionalität F04* festgelegt werden, wie die Auswertung von Testerfüllungsgraden zu erfolgen hat, was technisch durch die Attribute gut umsetzbar ist. Somit kann *Anforderung R28* hiermit erfüllt werden.

Adaptiver Modulbaustein AP03: Prozesszustände

Die *adaptive Funktionalität AP03* kann als eine Spezialisierung des übergeordneten *Prozesses OP01* zur Definition des AM-Prozesses angesehen werden. Streng genommen wird in *OP01* bereits definiert, welche Ergebnisse aus dem AM-Prozess in die Unternehmensprozesslandschaft mit aufgenommen werden sollen. Dennoch wird dies gerade in der Initialphase üblicherweise nicht bereits in dem Detailgrad gemacht, der mit diesem Prozess erreicht werden kann. Jetzt wird für jeden Prozessmeilenstein und Prozessschritt detailliert festgelegt, ob bestimmte Kennzahlen (bspw. Anforderungserfüllungsstatus in Prozent) zu bestimmten Zeitpunkten ein bestimmtes Niveau erreicht haben müssen, um beispielsweise einen Sonderprozess auszulösen, etwa ein außerplanmäßiges Sondertreffen mit definierten Mitgliedern der Geschäftsführung. Ebenfalls kann es sein, dass der Projektmanager sequenzielle Prozesse über Kennzahlen oder Arbeitsergebnisse aus dem AM-Prozess steuert. Die Festlegung dieser Prozesse soll mit der hier vorgestellten, stark individuellen *Funktionalität AP03* implementierbar sein und dient der Erfüllung von *Anforderung R33*.

Adaptiver Modulbaustein AP04: Lebenszyklusprozess

Entsprechend der *adaptiven Funktionalität AP03* ist die *adaptive Funktionalität AP04* letztlich eine Spezialisierung des übergeordneten *Prozesses OP01* zur Definition des AM-Prozesses mit Fokus auf dem Anforderungsmanagement in den späteren Phasen des Produktlebenszyklus', etwa der Produktion, der Nutzung oder des Produkt-Lebensendes. Dies kann beispielsweise die Informationsweitergabe und -verarbeitung von Felddaten betreffen oder aber die Verarbeitung von Anforderungen an die Produktion, die möglicherweise nicht mit dem AM-Prozess und dem AMSW vertraut ist. Werden diese Prozesse soweit notwendig definiert, ist *Anforderung R35* erfüllt.

Adaptiver Modulbaustein AP05: Erweitertes Nutzerrechtemanagement

Die letzte adaptive Funktionalität betrifft das Nutzerrechtemanagement und greift eine AMSW-Funktionalität auf, die bereits im Rahmen des Projektmanagements für externe Partner in der *Funktionalität F04* beschrieben wurde. Sie überschneidet sich inhaltlich in hohem Maß mit der *adaptiven Funktionalität AP01* zum Anforderungsfreigabeprozess. Denn für die genaue Steuerung von Freigaben ist es nötig, auch sehr dediziert rollenspezifische Nutzerrechte vergeben zu können. Hiermit wird erreicht, dass bei großen Organisationen mit vielen Projekten und hohen Nutzerzahlen tatsächlich der gesamte administrative Prozess des Nutzermanagements von einer übergeordneten Stelle aus definiert und überwacht werden muss, da er ansonsten durchaus durch mehrere Mitarbeiter gesteuert und bearbeitet werden kann und wird. Denn die Sensibilität der Daten und die gleichzeitig hohe geforderte Verfügbarkeit der Daten erfordert den zielgenauen Einsatz des Rechtemanagements. Ist dies nötig und im Rahmen des AM-Prozesses auch erfolgt, so sind die *Anforderungen R38* und *R39* erfüllt.

5.5 Zwischenfazit und Verifizierung des Modells

Das vorgestellte Konzept ist mit seinen adaptiven Gestaltungselementen, insbesondere aber auch durch das hohe Maß an Konfigurierbarkeit von Prozessen und Werkzeugen, in der Lage, alle in Kapitel 3 formulierten Anforderungen zu erfüllen (siehe Tabelle 5-1). Des Weiteren wird aus Tabelle 5 1 ersichtlich, dass alle Must-Have-Anforderungen aus Kapitel 3 auch bereits durch Modellbereiche aus dem Kernsystem erfüllt werden. Aus Gründen der besseren Lesbarkeit sind hier nur die Abkürzungen für die Anforderungen und die Systembausteine verwendet, für einen detaillierten Überblick findet sich eine ausführliche Tabelle in Anhang A.4.

Tabelle 5-1: Erfüllungsanalyse der Anforderungen durch das adaptive Anforderungsmanagement-Modell

ID	Must-Have?	Modellbereich	Erfüllt durch
R01	Ja	Werkzeug + Prozess	EM, F01 (Werkzeug) PP01 (Prozess)
R02	Ja	Werkzeug + Prozess	EM, F01 (Werkzeug) PP01 (Prozess)
R03	Ja	Werkzeug	F04
R04	Ja	Werkzeug + Prozess	EM, F02 (Werkzeug) PP04 (Prozess)
R05	Ja	Werkzeug	EM, F01
R06	Ja	Werkzeug	EM, F01
R07	Nein	Erweitertes AM	EM, AF01
R08	Nein	Erweitertes AM	EM, AF01
R09	Nein	Erweitertes AM	AF02
R10	Nein	Erweitertes AM	F01, AF03
R11	Ja	Werkzeug	F01
R12	Ja	Werkzeug	F01
R13	Ja	Prozess	PP02, PP03
R14	Ja	Werkzeug + Prozess	F01 (Werkzeug) PP01 (Prozess)
R15	Nein	Erweitertes AM	AF04
R16	Nein	Erweitertes AM	AF05
R17	Ja	Werkzeug	F02
R18	Ja	Werkzeug + Prozess	EM, F01 (Werkzeug) OP02, PP01 (Prozess)
R19	Nein	Erweitertes AM	AF06
R20	Nein	Erweitertes AM	AF03, AF07
R21	Nein	Erweitertes AM	AF03

R22	Ja	Werkzeug	EM, F01
R23	Ja	Werkzeug	EM, F01
R24	Ja	Werkzeug	EM, F01
R25	Nein	Erweitertes Prozessmanagement	EM, AP01
R26	Nein	Erweitertes Prozessmanagement	OP02, AP01
R27	Ja	Werkzeug + Prozess	EM, F03 (Werkzeug) PP04 (Prozess)
R28	Nein	Erweitertes Prozessmanagement	EM, AP02
R29	Ja	Werkzeug + Prozess	F03 (Werkzeug) PP04 (Prozess)
R30	Ja	Prozess	PP02, PP03
R31	Ja	Werkzeug + Prozess	EM, F03 (Werkzeug) PP04 (Prozess)
R32	Nein	Werkzeug + Prozess	PP04 (Prozess)
R33	Nein	Erweitertes Prozessmanagement	AP03
R34	Ja	Werkzeug + Prozess	EM, F01 (Werkzeug) PP01 (Prozess)
R35	Nein	Erweitertes Prozessmanagement	AP04
R36	Ja	Werkzeug + Prozess	F04
R37	Ja	Werkzeug	RM
R38	Nein	Erweitertes Prozessmanagement	AP05
R39	Nein	Erweitertes Prozessmanagement	AP05
R40	Ja	Werkzeug	OP03
R41	Ja	Werkzeug	F02
R42	Ja	Werkzeug	F04
R43	Ja	Werkzeug	OP03
R44	Ja	Werkzeug	OP03
R45	Ja	Werkzeug	OP03
R46	Ja	Werkzeug	OP03
R47	Ja	Gesamtmodell	Gesamtkonzept
R48	Ja	Werkzeug + Prozess	F04 (Werkzeug) OP01 (Prozess)
R49	Ja	Gesamtmodell	Gesamtkonzept
R50	Ja	Werkzeug + Prozess	F04 (Werkzeug) OP01 (Prozess)
R51	Ja	Werkzeug + Prozess	F04 (Werkzeug) OP01 (Prozess)
R52	Ja	Werkzeug + Prozess	OP03
R53	Ja	Werkzeug + Prozess	F04 (Werkzeug) OP01 (Prozess)
R54	Ja	Werkzeug	OP03
R55	Ja	Gesamtmodell	Offen, Validierung in Kapitel 6

Es bleibt nun gemäß der Erfüllung von *Anforderung R55* zu überprüfen, ob das adaptive Konzept in der Realität umsetzbar ist und welche Beobachtungen in der Praxis gemacht werden können, insbesondere hinsichtlich der Veränderung von Effizienz und Zuverlässigkeit. Dazu werden im folgenden Kapitel drei Anwendungsfälle beschrieben und analysiert.

6 Validierung des entwickelten Modells

Entsprechend des in Kapitel 1.2.3 skizzierten Forschungsprozesses wird im Anschluss an die Vorstellung des Modells seine Erprobung im Anwendungszusammenhang vorgenommen und analysiert.

Mit Blick auf die modulare Gestaltung des Modells bieten sich zwei unterschiedliche Validierungsstrategien an, die hier kurz diskutiert werden sollen. Zum einen besteht die Möglichkeit, jeden Modulbaustein einzeln in einer Anwendung zu betrachten. Zum anderen können mehrere Gesamtlösungen betrachtet werden, die jeweils unterschiedliche Bestandteile der Modulbausteine nutzen. Beide Vorgehensweisen haben Vor- und Nachteile: Während bei ersterem Vorgehen zwar das gesamte Modell untersucht wird, fehlt doch die Analyse des Gesamtzusammenhangs der Anwendung. Kritischer noch ist die Tatsache, dass Wechselwirkungen zwischen Moduleausprägungen nicht analysiert werden können. Im zweiten Fall hingegen wird zwar der Gesamtzusammenhang überprüft, allerdings werden aufgrund der Menge an Modulbausteinen und Ausprägungen notwendigerweise einige Modulkombinationen nicht überprüft. Dennoch besteht der Vorteil dieser Vorgehensweise darin, dass, abgesehen von dem hergestellten Gesamtzusammenhang und den somit validen Messwerten für die untersuchten Einzelanwendungen, bereits mit wenigen Beispielanwendungen ein hohes Maß an inhaltlicher Tiefe erzeugt werden kann, da die Einzelbeispiele genau und mehrfach analysiert werden. Im ersten Fall ist mit einer Vielzahl kleinerer Validierungsanwendungen die Gefahr deutlich größer anzusehen, dass wesentliche Charakteristika übersehen werden, weil durch die fehlende Analyse des Gesamtzusammenhangs Risiken und Wechselwirkungen übersehen werden.

Aufgrund dieser Überlegungen wird für diese Arbeit die Vorgehensweise gewählt, einige ausgewählte Beispiele exemplarisch eingehend zu betrachten und eine hypothetische Komplettnutzung der für die Anwendungen jeweils bevorzugten Modellvariante zu simulieren. Simulieren bedeutet in diesem Fall, dass die Anwendung eines adaptiven AMS anhand konkreter Projekte innerhalb des konkreten Unternehmensbereichs theoretisch durchdacht und analysiert und die Bewertung der Messgrößen durch den oder die internen Experten erfolgen wird.

6.1 Konzeption der Validierung

Für die beschriebene Validierungsstrategie werden zunächst die Rahmenbedingungen beschrieben, unter denen in den beschriebenen Fallbeispielen Entwicklungsprojekte durchgeführt werden. Die Sammlung komplexitätstreibender Faktoren kann dabei nur unvollständig sein, da einige konkrete Faktoren in der Praxis erst über die mehrfache reale Anwendung identifiziert werden können. Aufgrund des Erfahrungsgrads der befragten Experten, insbesondere im Bereich des Anforderungsmanagements, kann aber vorausgesetzt werden, dass ein hoher Anteil der existierenden kritischen Einflussgrößen identifiziert und im Unternehmenskontext korrekt beurteilt wurde.

6.1.1 Systematik zur Selbstbewertung

Anhand der Selbsteinschätzung des Unternehmens und des Produktsystems wurden die befragten Experten gebeten, jeweils optimale Ausprägungen der adaptiven Systemmodule des AMS auszuwählen. Ebenso wurden sie gebeten, den Einsatz dieser Module kritisch zu hinterfragen, insbesondere hinsichtlich des Nutzen-Aufwand-Verhältnisses sowie in Bezug auf besondere Risikofaktoren, beispielsweise hinsichtlich der Nutzerakzeptanz sowie benötigter Schnittstellen. Parallel dazu wurde eine Anwendung des Systems theoretisch simuliert, wobei anzumerken ist, dass die Befragten bereits zuvor praktische Erfahrung mit dem Demonstrator-Werkzeug gesammelt hatten. Abschließend wurden die Befragten gebeten, anhand der Simulationsergebnisse, des eigenen Wissens über die Komplexitätsfaktoren und mittels eigener Einschätzungen die Parameter „*Verschwendung durch unnötige Iterationen* σ_{It}“, „*Verschwendung durch unnötige Kosten* σ_{C}“, „*Verschwendung durch Informationsdefizite* σ_{In}“ sowie die „*Zuverlässigkeit von Entwicklungsprojekten* Z_{PD}“ aus Kapitel 4.1 abzuschätzen. Um den Effekt von Prozessstabilisierungen zu berücksichtigen, wurden die Parameter jeweils einmal für ein Initialprojekt und ein weiteres Mal für den „eingeschwungenen Zustand“ der Werkzeug- und Modellnutzung nach mehreren abgeschlossenen Projekten abgeschätzt. Der dazu entwickelte Fragebogen findet sich im Anhang A.6.

6.1.2 Technische Umsetzung des Werkzeugmodells mittels Requino

Das verwendete Demonstrator-Werkzeug *Requino* wurde im Rahmen eines Forschungsprojekts in Zusammenarbeit mit zwei weiteren Instituten und unter Mitarbeit des Autors entwickelt. Es handelt sich um ein modellbasiertes AMSW, dass sowohl als web- als auch als desktopbasierte Applikation entwickelt wurde. Erstere lässt sich in aktuellen Browsern öffnen und bedienen. Hintergründe dafür sind die hohe betriebssystem-unabhängige Interoperabilität des Tools und eine ressourcenoptimale Einsatzmöglichkeit. Dem Tool liegen die Entwicklungsumgebung Eclipse sowie mehrere Entwicklungsapplikationen zugrunde, die wichtigsten davon sind Eclipse RAP, Eclipse RCP, Eclipse EMF, Eclipse GMF, Apache Subversion™ SVN und ModelBus®.

Das Metamodell der Daten basiert auf UML und SysML beziehungsweise auf kontextspezifischen Anpassungen dieser Modellierungssprachen. Dadurch bedingt werden die erstellten Anforderungen, Funktionen und Systemelemente nicht in einer relationalen Datenbank gespeichert, sondern sind modellbasiert in das Gesamtmodell eingebunden. Anforderungen, Funktionen und Systemelemente können in mehreren Ansichten wie Strukturbäumen, Listen und Diagrammen dargestellt werden. Dennoch ist ein Round-Trip-Engineering gewährleistet, das heißt, Daten können in jeder Ansicht geändert werden und werden dann auch in alle anderen existierenden Ansichten automatisch aktualisiert. Ein Export im ReqIF-Format sowie das Kopieren und Einfügen von gefilterten Tabellen-Ansichten per Drag & Drop in Tabellenkalkulationsprogramme ermöglichen einen schnellen Datenexport. ReqIF-Dateien und andere Datenformate für Tabellen können auch importiert werden.

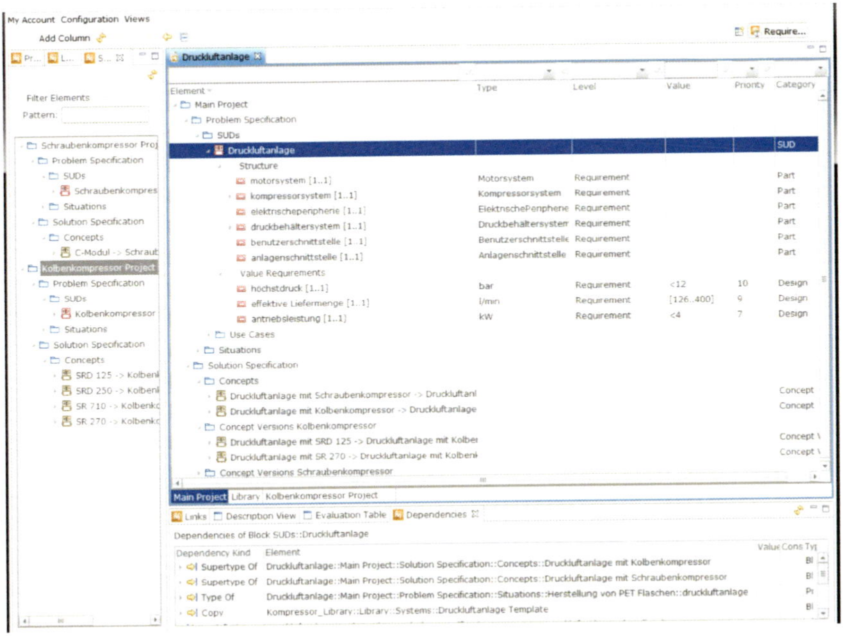

Abbildung 6-1: Standardansicht des Demonstrator-Werkzeugs Requino auf ein geöffnetes Projekt

6.2 Aufbau der Fallbeispiele

Für die Fallbeispiele wurde dem Autor im Rahmen mehrerer Forschungsprojekte ein detaillierter Einblick in die Produkte und Entwicklungsprozesse mehrerer Unternehmen gewährt, unterstützt von wesentlichen Wissensträgern des Unternehmens für den Bereich der Produktentwicklung. Die Unternehmen testeten unterschiedliche Arbeitsversionen der Bausteine des Modells zu verschiedenen Zeitpunkten der Erarbeitung. Sie waren damit über den beschriebenen Anwendungsfall hinaus an der iterativen Entwicklung des Modells im Sinne des Forschungsprozesses nach ULRICH beteiligt (vgl. Kapitel 1.2.3). Zwei Unternehmen, die im engen Austausch mit dem Autor standen, stellten Fallbeispiele für die Validierung des entwickelten Modells zur Verfügung.

Die Darstellung der Fallbeispiele beginnt jeweils mit einer kurzen Verortung des Unternehmens und seiner aktuellen Produkte. Dabei werden zunächst Produkte und Eigenschaften der Produktentwicklung beschrieben. Auch wird eine kurze Analyse der vorhandenen Entwicklungsprozesse, Daten- und Softwaresysteme vorgenommen. Im Anschluss werden anhand einer Beispiel-Produktentwicklung die Nutzung des AMS und die damit verbundene Auswahl der Modulbausteine beschrieben. Abschließend wird die Simulation analysiert und die Ausprägung der Messgrößen begründet.

6.3 Fallbeispiel 1: Befestigungssystem GmbH

Die Befestigungssystem GmbH ist ein deutscher Hersteller von Befestigungssystemen für den industriellen Bedarf. Das Unternehmen ist mit über 200 Mitarbeitern und als Teil einer inhabergeführten Holding mit insgesamt über 2.000 Mitarbeitern ein typisches mittelständisches Unternehmen mit internationaler Ausrichtung.

6.3.1 Analyse der Einflussfaktoren in der Produktentwicklung der Befestigungssystem GmbH

Neben kundenspezifischen Produkten hat das Unternehmen eine Reihe von Produkten, die aufgrund der Absatzmengen Seriencharakter haben, die in mehreren Varianten entwickelt und in entsprechend hohen Stückzahlen gefertigt werden.

Entwicklungsprozess

Entsprechend des Seriencharakters sind die Entwicklungsprozesse strukturiert und standardisiert. Basierend auf Marktanalysen und aus Tätigkeiten der Vorausentwicklung werden neue Produktideen für Entwicklungsprojekte vorgeschlagen, in einer ersten Sondierung werden Zielkosten, Marktvolumen, Kundensegmente, Produktvarianten und technische Herausforderungen herausgestellt und dokumentiert. Im Falle einer positiven Projektentscheidung wird ein Projektauftrag erstellt und das Entwicklungsbudget und die Ressourcen werden genehmigt. Die Projekte werden in kleinen, zentralen Teams in enger Zusammenarbeit bearbeitet. In dem seriellen Entwicklungsprozess, der Iterationen ermöglicht, wird in den fünf Phasen Planung, Entwurf, Baumuster, Vorserie und Nullserie mit Meilensteinen der Projektverlauf überwacht und gesteuert. Die Projektkosten werden detailliert anhand des Personalaufwandes sowie der Investitionskosten ermittelt und über den gesamten Projektverlauf hinweg überwacht, gleiches gilt für die Herstellungskosten des Produkts.

Daten und Informationen

Am Ende der Planungsphase werden die Ergebnisse aus Marktanalysen und technischen Voruntersuchungen in einem Pflichtenheft zusammengefasst, welches auf Basis einer Standard-Vorlage in einem kommerziellen Textverarbeitungsprogramm verfasst wird. Seitens der Kunden findet in den meisten Projekten keine direkte Einflussnahme auf die Anforderungen und technische Konzepte statt. Die Projektteams sind in der Regel klein und nachgelagerte Prozessbeteiligte wie Werkzeugbau, Produktion und Qualität werden früh, aber nicht von Beginn an, in den Entwicklungsprozess mit einbezogen. In der Entwurfsphase wird unter Berücksichtigung der Komplexität und Neuheit eine Produkt-FMEA durchgeführt, häufig auch eine Prozess-FMEA in der Baumusterphase sowie in nachgelagerten Phasen. Zur Entwicklung werden Produktmodelle in CAD-Softwareprogrammen erzeugt, die auch in nachgelagerten Finite-Elemente-Methode (FEM)- und Computational Fluid Dynamics (CFD)-Simulationen genutzt werden. Der Einsatz der Simulationswerkzeuge ist nicht standardisiert und wird bei Bedarf eingeplant. Projektbezogene Daten werden in Projektordnern abgelegt, die einen standardisierten Aufbau haben. Die Nutzung eines ERP- oder PLM-Systems ist in den Entwicklungsprojekten nicht vorgesehen.

Produkt und Produkteigenschaften

Ein typisches Produkt der Befestigungssystem GmbH besteht aus etwa 30 Einzelkomponenten, die Komplexität in der Produktentwicklung liegt somit weniger in einer hohen Komponentenzahl oder komplexen Verhaltensweisen des Produkts, sondern im Sicherstellen der technischen Funktionalität unter physikalischen Extrembedingungen, in der Konformität zu Standards und im Finden einer innovativen Lösungsvariante unter Berücksichtigung von Patentrechten der Konkurrenz. Besonders hohe Wiederbeschaffungszeiten für Komponenten und die Konfiguration der Montagelinien machen eine lange Durchlaufzeit in der Vorserien- und Nullserienproduktion nötig, weswegen Entwicklungsprojekte in der Regel zwischen 50 und 100 Wochen dauern.

Projektübergreifende Faktoren

Übergeordnet werden durch jeden Mitarbeiter mehrere Projekte parallel bearbeitet, wodurch ein hoher koordinativer Aufwand zu leisten ist. „Lessons Learned" aus Projekten werden abteilungsintern durch Regelmeetings ausgetauscht, eine Wissens- oder „Lessons Learned"-Datenbank existiert jedoch nicht.

6.3.2 Beschreibung der Umsetzungssimulation bei der Befestigungssystem GmbH

In der Beispielanwendung wird eine Befestigungssystem nach einem neuen Industriestandard entwickelt. Das Projekt war zu Beginn mit einer Laufzeit von 5 Monaten angesetzt, Budget, Zielkosten und Absatzmenge wurden vorher festgelegt bzw. abgeschätzt. Das Projektteam bestand aus neun Mitarbeitern, die lokal am gleichen Standort zusammenarbeiten, allerdings für unterschiedliche Bereiche Expertise besitzen und zu unterschiedlichen Phasen des Entwicklungsprojekts benötigt wurden. Zu einem bestimmten Zeitpunkt des Projekts wurde eine externe Firma mit der Durchführung eines Durchflusstests beauftragt.

Konfiguration der Kernmodule

Das Festlegen von Verantwortlichkeiten und Rollen gemäß *Modulbaustein OP02* wird durch Definition von vier Rollen erledigt: Projektmanager, Entwicklungsleiter, Entwickler und Projektmitarbeiter. Gemäß des nach *Modulbaustein OP01* definierten AM-Prozesses verfügen alle Rollen über vollständige Leserechte, neue Anforderungen können hingegen nur durch die Rollen „Projektmanager" und „Entwicklungsleiter" erstellt werden. Die Änderung von Anforderungen ist nur durch die Rolle „Entwicklungsleiter" möglich. Die Rollen „Projektmanager" und „Entwicklungsleiter" können den Status der Anforderungen verändern. Als Status werden „erhoben", „analysiert", „akzeptiert", „abgelehnt", „validiert" und „getestet" festgelegt. Nach dem Design Freeze können Anforderungen nur noch über ein „Engineering Change Request"-Formular geändert werden, welches vom Entwicklungsleiter und vom Projektmanager gemeinsam ausgefüllt wird und einer Freigabe der Geschäftsführung bedarf (*Modulbaustein PP03*). Aufgrund der geringen Anzahl von Einzelteilen und der eindeutigen Zuordnungen zwischen Anforderungen und Systemelementen ist es effizienter, nur Anforderungen und Lösungskonzepte (also keine Lösungskomponenten oder Produktfunktionen) im AMSW zu definieren und miteinander zu verknüpfen. Allerdings ist erwünscht, den Anforderungen jeweils Risiken als getrennte Systemelemente zuzuordnen und diese ebenfalls zu bewerten und über einen Status zu verfolgen. Bezüglich der Festlegung eines AMSW und seiner Schnittstellen (*Modulbaustein OP03*) wird zunächst mit dem beschriebenen Demonstrator-Werkzeug gearbeitet. Für die Aufnahme und Verfeinerung von Anforderungen und Systemelementen (*Modulbausteine PP01 und F01*) wird definiert, dass dies direkt im Demonstrator-Werkzeug geschehen soll, alle erforderlichen und bekannten Attribute (beispielsweise einer Rationale) sowie Links zu externen Datenquellen sollen eingegeben werden. Der Prozess der Lastenhefterstellung wird dazu entsprechend umgeschrieben und ergänzt. Anforderungsschablonen sollen eingesetzt werden, zunächst nur nach dem Standardprinzip der Satzbauanalyse und der Überprüfung eines technischen Glossars (*Modulbaustein AF03*).

Zur Überprüfung der Anforderungs- und Systemqualität (*Modulbaustein PP02*) wird festgelegt, dass der Entwicklungsleiter zu den intern vorgegebenen Meilensteinen jeweils eine Überprüfung der Anforderungsqualität in Bezug auf Vollständigkeit und Erfüllungsstatus vornehmen soll. Mit der Änderungshistorie und den automatisch geloggten Änderungsurhebern ist für ein ausreichendes Maß an Rückverfolgbarkeit gesorgt. Zur Anforderungsverwaltung (*Modulbaustein F02*) wird ergänzend festgelegt, Anforderungshierarchien in Blockdiagrammen darzustellen, sofern dies der Verständlichkeit und Übersicht dient. Hinsichtlich der Analyse von Anforderungen und des Systems (*Modulbausteine PP04 und F03*) wird zunächst festgelegt, dass Change-Impact-Analysen durch einfaches Darstellen von Systemelementen mit einer direkten Beziehung zum geänderten Systemelement visualisiert werden sollen. Die Analyse erfolgt durch den Entwicklungsleiter, der diese Analysen bei Bedarf als Aufgabe in einem anderen Aufgabenmanagement-Softwareprodukt plant und manuell anlegt. Auch die oben erwähnten Status-Änderungen von Anforderungen sollen durch die Projektbeteiligten im Aufgabenmanagement-Softwareprodukt bei den Rolleninhabern „Entwicklungsleiter“ bzw. „Projektmanager“ angefordert werden. Eine automatische Übergabe dieser „Status-Änderungs-Anforderungen“ zwischen dem Aufgabenmanagement-Softwareprodukt und einem eingesetzten AMSW ist sinnvoll, müsste aber hinsichtlich des Kosten-Nutzen-Verhältnisses bewertet werden (*Modulbaustein OP03*).

Ein Projektcockpit je laufendem Projekt ist für die Befestigungssystem GmbH von großem Nutzen, ein übergeordnetes „Cockpit aller laufenden Projekte“ nur optional. Die Wiederverwendbarkeit von Anforderungen ist aufgrund des Seriencharakters und der hohen Variantenzahl von großer Bedeutung. Auch Projektberichte sollen erzeugt werden können, die dem Format von anderen internen Projektberichten ähnlich sein sollen und daher konfiguriert werden müssen (fällt alles unter *Modulbaustein F04*).

Konfiguration der adaptiven Module

Der *Modulbaustein AF01* zur Konzeptbewertung ist sinnvoll, da Konzeptalternativen große Effekte hinsichtlich der Herstellkosten wie auch hinsichtlich der Prozesssicherheit haben können. Auch die Darstellung von Anforderungskonflikten (*Modulbaustein AF02*) durch Setzen einer entsprechenden Beziehung ist für das Unternehmen sinnvoll und soll eingesetzt werden, auch muss dazu ein geführter Prozess zur Analyse dieser Konflikte definiert werden. Hierbei ist zu definieren, welche Rollen Konfliktanalysen erstellen dürfen und wie mit der Analyse dieser Konflikte standardisiert verfahren werden soll. Kommentarfunktionen (*Modulbaustein AF06*) können aufgrund der Vielzahl an Iterationen hilfreich sein, um eine höhere Informationsdichte zu erlangen. Auch das automatische Einlesen von Anforderungen (*Modulbaustein AF07*) aus Lastenheften wird als sinnvoll angesehen. Die Module „Überprüfung eines technischen Glossars“ (*Modulbaustein AF03*) und „Anforderungsfreigabeprozesse“ (*Modulbaustein AP01*) wurden bereits bei den entsprechenden Kernfunktionen beschrieben und sollen ebenfalls eingesetzt werden. Für das Projektmanagement können die Möglichkeiten der erweiterten Prozesszustände (*Modulbaustein AP03*) genutzt werden, um automatisch Projekterfüllungsgrade anhand spezifischer Ist-Zustände der Freigabestatus zu ermitteln und beispielsweise im Projektcockpit darzustellen. Der Einsatz hängt hier stark von dem tatsächlichen Konfigurationsaufwand ab, der je nach AMSW dafür zu tätigen ist. Ein Testmanagementprozess (*Modulbaustein AP02*) ist gewünscht und muss definiert werden, um den funktionalen Anforderungen jeweils Testfälle zuordnen zu können und den Status der Tests in die Projekterfüllungsgrade und das Projektcockpit einzubinden.

Alle weiteren adaptiven Modulbausteine sind nach Kosten-Nutzen-Analyse durch die Befestigungssystem GmbH nicht ausgewählt worden, namentlich die Modulbausteine „Verhaltensdarstellung von Systemen“ (*Modulbaustein AF04*), „rollenspezifische Filteransichten“ (*Modulbaustein AF05*), ein Prozess für das „Anforderungsmanagement in späteren Phasen des Lebenszyklus“ (*Modulbaustein AP04*) und ein „erweitertes Nutzerrechtemanagement“ (*Modulbaustein AP05*).

6.3.3 Analyse und Bewertung der Beispielsimulation bei der Befestigungssystem GmbH

Die Befestigungssystem GmbH sieht aktuell großes Verbesserungspotenzial in der frühzeitigen Vermeidung von unnötigen Iterationen durch eine Etablierung der Analyse von anforderungsbezogenen Risiken und durch die anforderungsbasierte Fortschrittsanalyse. Im Projekt der Beispielsimulation mussten durch einen fehlenden frühzeitigen Vergleich von Konzepten mit entsprechender Risikoanalyse mehrere unnötige Iterationen durchgeführt werden. Ein relevanter Anteil der Arbeitszeit der Projektbeteiligten wird durch das Fehlen und nachträgliche Erstellen von Anforderungen und weiteren Informationen vermeidbar verschwendet. Ein zentraler Projekt- und Wissensspeicher in Form der Daten im Demonstrator-Werkzeug würde hier einen hohen Wirkungsgrad erzielen. Insbesondere bei Projekten mit höherem Innovationsgrad würde sich laut Expertenbefragung die Möglichkeiten zur systematischen

Analyse der Anforderungserfüllung und zur Auswirkungsanalyse später Änderungen durch die Change-Impact-Analyse deutlich positiv bemerkbar machen.

Tabelle 6-1: Bewertung der Anwendung bei der Befestigungssystem GmbH

Messwert	**Konservative Einschätzung**	**Optimistische Einschätzung**
Reduktion der Verschwendung durch unnötige Iterationen $\boldsymbol{\sigma_{It}}$ *[in %]*	-10%	-70%
Reduktion der Verschwendung durch unnötige Kosten $\boldsymbol{\sigma_{C}}$ *[in %]*	-20%	-30%
Reduktion der Verschwendung durch Informationsdefizite $\boldsymbol{\sigma_{In}}$ *[in %]*	-5%	-5%
Erhöhung des Effizienzgrades $\boldsymbol{E_{PD}}$ *[in %]*	**+12%**	**+35%**
Erhöhung der Zuverlässigkeit von Entwicklungsprojekten $\boldsymbol{Z_{PD}}$ *[in %]*	**+20%**	**+20%**

6.4 Fallbeispiel 2: Fertigungsmesstechnik GmbH

Die Fertigungsmesstechnik GmbH stellt hochpräzise messtechnische Systeme und Anlagen für die Inline-Messtechnik in teil- und vollautomatisierten Produktionsstraßen her. Dabei versteht sich das Unternehmen sowohl als System- und Komponentenlieferant als auch als Auftragsfertiger für komplexe Individuallösungen. Für die Systeme hat das Unternehmen mehrere modulare Plattformen im Angebot, in deren Arbeitsraum verschiedene Messsysteme und Vorrichtungen individuell angeordnet und konfiguriert werden können. Das Unternehmen ist mit einer Belegschaft von unter 100 Mitarbeitern an einem zentralen Standort ein kleines mittelständiges Unternehmen. Die internen Prozesse sind sehr stark auf den Entwicklungsprozess der Kunden ausgerichtet, da die Produkte überwiegend Bestandteil neuer Produktionsstraßen beim Kunden sind, welche wiederum zur Produktion von Neuprodukten des Kunden benötigt werden.

Neben der kundengerechten Produkterstellung ist eine der Kernleistungen die Prozessentwicklung auf Basis der erfassten Kundenprozesse, also die prozessindividuelle Konfiguration von Messsystemen, Vorrichtungen und Werkzeugen, um die Arbeitsschritte des Kunden mit den geforderten Prozess- und Qualitätsparametern prozesssicher durchführen zu können. Hierbei tritt das Unternehmen in organisatorischer Hinsicht nicht nur als Hersteller auf, sondern auch als Entwicklungsdienstleister, der den Kunden bei der optimalen Auslegung der Systeme unterstützt.

6.4.1 Analyse der Einflussfaktoren in der Produktentwicklung der Fertigungsmesstechnik GmbH

Im Folgenden seien wesentliche Merkmale des Unternehmens und seiner Produkte kurz vorgestellt, um Einflussfaktoren für die „ideale“ Modulwahl aus Sicht des Unternehmens herauszustellen.

Entwicklungsprozess

Da das Unternehmen über sehr kurze interne Abstimmungswege und einen geringen Grad von standardisierten Unternehmensprozessen verfügt, ist eine komplexe Prozessstrukturierung nicht notwendig. Dennoch sind am Entwicklungsprozess oft mehrere Mitarbeiter beteiligt und neue Mitarbeiter müssen angelernt werden, und nicht selten fordern die Kunden Einsicht in die formellen Prozesse und das Projektmanagement, weswegen standardisierte Prozesslandschaften und strukturierte Dateiablagesysteme vorhanden sind. Prinzipiell gibt es zwei grundsätzliche Entwicklungsprozesse: die Erneuerung und Erweiterung der Standardsystempalette und die Entwicklung kundenindividueller Lösungen. Für letzteres orientiert man sich oft stark an den Kundenprozessen.

Daten und Informationen

Grundlage für die Entwicklung sind meist Kundenanforderungen, die je nach Kunde und nach Grad der Neuheit über Prinzipskizzen und technische Anforderungen wie Bauraum und Gewichtsanforderungen in schriftlicher Form (E-Mail, elektronische Dokumente) vorliegen. Die Entwicklung der Produktmodelle erfolgt nach Festlegung von Prinziplösungen durch Erstellung von 3D-Zeichnungen mittels CAD-Software sowie über die Simulation von Bewegungsabläufen mittels Simulationssoftware. Für einige Produkte werden mit speziellen Simulationssoftwareprogrammen Berechnungen zur Führung von Laserstrahlen oder Flüssigkeiten durchgeführt, die meist direkt auf die Produktmodelle aus den CAD-Programmen zugreifen. Ist es notwendig, für die Produktentwicklung Anwendungssoftware selbst zu schreiben, so wird neben der dafür verwendeten Entwicklungsumgebung eine spezielle Software zur Versionsverwaltung angewandt. Der gesamte Entwicklungsprozess wird in klassischen Dateiablagesystemen dokumentiert. Da keine hochkonfigurierten Serienprodukte hergestellt werden, muss die Variantenvielfalt nicht durch eigene PLM-Systeme beherrscht werden.

Produkt und Produkteigenschaften

Die Produkte werden mit geringen Losgrößen auf Basis von Standardmodulen entwickelt und in fast allen Fällen kundenindividuell angepasst. Die Produkte sind im Umfeld verschiedenster teil- und vollautomatischer Produktionsstraßen hohen technischen Anforderungen ausgesetzt, deren Erfüllbarkeit oftmals zunächst erprobt und untersucht werden muss. Nicht selten bestehen die Produkte aus einigen hundert Einzelkomponenten, die zugekauft und zum Teil konfiguriert werden müssen. Für einige Systemkomponenten muss eingebettete Software verändert oder neu geschrieben werden. Der mögliche Erfüllungsgrad der ermittelten Anforderungen muss daher in einigen Fällen unter Vergleich mehrerer Konzepte evaluiert werden und erfordert nicht selten Tests mit Prototypen.

Projektübergreifende Faktoren

Die Mitarbeiter sind alle laufend in Entwicklungsprojekte eingebunden, haben einen hohen Ausbildungsgrad und sind sehr Software-affin. Durch die geringe Größe der Firma bedingt gehen wenig Informationen zwischen den Projektbeteiligten verloren. Allerdings ist auch die Anlernphase für neue Mitarbeiter recht lang, da Informationen und Lernmaterialien noch nicht standardisiert vorhanden sind.

6.4.2 Beschreibung der Umsetzungssimulation bei der Fertigungsmesstechnik GmbH

In der Beispielanwendung wird die Entwicklung eines neuen Dichtheitsmessgeräts betrachtet, wobei im Laufe des Projekts nach Aufnahme bekannter Kundenanforderungen vom Vertrieb etwa 100 Anforderungen abgeleitet wurden. Für die einzelnen Systembestandteile wiederum wurden in fünf der entworfenen Systemmodule alternative Lösungskonzepte ausgearbeitet, die miteinander verglichen werden mussten.

Konfiguration der Kernmodule

Das Festlegen von Verantwortlichkeiten und Rollen gemäß *Modulbaustein OP02* geschieht aufgrund der geringen Anzahl (im Fallbeispiel: vier Mitarbeiter) zentral arbeitender Projektmitarbeiter sowie aufgrund des fehlenden Bedarfs, externe Mitarbeiter einzubinden, durch Definition von lediglich zwei Rollen: Projektleiter und Projektmitarbeiter. Gemäß des AM-Prozesses nach *Modulbaustein OP01* verfügen die Projektmitarbeiter über vollständige Leserechte und nahezu vollständige Schreibrechte, lediglich den Status der Anforderungen kann ausschließlich der Projektleiter verändern. Als Status werden „offen", „akzeptiert", „abgelehnt" und „erfüllt" festgelegt, womit bereits ein einfacher Freigabeprozess festgelegt ist. Darüber hinaus werden keine festen Regeln wie ein Design Freeze festgelegt, da man im Sinne später Kundenänderungen voll flexibel bleiben möchte. Aufgrund der hohen kundenindividuellen Komponenten- und Variantenvielfalt sowie der hohen Systemkomplexität entscheidet sich die Fertigungsmesstechnik GmbH dafür, nur Anforderungen im AMSW zu definieren und Funktionen und Systemelemente in anderen Softwareprogrammen zu erstellen. Eine Übertragung von Anforderungen und Produktstrukturen zwischen AMSW und beispielsweise einer CAD-Software wird wegen fehlender Wirtschaftlichkeit nicht angestrebt.

Bezüglich der Festlegung eines AMSW und seiner Schnittstellen (*Modulbaustein OP03*) wird zunächst mit dem beschriebenen Demonstrator-Werkzeug gearbeitet. Zur Aufnahme und Verfeinerung von Anforderungen und Systemelementen (*Modulbausteine PP01 und F01*) wird lediglich definiert, dass dies direkt im Demonstrator-Werkzeug geschehen soll und bei der Systemelement-Erstellung alle erforderlichen und bekannten Attribute (beispielsweise eine Rationale) sowie Links zu externen Datenquellen eingegeben werden sollen. Auf Anforderungsschablonen wird verzichtet. Zur Überprüfung der Anforderungs- und Systemqualität (*Modulbaustein PP02*) wird festgelegt, dass der Projektleiter zur Vorbereitung der vom Kunden vorgegebenen Meilensteinterminen „Konstruktionsfreigabe“ und „Endabnahme“ jeweils eine Überprüfung der Anforderungs- und Systemqualität vornehmen soll, wobei er nach Bedarf auch die Ressourcen seiner Projektmitarbeiter hinzuziehen soll. Das Ändern von Systemelementen (*Modulbaustein PP03*) ist ausdrücklich jedem Mitarbeiter erlaubt, wobei festgelegt wird, dass das Mitführen einer Rationalen obligatorisch sein soll. Zusammen mit der Änderungshistorie ist somit für hinreichende Rückverfolgbarkeit gesorgt. Hinsichtlich der Analyse von Anforderungen und des Systems (*Modulbausteine PP04 und F03*) wird zunächst festgelegt, dass Change-Impact-Analysen durch einfaches Darstellen von Anforderungen mit einer direkten Beziehung zur geänderten Anforderung visualisiert werden sollen. Die eigentliche Analyse geschieht dann direkt bei Änderung durch den Urheber. Zur Anforderungsverwaltung (*Modulbaustein F02*) wird ergänzend festgelegt, Systeme und Anforderungshierarchien bei Bedarf in *Aktivitätsdiagrammen* und *Zustandsdiagrammen* darzustellen, sofern dies der Verständlichkeit und Übersicht dient oder vom Kunden gewünscht wird (siehe Abbildung 6-2).

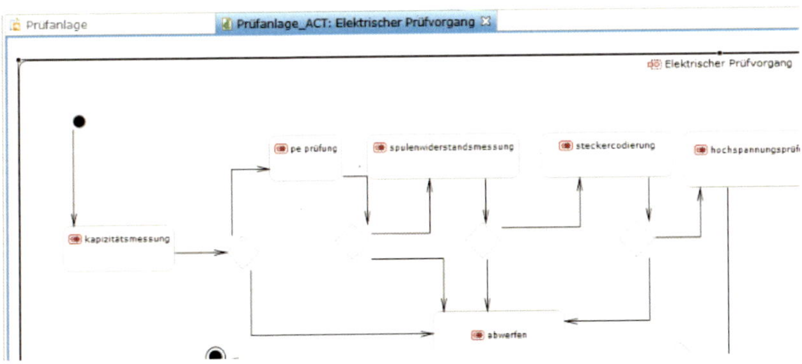

Abbildung 6-2: Auszug eines beispielhaften Aktivitätsdiagramms der Fertigungsmesstechnik GmbH im Demonstrator-Werkzeug

Für das Projektmanagement (*Modulbaustein F04*) reicht der Fertigungsmesstechnik GmbH eine einfache Übersicht über laufende Projekte sowie die Ansicht auf abgeschlossene Projekte, wobei die Wiederverwendbarkeit von Anforderungen und Systemelementen von großer Bedeutung ist. Auf Projektberichte kann im AMSW zunächst verzichtet werden.

Konfiguration der adaptiven Module

Bezüglich der adaptiven Modulbausteine weist die „Bewertung von Lösungskonzepten“ *(Modulbaustein AF01)* einen besonders hohen Stellenwert auf, da diese die Grundlage für die methodische Lösung einer häufiger vorkommenden Problemstellung darstellt. Wie in Kapitel 6.3.1 erwähnt, sind in der Produktentwicklung der Fertigungsmesstechnik GmbH je nach Produkt mehrere Lösungsalternativen für Submodule des Produkts identifizierbar. Eine Bewertung ist aufgrund technischer Unsicherheiten oftmals auch für erfahrene Mitarbeiter nicht ohne methodische Analyse möglich, daher wird eine übersichtliche Darstellung der Ergebnisse gefordert. In der konkreten Beispielanwendung konnte in 5 Submodulen des Produkts eine Bewertung von Konzeptalternativen durchgeführt werden. Auch die „Darstellung von Anforderungskonflikten“ (*Modulbaustein AF02*) durch das Setzen einer entsprechenden Beziehung zwischen Anforderungen ist für das Unternehmen sinnvoll und soll eingesetzt werden, auf einen geführten Prozess wird aber verzichtet. In der Beispielanwendung gab es in jedem Produktmodul Anforderungskonflikte zwischen Kosten- und Geschwindigkeitsanforderungen sowie Anforderungen an die Prozessqualität. Kommentarfunktionen (*Modulbaustein AF06*) können aufgrund der Vielzahl an Skizzen und Ideen hilfreich seien, um eine höhere Informationsdichte zu erlangen. Alle weiteren adaptiven Module sind nach Kosten-Nutzen-Analyse des Unternehmens nicht hilfreich, verzichtbar sind namentlich die Bausteine „technisches Glossar“ (*Modulbaustein AF03*), die „Verhaltensdarstellung von Systemen“ (*Modulbaustein AF04*), „rollenspezifische Filter“ (*Modulbaustein AF05*), „automatisches Einlesen von Anforderungen“ (*Modulbaustein AF07*), „Anforderungsfreigabeprozesse“ (*Modulbaustein AP01*), ein „Testmanagementprozess“ (*Modulbaustein AP02*), „erweiterte Prozesszustände“ (*Modulbaustein AP03*), ein „Prozess für spätere Phasen des Lebenszyklus“ (*Modulbaustein AP04*) wie auch ein „erweitertes Nutzerrechtemanagement“ (*Modulbaustein AP05*).

6.4.3 Analyse und Bewertung der Beispielsimulation bei der Fertigungsmesstechnik GmbH

Die Fertigungsmesstechnik GmbH würde durch den Einsatz des adaptiven AMS wesentlich durch die Vermeidung unnötiger Iterationen und den damit verbundenen Kosten profitieren, da bisher oftmals die möglichen Konzeptalternativen in wahlloser Reihenfolge getestet werden. Auch würde durch eine gezieltere Aufbereitung und Analyse der Anforderungen nach Expertenmeinung eine höhere Zuverlässigkeit erreicht werden, da die klare Zuordnung von Anforderungen zu Systemelementen und die Möglichkeiten der Change-Impact-Analyse einen stärkeren Fokus auf den Kundennutzen ermöglichen und so zur Verbesserung des Gesamtprodukts beitragen. Aufgrund der geringen Teamgröße und der hohen Vernetzung der Mitarbeiter untereinander würde sich der verbesserte Zustand nach der Beispielanwendung in Folgeprojekten nicht wesentlich verändern, lediglich bei der erhöhten Zuverlässigkeit sieht der befragte Experte noch Potenzial, das sich hauptsächlich durch eine gesteigerte Wahrnehmung des unmittelbaren Kundennutzens von Systemelementen bei den Projektbeteiligten niederschlägt.

Tabelle 6-2: Bewertung der Anwendung bei der Fertigungsmesstechnik GmbH

Messwert	**Einschätzung**
Reduktion der Verschwendung durch unnötige Iterationen σ_{It} *[in %]*	-25%
Reduktion der Verschwendung durch unnötige Kosten σ_{C} *[in %]*	-25%
Reduktion der Verschwendung durch Informationsdefizite σ_{In} *[in %]*	-10%

Erhöhung des Effizienzgrades E_{PD} *[in %]*	**+20%**
Erhöhung der Zuverlässigkeit von Entwicklungsprojekten Z_{PD} *[in %]*	**+15%**

6.5 Reflexion der Validierungsergebnisse

Es wurden keine logischen Widersprüche bei der Anwendung des Modells aufgedeckt, das Modell wurde somit nicht falsifiziert. Zudem konnte festgestellt werden, dass die Anwendungspartner Module und Prozesse in unterschiedlicher Weise adaptieren würden, was sich mit den Feststellungen aus der Anforderungsanalyse deckt.

Die Ergebnisse der Validierungssimulationen konnten bei beiden Fallbeispielen eine signifikante Verbesserung der Effizienz im Entwicklungsprozess belegen. Auch die Zuverlässigkeit wurde in beiden Beispielen signifikant erhöht, jedoch in deutlich geringerem Ausmaß. Dies lässt sich auch damit begründen, dass in beiden Beispielen wegen der besseren Überschaubarkeit Projekte gewählt wurden, bei denen die Anforderungen relativ klar waren, der Innovationsgrad war eher durchschnittlich. Aus Sicht des Autors und eines der befragten Experten würde sich bei Projekten mit einem höheren Innovationsgrad auch eine höhere Verbesserung der Zuverlässigkeit ergeben, dies konnte jedoch nicht im Rahmen dieser Arbeit validiert werden.

Es ist kritisch anzumerken, dass weder die eigens entwickelte Skalierung der Effizienz- und Zuverlässigkeitsbewertung noch die Selbstbewertung der Unternehmen mit genug Daten trainiert worden sind, um als robust gelten zu können. Ein weiterer Kritikpunkt an der Validierung ist, dass *fünf* adaptive Modulbausteine (*AF04, AF05, AP02, AP04, AP05*) von den Validierungspartnern überhaupt nicht ausgewählt wurden. Dem kann aus Sicht des Autors entgegengehalten werden, dass ein erweiterter Einsatz der adaptiven Elemente zwar zu einer Erhöhung der Nutzenpotenziale führen kann. Allerdings würde nur in Fällen, wo der Aufwand einer einzelnen Methode den Nutzen übersteigt, die Gesamtbewertung negativ beeinflusst. Sollte dies wirklich der Fall sein, müsste der betroffene Validierungspartner den betreffenden adaptiven Baustein lediglich nicht auswählen, um zu einer weiterhin optimierten Nutzung des Modells zu kommen.

7 Zusammenfassung und Ausblick

7.1 Zusammenfassung der Arbeit

Die Potenziale eines strukturierten, effizienten Anforderungsmanagements sind für Unternehmen mit physischen Produkten vielfach untersucht worden und empirisch belegt. Dennoch ist die Frage nach der richtigen Ausgestaltung in Praxis und Wissenschaft durch die hohen Verflechtungen mit anderen Prozessen und Informationssystemen derart komplex, dass konkrete Handlungsempfehlungen entweder stets auf einen Teilbereich oder Anwendungsfall fokussieren oder aber nicht in ausreichendem Maß in die Tiefe gehen. Die hohen Investitionsbedarfe, insbesondere im Bereich der internen Personalaufwendungen, sowie die internen Widerstände gegen Systemänderungen und Mehraufwendungen, lassen viele Unternehmen davor zurückscheuen, von einem simplen sequenziellen Anforderungsaufnahme- und Anforderungsfreigabeprozess mit einfachen Textverarbeitungsprogrammen zu einem professionellen Anforderungsmanagementsystem zu wechseln, auch wenn die kurzfristigen Mehraufwendungen durch sinkenden Aufwand in der Zukunft oder auch in anderen Bereichen mehr als kompensiert würden.

In dieser Arbeit wurde zunächst die Frage diskutiert, aus welchen Gründen Unternehmen den Mehraufwand für strukturiertes Anforderungsmanagement im Entwicklungsprozess überhaupt erbringen sollten, wobei sich der theoretische Handlungsbedarf aus der Analyse der organisatorischen wie technischen Komplexität von Entwicklungsprozessen ergab. Es konnte auch festgestellt werden, woran bestehende ganzheitliche Anforderungsmanagementkonzepte trotz ihrer Fokusse auf die Komplexitätsbeherrschung in der Praxis scheitern: Aufgrund der hohen Relevanz unternehmens- und projektindividueller Ausprägungen von Attributen für den Ablauf des Anforderungsmanagementprozesses und den Umfang eines eingesetzten softwarebasierten Anforderungsmanagementwerkzeugs haben diese Konzepte stets implizite oder explizite Annahmen über die prozessualen oder organisatorischen Gegebenheiten der Unternehmen getroffen, gewissermaßen den Nutzungsprozess vorgegeben. Diesem Umstand haben kommerzielle softwarebasierte Anforderungsmanagementwerkzeuge zwar durch einen hohen Grad an Konfigurierbarkeit Rechnung getragen, doch gerade dieser Aspekt trug auch wesentlich zu einer hohen Anwendungskomplexität und somit verminderter *Gebrauchstauglichkeit* dieser Softwarelösungen bei [ILIE13, S. 86]. Auch fehlt es ihnen in großen Teilen an der prozessualen Einbindung, und dort wo prozessuale Einbindung ermöglicht ist, sind die Konfigurationsmöglichkeiten oft zu gering oder zu umständlich für viele Unternehmen.

Als Lösungskonzept wurde in dieser Arbeit ein adaptives Modell vorgeschlagen, das in seiner Kernfunktionalität nur wenige allgemeine Prozessanforderungen an den Anwender stellt und ihm gleichzeitig eine Handlungsempfehlung für die Konkretisierung notwendiger Teilprozesse gibt, ohne dabei zu viel Spielraum zu nehmen. Dabei wird technisch bereits auf einem modellbasierten Anforderungsmanagement-Konzept aufgesetzt, da bei diesem die Menge wie auch die Vernetzung der einzelnen Objekte beliebig skalierbar und stets gut visualisierbar ist. Dennoch ist nicht zu unterschätzen, dass auch Anwender dieser Minimalvariante ein gewisses Maß an Eigenkonfigurationen vornehmen müssen und auch Prozesse klar definiert und nachhaltig geführt werden sollten, damit die Vorteile des AMS im Bereich Effizienz und Zuverlässigkeit zum Tragen kommen. Im Gegenzug bietet das Erweitern der Kernfunktionalität Anwendern mit hohen Anforderungen an die prozessuale Strukturierung oder an die Darstellung komplexer Produktsysteme die Möglichkeit, sich das AMS so zu gestalten, wie es aus erster Abschätzung ein optimales Ergebnis hinsichtlich der Effizienz der Prozesse und Abläufe sowie der Zuverlässigkeit des Endprodukts ergibt. Es konnte verifiziert werden, dass das in dieser Arbeit entwickelte adaptive AM-Konzept alle 55 Anforderungen erfüllen kann.

Um zu validieren, ob ein solches adaptives Modell im Einsatz tatsächlich die hergeleitete Verbesserung von Effizienz und Zuverlässigkeit in der Produktentwicklung erbringen kann, wurde das Modell anhand von Fallbeispielen aus der Industrie untersucht. Dazu wurde gemeinsam mit Anwendern aus Unternehmen, die aus der Zusammenarbeit mit dem Autor eingehenden Einblick in das vorgestellte AM-Konzept und das Demonstrator-Werkzeug hatten, Anwendungen des Modells im Detail diskutiert und analysiert. Zum Nachweis der Adaptivität wurden die Fallbeispiele auch dahingehend gewählt, dass sich Prozesse, Produkte und Branchen deutlich voneinander unterscheiden ließen und somit jeweils andere Entscheidungen hinsichtlich der Auswahl von adaptiven Modulen aus dem Lösungskonzept getroffen wurden. Entscheidend bei der Wahl der Validierungspartner war auch, dass das Wissen der befragten Experten um die eigenen Entwicklungsprojekteigenheiten und Produkte tief genug war, um eine Analyse des Einsatzes des vorgestellten Lösungskonzepts einschätzen zu können.

7.2 Reflexion der Beantwortung der Hauptforschungsfrage

In beiden Validierungsanwendungen konnte **eine signifikante Verbesserung von Effizienz und Zuverlässigkeit im Entwicklungsprozess** ermittelt werden. Aufgrund der positiven Ergebnisse dieser Untersuchungen kann die Hauptforschungsfrage nach der Verbesserung von Effizienz und Zuverlässigkeit der Produktentwicklung durch ein vorgehensorientiertes Prozessmodell des Managements von Anforderungen und dazugehöriger Produktinformationen bejaht werden. Zugleich sind damit auch die 55 Anforderungen validiert, die ein Modell erfüllen muss, um mittels adaptiver Module diese Verbesserungseffekte bewirken zu können. Kritisch muss an der Stelle betrachtet werden, dass die Validierungsergebnisse nicht alle Ausprägungen des adaptiven Modells abbilden konnten und dass in den Umsetzungssimulationen mit hoher Wahrscheinlichkeit eine unbekannte Anzahl von Komplexitätsfaktoren nicht in Betracht gezogen worden sind. Zumindest zu letzterem ist zu sagen, dass eine höhere Anzahl von Komplexitätsfaktoren die Tendenz der Validierungsergebnisse sehr wahrscheinlich nicht in Frage stellen wird.

Abschließend kann konstatiert werden, dass mit diesem AM-Konzept ein Modell vorliegt, welches aufgrund definierter und unabhängiger Messgrößen einer Validierung unterzogen werden konnte. Dieses Modell wurde im Rahmen der Arbeit beschrieben und anhand der Validierungssimulationen analysiert.

7.3 Ausblick

Es ist davon auszugehen, dass in den nächsten Jahren Produkte mit integrierter Steuerungssoftware durch die fortschreitenden Entwicklungen im Bereich künstlicher Intelligenz und Vernetzung noch deutlich komplexer werden. Einhergehend mit der **Entwicklung** solcher hochgradig autonomer, vernetzter Produkte, der sogenannten **cyber-physikalischen Systeme** (CPS), werden auch das anforderungsbasierte Testmanagement sowie neue Testsprachen und -protokolle wie die *Testing and Test Control Notation* (TTCN-3) im industriellen Alltag zukünftig eine größere Rolle spielen und bedürfen der wissenschaftlichen Aufarbeitung. Möglicherweise wird somit auch der Bedarf nach neuen, intelligenten Analyseverfahren im Bereich des Anforderungsmanagements steigen. So könnten beispielsweise auf Anforderungskonflikten basierende Entscheidungsprobleme, die ein autonom agierendes Produkt in komplexen Situationen fällen muss, durch eine intelligente Use-Case-Analyse berechnet und einem definierten Register hinzugefügt werden, welches dann durch menschliche Entwickler geprüft werden muss.

Methoden wie die automatische Konformitätsanalyse von natursprachlichen Sätzen gegen Anforderungsschablonen sind Ergebnis jüngerer Forschungsanstrengungen und zum aktuellen Zeitpunkt nicht flächendeckend auf dem Markt [ASBZ15, S. 944f.]. Mit den aktuellen Entwicklungen im Bereich **Deep Learning** und rekurrenter neuronaler Netze ist jedoch zu erwarten, dass die Eingabe und Analyse natursprachlicher Anforderungen in naher Zukunft deutliche Effizienzsteigerungen erfahren wird [vgl. SPWC13]. Es ist jedoch nicht zu erwarten, dass durch das Voranschreiten solcher Technologien das Anforderungsmanagement im Wesentlichen automatisiert wird, wie bereits RYAN in seinem immer noch aktuellen Grundsatzartikel ausführt [RYAN93, S. 240f.]. Vielmehr werden sich neue Fragestellungen hinsichtlich der Systematik und der Steigerung von Effizienz und Zuverlässigkeit im Entwicklungsprozess ergeben, die durch zukünftige Forschungsarbeiten erörtert werden müssen.

Erhebliche Effizienzpotenziale sind auch noch im Rahmen der Vernetzung von Informationssystemen und dem dazugehörigen effektiven Datenmanagement zu heben. Aufgrund des anhaltenden Wandels betrieblicher Informationssysteme wie ERP und PLM kann zum jetzigen Zeitpunkt nicht sicher abgeschätzt werden, wie die Daten und Informationen aus dem Anforderungsmanagement sich in einheitlich akzeptierte und standardisierte Gesamtlösungen einordnen werden. Im Falle einer flächendeckenden Lösung dieses Datenlokalisierungsproblems würden eine durchgängige Verknüpfung der Produktmodelle und deren Metainformationen dazu führen, dass sämtliche Autorensysteme in Echtzeit über die aktuellsten für sie relevanten Informationen verfügen würden. Das Problem, wie und auf welche Weise die Relevanz aller verfügbaren Informationen beurteilt werden kann, ist gleichwohl nach wie vor zu lösen.

8 Literaturverzeichnis

[AANY95] Aamodt, A.; Nygard, M.: Different roles and mutual dependencies of data, information, and knowledge. An AI perspective on their integration. In: Data and Knowledge Engineering. 16. Jg., 1995, Nr. 3, S. 191-222

[ABGS18] Abramovici, M.; Gebus, P.; Savarino, S.: Engineering smarter Produkte und Services. Plattform Industrie 4.0 STUDIE. München: acatech – Deutsche Akademie der Technikwissenschaften, 2018

[ALBE62] Albert, H.: Probleme der Wissenschaftslehre in der Sozialforschung. In: Handbuch der empirischen Sozialforschung, Band 1, Stuttgart: Henke, 1962

[ALHI07] Alciatore, D. G.; Histand, M. B.: Introduction to mechatronics and measurement systems. 3. Aufl. New York: Tata McGraw-Hill Education, 2007

[ALRL13] Albrecht, C.; Reimann, M.; Loeffler, J.: Steinbeis Engineering Studie Teil 1: Studienergebnisse. Faktoren und Rahmenbedingungen eines erfolgreichen Produktentstehungsprozesses. 1. Aufl., Stuttgart: Steinbeis-Edition, 2013

[ALT12] Alt, O.: Modellbasierte Systementwicklung mit SysML. München: Carl Hanser Verlag, 2012.

[ASBZ15] Arora, C.; Sabetzadeh, M.; Briand, L.; Zimmer, F.: Automated checking of conformance to requirements templates using natural language processing. In: IEEE transactions on Software Engineering. 41. Jg., 2015, Nr. 10, S. 944-968

[BBBC01] Beck, K.; Beedle, M.; van Bennekum, A.; Cockburn, A.; Cunningham, W.; Fowler, M.; Grenning, J.; Highsmith, J.; Hunt, A.; Jeffries, R.; Kern, J.; Marick, B.; Martin, R.C.; Mellor, S.; Schwaber, K.; Sutherland, J.; Thomas, D.: Manifest für Agile Softwareentwicklung (2001). URL: http://agilemanifesto.org/iso/de/manifesto.html [Stand: 21.07.2018]

[BBBF10] Becker, J.; Beverungen, D.; Blinn, N.; Fellmann, M.; Knackstedt, R.; Nüttgens, M.; Thomas, O.: Produktivitätsmanagement hybrider Leistungsbündel. In: Böhmann, T.; Leimeister, J. M.: Integration von Produkt & Dienstleistung. Hybride Wertschöpfung. Norderstedt: Books on Demand, 2010, S. 2057-2070

[BECK14] Becker, P.: Softwaremodell zur zeitlichen und thematischen Prozesskettenplanung und -koordination in der standortübergreifenden, replikativen Optikfertigung. Aachen: Apprimus Verlag, 2014. Zugl.: Diss. RWTH Aachen, 2014

[BEGE16] Bender, B.; Gericke, K.: Entwicklungsprozesse. In: Lindemann, U. (Hrsg.): Handbuch Produktentwicklung. München: Carl Hanser Verlag, 2016, S. 401-424

[BENM13] Beutner, E.; Neukirchner, H.; Maas, G.: Virtuelle Produktentwicklung. 1. Aufl. Würzburg: Vogel Business Media, 2013

[BIRL16] Binz, H.; Roth, D.; Laukemann, A.: Wissensmanagement. In: Lindemann, U. (Hrsg.): Handbuch Produktentwicklung. München: Carl Hanser Verlag, 2016, S. 247-274

[BLEI11] Bleicher, K.: Das Konzept Integriertes Management: Visionen-Missionen-Programme. 8. Aufl. Frankfurt/Main: Campus Verlag, 2011

[BLIS00] Bliss, C.: Management von Komplexität. Ein integrierter, systemtheoretischer Ansatz zur Komplexitätsreduktion. Schriftenreihe Unternehmensführung und Marketing, Band 35, Wiesbaden: Gabler Verlag, 2000. Zugl.: Diss. WWU Münster, 1999

[BLOC10] Blockus, M.-O.: Komplexitätsmanagement in Dienstleistungsunternehmen. Komplexitätsformen, Kosten- und Nutzenwirkungen, empirische Befunde und Managementimplikationen. Wiesbaden: Gabler Verlag | Springer Fachmedien Wiesbaden, 2010. Zugl.: Diss. Universität Basel, 2010

[BOEH84] Boehm, B. W.: Verifying and validating software requirements and design specifications. In: IEEE software. 1. Jg., 1984, Nr. 1, S. 75-88

[BRHE16] Brandes, C.; Heller, M.: Qualitätsmanagement in agilen IT-Projekten – quo vadis? In: HMD Praxis der Wirtschaftsinformatik. 53. Jg., 2016, Nr. 2, S. 169-184

[BURK04] Burkhard, R. A.: Learning from architects. The difference between knowledge visualization and information visualization. In: Proceedings of the Eighth International Conference on Information Visualisation. IEEE, 2004, S. 519-524

[BVME16] Bundesverband Medizintechnologie (BVMed): Der lange Weg eines Medizinprodukts von der Idee bis zur Anwendung am Patienten. Medizinprodukte sind sicher, leistungsfähig und wirksam. Hintergrundartikel des Bundesverbands Medizintechnologie (BVMed), Stand 20. Januar 2016, S. 1-16

[CARL12] Carlson, C.S.: Effective FMEAs: Achieving Safe, Reliable, and Economical Products and Processes Using Failure Mode and Effects Analysis. Hoboken: John Wiley & Sons, 2012

[CMGP10] Cruz-Lemus, J. A.; Maes, A.; Genero, M.; Poels, G.; Piattini, M.: The impact of structural complexity on the understandability of UML statechart diagrams. In: Information Sciences. 180. Jg., 2010, Nr. 11, S. 2209-2220

[COKL95] Cooper, R. G.; Kleinschmidt, E. J.: Benchmarking the firm's critical success factors in new product development. In: Journal of product innovation management. 12. Jg., 1995, Nr. 5, S. 374-391

[COOP98] Cooper, R.: Benchmarking new product performance. Results of the best practices study. In: European Management Journal. 16. Jg., 1998, Nr. 1, S. 1-17

[COOP08] Cooper, R. G.: Perspective: The stage-gate® idea-to-launch process. Update, what's new, and nexgen systems. In: Journal of product innovation management. 25. Jg., 2008, Nr. 3, S. 213-232

[DAEN76] Daenzer, W. F.: Systems Engineering. Leitfaden zur methodischen Durchführung umfangreicher Planungsvorhaben. Zürich: Verlag Industrielle Organisation 1976; zugl. Köln: Peter Hanstein Verlag, 1976

[DIN09] Norm DIN 69901-5 (Januar 2009). Projektmanagement. Projektmanagementsysteme - Teil 5: Begriffe

[DIN11] Norm DIN EN ISO 12100 (März 2011). Sicherheit von Maschinen. Allgemeine Gestaltungsleitsätze. Risikobeurteilung und Risikominderung

[DISC01] Dierneder, S.; Scheidl, R.: Complexity analysis of systems from a functional and technical viewpoint. In: Computer Aided Systems Theory - EUROCAST 2001. Berlin Heidelberg: Springer-Verlag, 2001, S. 223-232

[DNAT12] De Gea, J. M. C; Nicolás, J.; Alemán, J. L. F.; Toval, A.; Ebert, C.; Vizcaíno, A.: Requirements engineering tools: Capabilities, survey and assessment. In: Information and

Software Technology. 54. Jg., 2012, Nr. 10, S. 1142-1157

[DOEB15] Dombrowski, U.; Ebentreich, D.: Einleitung. In: Dombrowski, U. (Hrsg.): Lean Development: Aktueller Stand und zukünftige Entwicklungen. Berlin Heidelberg: Springer-Verlag, 2015, S. 1-20

[DOKR15] Dombrowski, U.; Krenkel, P.: Vermeidung von Verschwendung. In: Dombrowski, U. (Hrsg.): Lean Development: Aktueller Stand und zukünftige Entwicklungen. Berlin Heidelberg: Springer-Verlag, 2015, S. 25-32

[DONG13] Donges, C.: Automatisiertes Erkennen und Vergleichen von Anforderungen und Vertragstexten in PDF-Dateien. In: Produktdatenjournal. 2013, Nr. 2, S. 52-54

[DORZ15] Dombrowski, U.; Richter, T.; Zahn, T.: Ziele und Kennzahlen. In: Dombrowski, U. (Hrsg.): Lean Development: Aktueller Stand und zukünftige Entwicklungen. Berlin Heidelberg: Springer-Verlag, 2015, S. 170-184

[DPLN09] Du Preez, N.; Lutters, D.; Nieberding, H.: Tailoring the development process according to the context of the project. In: CIRP journal of manufacturing science and technology. 1. Jg., 2009, Nr. 3, S. 191-198

[DYLL91] Dylla, N.: Denk-und Handlungsabläufe beim Konstruieren. München: Carl Hanser Verlag, 1991. Zugl.: Diss. TU München, 1990

[DSKS15] Dombrowski, U.; Schmidt, S.; Karl, A.; Schmidtchen, K.: Ausblick, Weiterentwicklung. In: Dombrowski, U. (Hrsg.): Lean Development: Aktueller Stand und zukünftige Entwicklungen. Berlin Heidelberg: Springer-Verlag, 2015, S. 197-222

[EBER12] Ebert, C.: Systematisches Requirements-Engineering: Anforderungen ermitteln, spezifizieren, analysieren und verwalten. 4. Aufl. Heidelberg: dpunkt-Verlag, 2012

[EGEC05] Eger, T.; Eckert, C.; Clarkson, P. J.: The role of design freeze in product development. In: DS 35: Proceedings of the 15th International Conference on Engineering Design ICED 05. DS, 2005, S. 1-11

[EGGR04] Egyed, A.; Grünbacher, P.: Identifying requirements conflicts and cooperation. How quality attributes and automated traceability can help. In: IEEE software. 21. Jg., 2004, Nr. 6, S. 50-58

[EHME13] Ehrlenspiel, K.; Meerkamm, H.: Integrierte Produktentwicklung: Denkabläufe, Methodeneinsatz, Zusammenarbeit. 5. Aufl. Wien: Carl Hanser Verlag, 2013

[EIGN14a] Eigner, M.: Überblick Disziplin-spezifische und -übergreifende Vorgehensmodelle. In: Eigner, M.; Roubanov, D.; Zafirov, R. (Hrsg.): Modellbasierte virtuelle Produktentwicklung. Berlin Heidelberg: Springer-Verlag, 2014, S. 15-52

[EIGN14b] Eigner, M.: Technische Organisation des Produktentwicklungsprozesses. In: Eigner, M.; Roubanov, D.; Zafirov, R. (Hrsg.): Modellbasierte virtuelle Produktentwicklung. Berlin Heidelberg: Springer-Verlag, 2014, S. 227-266

[EIRZ14] Eigner, M.; Roubanov, D.; Zafirov, R.: Modellbasierte virtuelle Produktentwicklung. Berlin Heidelberg: Springer-Verlag, 2014

[EIST09] Eigner, M.; Stelzer, R.: Product Lifecycle Management. Ein Leitfaden für Product Development und Life Cycle Management. 2. Aufl. Berlin Heidelberg: Springer-Verlag, 2009

[ELLR14] Ellringmann, H.: Vom Qualitätsmanagement zum strategischen Geschäftsprozessmanagement. In: Pfeifer, T.; Schmitt, R. (Hrsg.): Masing Handbuch Qualitätsmanagement. 6. Aufl. München Wien: Carl Hanser Verlag, 2014, S. 68-91

[EMMA11] Emmanuel, T.: Planguage – Spezifikation nichtfunktionaler Anforderungen. In: Informatik-Spektrum. 33. Jg., 2010, Nr. 3, S. 292-295

[ENQU08] Engel, C.; Quadejacob, N.: Fünf Erfolgsfaktoren für Projekte. Studie von GPM und PA Consulting. In: Projektmagazin. 7. Jg., 2008, Nr. 19, S. 1-7

[FEGR13] Feldhusen, J.; Grote, K.-H.: Pahl/Beitz Konstruktionslehre. Methoden und Anwendung erfolgreicher Produktentwicklung. 8. Aufl. Berlin: Springer-Verlag, 2013

[FIEM00] Finkelstein, A.; Emmerich, W.: The Future of Requirements Management Tools. In: Quirchmayr, G.; Wagner, R.; Wimmer, M. (Hrsg.): Information Systems in Public Administration and Law. Wien: Riegelnik, Österreichische Computer Gesellschaft, 2000

[FUCH10] Fuchs-Kittowski, K.: Wissens-Ko-Produktion - Organisationsinformatik. Verarbeitung, Verteilung und Entstehung von Informationen in kreativ-lernenden Organisationen. In:

Fuchs-Kittowski, K.; Parthey, H.; Umstätter, W.; Wagner-Döbler, R. (Hrsg.): Organisationsinformatik und Digitale Bibliothek in der Wissenschaft: Wissenschaftsforschung Jahrbuch 2000. Berlin: Gesellschaft für Wissenschaftsforschung, 2010, S. 9-88

[GANO12] Gausemeier, J.; Nordsiek, D.: Einführung. In: Gausemeier, J.; Lanza, G.; Lindemann, U. (Hrsg.): Produkte und Produktionssysteme integrativ konzipieren. Modellbildung und Analyse in der frühen Phase der Produktentstehung. München: Carl Hanser Verlag, 2012, S. 13-28

[GARV84] Garvin, D. A.: What Does "Product Quality" Really Mean? Sloan management review, 1984, S. 25-43

[GDSC13] Gausemeier, J.; Dumitrescu, R.; Steffen, D.; Czaja, A.; Wiederkehr, O.; Tschirner, C.: Systems Engineering in der industriellen Praxis. Paderborn: Heinz Nixdorf Institut, Fraunhofer-Institut für Produktionstechnologie IPT, UNITY AG, 2013

[GEIS05] Geisberger, E.: Requirements Engineering eingebetteter Systeme - ein interdisziplinärer Modellierungsansatz. Diss. TU München, 2005

[GILZ14] Gilz, T.: Requirements Engineering und Requirements Management. In: Eigner, M.; Roubanov, D.; Zafirov, R. (Hrsg.): Modellbasierte virtuelle Produktentwicklung. Berlin Heidelberg: Springer-Verlag, 2014, S. 53-75

[GITL18] Gitlab: Gitlab Documentation. User Documentation. URL: https://docs.gitlab.com/ee/user/discussions/ [Stand: 05.09.2018]

[GNAT05] Gnatz, M. A. J.: Vom Vorgehensmodell zum Projektplan. Saarbrücken: VDM Publishing, 2005. Zugl.: Diss. TU München, 2005

[GRAN14] Grande, M.: 100 Minuten für Anforderungsmanagement. Kompaktes Wissen nicht nur für Projektleiter und Entwickler. 2. Aufl. Wiesbaden: Springer Vieweg, 2014

[GROS92] Grossmann, C.: Komplexitätsbewältigung im Management: Anleitungen, integrierte Methodik und Anwendungsbeispiele. Winterthur: Verlag GCN, 1992. Zugl.: Diss. Hochschule für Wirtschafts-, Rechts- und Sozialwissenschaften St. Gallen, 1992

[GUEL14] Gülke, T.: Erweiterung des Anforderungsmanagement-Fokus. Aachen: Shaker-Verlag, 2014. Zugl. Diss. RWTH

Aachen, 2014

[HACK02] Hacker, W.: Konstruktives Entwickeln: Psychologische Grundlagen. In: Hacker, W. (Hrsg.): Denken in der Produktentwicklung. Zürich: vdf Hochschulverl. an der ETH and Hampp, 2002, S. 11-26

[HAHG13] Hahn, A.; Häusler, S.; große Austing, S.: Quantitatives Entwicklungsmanagement. Modellbasierte Analyse von Produktentwicklungsprozessen. Berlin Heidelberg: Springer-Verlag, 2013

[HAMM12] Hammers, C.: Modell für die Identifikation kritischer Informationspfade in Entwicklungsprojekten zur projektindividuellen Umsetzung der Quality-Gate-Systematik. Aachen: Apprimus-Verlag, 2012. Zugl.: Diss. RWTH Aachen, 2012

[HASC09] Hammers, C.; Schmitt, R.: Governing the process chain of product development with an enhanced Quality Gate approach. In: CIRP Journal of Manufacturing Science and Technology. 1. Jg., 2009, Nr. 3, S. 206-211

[HELL13] Hellenbrand, David: Transdisziplinäre Planung und Synchronisation mechatronischer Produktentwicklungsprozesse. München: Verlag Dr. Hut, 2013. Zugl. Diss. TU München, 2013

[HFKW11] Haskins, C.; Forsberg, K.; Krueger, M.; Walden, D.; Hamelin, D.: Systems engineering handbook. 2006

[HKWB04] Hoffmann, M.; Kühn, N.; Weber, M.; Bittner, M.: Requirements for requirements management tools. In: Proceedings of the 12th IEEE International Requirements Engineering Conference. IEEE, 2004, S. 301-308

[HMRV07] Hood, C.; Mühlbauer, S.; Rupp, C.; Versteegen, G.: iX-Studie Anforderungsmanagement. Methoden und Techniken, Einführungsszenarien und Werkzeuge im Vergleich. 2. Aufl. Hannover: Heise Zeitschriften Verlag, 2007

[HOBD98] Hobday, M.: Product complexity, innovation and industrial organisation. In: Research policy. 26. Jg., 1998, Nr. 6, S. 689-710

[HOFF08] Hoffmann, D. W. Software-Qualität. Berlin Heidelberg: Springer-Verlag, 2008

[HSKS11] Haag, C.; Schuh, G.; Kreysa, J.; Schmelter, K.: Technologiebewertung. In: Schuh, G.; Klappert, S. (Hrsg.): Technologiemanagement. Berlin Heidelberg: Springer-Verlag,

2011, S. 309-366

[HUJD05] Hull, E.; Jackson, K.; Dick, J.: Requirements engineering. 2. Aufl. London Berlin Heidelberg: Springer Science + Business Media, 2005

[HWFP07] Hood, C.; Wiedemann, S.; Fichtinger, S.; Pautz, U.: Requirements management. The interface between requirements development and all other systems engineering processes. Springer Science & Business Media, 2007

[IBMR10] IBM Rational DOORS: Using Rational DOORS. Release 9.2. IBM Corporation, 2010

[IEEE90] IEEE Std. 610. IEEE Standard Glossary of Software Engineering Terminology. Approved September 28th, 1990, IEEE Standards Board. Revision and redesignation of IEEE Std 792-1983. New York: Inst. of Electrical and Electronics Engineers, 1990

[IEEE98] IEEE Std. 830. IEEE Recommended Practice for Software Requirements Specifications. Approved June 25th, 1998, IEEE Standards Board. New York: Inst. of Electrical and Electronics Engineers, 1998

[ILIE13] Ilie, D.: Systematisiertes Ziele-und Anforderungsmanagement in der Fahrzeugentwicklung. München: Verlag Dr. Hut, 2013. Zugl. Diss. TU München, 2012

[ISO09] Technischer Report ISO/IEC TR 24766 (Dezember 2009). Information technology. Systems and software engineering. Guide for requirements engineering tool capabilities

[ISO11] Norm ISO/IEC/IEEE 29148 (Dezember 2011). Systems and software engineering. Life cycle processes. Requirements engineering

[ISO12a] Norm ISO/IEC 19505-1 (April 2012). Information technology. Object Management Group Unified Modeling Language (OMG UML). Part 1: Infrastructure

[ISO12b] Norm ISO/IEC 19505-2 (April 2012). Information technology. Object Management Group Unified Modeling Language (OMG UML). Part 2 Superstructure

[ISO15a] Norm DIN EN ISO 9000 (November 2015). Qualitätsmanagementsysteme. Grundlagen und Begriffe

[ISO15b] Norm DIN EN ISO 9001 (November 2015). Qualitätsmanagementsysteme. Anforderungen

[JAST15] Jastram, M.: Entwicklung mit System. Systems Engineering mit Eclipse. Eclipse Magazin, 2015, Nr. 3, S. 66-71

[JHKP14] Jansen, C.; Heidelberger, G.; Kupka, T.; Prefi, T.: Qualitätsplanung in der Produktentstehung. In: Pfeifer, T.; Schmitt, R. (Hrsg.): Masing Handbuch Qualitätsmanagement. 6. Aufl. München Wien: Carl Hanser Verlag, 2014, S. 428-440

[JOLA11] Jochem, R.; Landgraf, K. (Hrsg.): Anforderungsmanagement in der Produktentwicklung. Komplexität reduzieren, Prozesse optimieren, Qualität sichern. 1. Aufl. Düsseldorf: Symposion Publishing, 2011

[JUNG06] s. Abb 3-3 und unter 3.5.1

[KICK95] Kickermann, H.: Rechnerunterstützte Verarbeitung von Anforderungen im methodischen Konstruktionsprozess. Diss. TU Braunschweig, 1995

[KIRC03] Kirchhof, R.: Ganzheitliches Komplexitätsmanagement: Grundlagen und Methodik des Umgangs mit Komplexität im Unternehmen. Wiesbaden: Springer-Verlag, 2013. Zugl.: Diss. TU Cottbus, 2002

[KLEI16] Klein, T. P.: Agiles Engineering im Maschinen-und Anlagenbau. München: Herbert Utz Verlag, 2016. Zugl.: Diss. TU München, 2016

[KOCH15] Koch, S.: Einführung in das Management von Geschäftsprozessen. Six Sigma, Kaizen und TQM. Berlin Heidelberg: Springer-Verlag, 2015

[KOKU15] Komus, A.; Kuberg, M.: Status Quo Agile. Studie zu Verbreitung und Nutzen agiler Methoden. Koblenz: Hochschule Koblenz, 2015

[KREI10] Kreimeyer, M. F.: A structural measurement system for engineering design processes. Diss. TU München, 2010

[KROM06] Kromrey, H.: Empirische Sozialforschung: Modelle und Methoden der standardisierten Datenerhebung und Datenauswertung. 11. Aufl. Stuttgart: Lucius & Lucius UTB, 2006.

[KUBI77] Kubicek, H.: Heuristische Bezugsrahmen und heuristisch angelegte Forschungsdesigns als Elemente einer Konstruktionsstrategie empirischer Forschung. In: Köhler, R. (Hrsg.): Empirische und handlungstheoretische Forschungskonzeptionen in der Betriebswirtschaftslehre.

Stuttgart: Poeschel, 1977, S. 3-36

[KUHR08] Kuhrmann, M.: Konstruktion modularer Vorgehensmodelle. Methodisches Erstellen und Pflegen von Entwicklungsstandards und Vorgehensmodellen für Prozessingenieure. Diss. TU München, 2008

[LAPP16] Langenfeld, V.; Post, A.; Podelski, A.: Requirements defects over a project lifetime. An empirical analysis of defect data from a 5-year automotive project at Bosch. In: International Working Conference on Requirements Engineering: Foundation for Software Quality. Berlin Heidelberg: Springer-Verlag, 2016. S. 145-160

[LEFF97] Leffingwell, D.: Calculating your return on investment from more effective requirements management. In: American Programmer. 10. Jg., 1997, Nr. 4, S. 13-16

[LEND09] Lenders, M.: Beschleunigung der Produktentwicklung durch Lösungsraum-Management. Apprimus-Verlag, 2009. Zugl.: Diss. RWTH Aachen, 2009

[LIND09] Lindemann, U.: Methodische Entwicklung technischer Produkte. Methoden flexibel und situationsgerecht anwenden. 3. Aufl. Berlin Heidelberg: Springer-Verlag, 2009

[LIQS08] Lieb, H.; Quattelbaum, B.; Schmitt, R.: Perceived quality as a key factor for strategic change in product development. In: Engineering Management Conference, 2008. IEMC Europe 2008. IEEE International. IEEE, 2008. S. 1-5

[MALE08] Maletz, M.: Integrated requirements modeling. A contribution towards the integration of requirements into a holistic product lifecycle management strategy. Kaiserslautern: Techn. Universität Kaiserslautern, 2008. Zugl.: Diss. TU Kaiserslautern, 2008

[MASI14] Masing, W.: Das Unternehmen im Wettbewerb. In: Pfeifer, T.; Schmitt, R. (Hrsg.): Masing Handbuch Qualitätsmanagement. 6. Aufl. München Wien: Carl Hanser Verlag, 2014, S. 4-14

[MAYE08] Mayer-Bachmann, R.: Integratives Anforderungsmanagement. Konzept und Anforderungsmodell am Beispiel der Fahrzeugentwicklung. (Reihe: Informationsmanagement im Engineering Karlsruhe, Bd. 2). Karlsruhe: Universitätsverlag, 2008. Zugl.: Diss. Universität Karlsruhe, 2007

[MATT13] Mattsson, S.: What is perceived as complex in final assembly? To define, measure and manage production complexity. Diss. Gothenburg, Schweden, 2013

[MATU17] Matuschek, M.: Requirements Studio. Basierend auf IBM ® Rational ® DOORS ®. White Paper, V2.0. URL: https://www.willert.de/assets/Datenblaetter/DatS-Req.Eng.-Req-StudioV2.0.pdf [Stand: 09.08.2017]

[MCGR96] McGrath, M. E.: Setting the PACE in product development: A guide to product and cycle-time excellence. Elsevier: Burlington, 1996

[MEUH12] Meier, H.; Uhlmann, E.: Integrierte Industrielle Sach- und Dienstleistungen. Berlin: Springer-Verlag, 2012

[MOLI06] Morgan, J. M.; Liker, J. K.: The Toyota product development system – integrating people, process, and technology. New York: Productivity Press, 2006

[NMFB12] Nekvi, M. R. I.; Madhavji, N. H.; Ferrari, R.; Berenbach, B.: Impediments to requirements-compliance. In: Regnell, B.; Damian, D. (Hrsg.): Requirements Engineering: Foundation for Software Quality, 2012, S. 30-36

[OMG17] Spezifikation OMG Systems Modeling Language™ (Mai 2017). Version 1.5

[OTT09] Ott, S.: Konzept zur methodischen System-Modellierung in der anforderungsgerechten Produktentwicklung. Aachen: Shaker, 2009. Zugl.: Diss. BU Wuppertal, 2009

[PAEM03] Paetsch, F.; Eberlein, A.; Maurer, F.: Requirements engineering and agile software development. In: Enabling Technologies: Proceedings of the Twelfth IEEE International Workshops on Infrastructure for Collaborative Enterprises. IEEE, 2003, S. 308-313

[PATZ82] Patzak, G.: Systemtechnik - Planung komplexer innovativer Systeme. Grundlagen, Methoden, Techniken. Berlin Heidelberg: Springer-Verlag, 1982

[PHZJ12] Paech, B.; Heinrich, R.; Zorn-Pauli, G.; Jung, A.; Tadjiky, S.: Answering a request for proposal. Challenges and proposed solutions. In: International Working Conference on Requirements Engineering: Foundation for Software Quality. Berlin, Heidelberg: Springer-Verlag, 2012, S. 16-29

[POHL07] Pohl, K.: Requirements Engineering - Grundlagen, Prinzipien, Techniken. Heidelberg: Dpunkt, 2007

[POLA17a] Polarion: Polarion ALM Platform Help. Importing Work Items. URL:

https://almdemo.polarion.com/polarion/help/?topic=/com.polarion.xray.doc.user/ugchWorkitemsImporting.html [Stand: 03.12.2017]

[POLA17b] Polarion: Polarion ALM Platform Help. Configuring Work Items. URL: https://almdemo.polarion.com/polarion/help/?topic=/com.polarion.xray.doc.user/agchConfigWorkitems.html [Stand: 03.12.2017]

[POLI11] Ponn, J.; Lindemann, U.: Konzeptentwicklung und Gestaltung technischer Produkte. Systematisch von Anforderungen zu Konzepten und Gestaltlösungen. Berlin Heidelberg: Springer-Verlag, 2011

[PREF14] Prefi, T.: Qualitätsmanagement in der Produktentwicklung. In: Pfeifer, T.; Schmitt, R. (Hrsg.): Masing Handbuch Qualitätsmanagement. 6. Aufl. München Wien: Carl Hanser Verlag, 2014, S. 402-441

[PROD89] Gesetz über die Haftung für fehlerhafte Produkte (Produkthaftungsgesetz – ProdHaftG) (Dezember 1989). In: Gesetz über die Haftung für fehlerhafte Produkte. Bundesgesetzblatt, Jahrgang 1989, Teil I, Nr. 59

[PROD11] Gesetz über die Bereitstellung von Produkten auf dem Markt (Produktsicherheitsgesetz – ProdSG) (November 2011). In: Gesetz über die Neuordnung des Geräte- und Produktsicherheitsrechts. Bundesgesetzblatt, Jahrgang 2011, Teil I, Nr. 57

[PULM04] Pulm, U.: Eine systemtheoretische Betrachtung der Produktentwicklung. Diss. TU München, 2004

[REIS93] Reiß, M.: Komplexitätsmanagement (I). In: Das Wirtschaftsstudium. 22. Jg., 1993, Nr. 1, S. 54-60

[RITZ15] Ringel, M.; Taylor, A.; Zablit, Z.: The Most Innovative Companies 2015: Four Factors That Differentiate Leaders. BCG Perspectives 12. Boston: The Boston Consulting Goup, Inc., 2015

[ROHS11] EU-Richtlinie 2011/65/EU (Juni 2011). Richtlinie 2011/65/EU des Europäischen Parlaments und des Rates vom 8. Juni 2011 zur Beschränkung der Verwendung bestimmter gefährlicher Stoffe in Elektro- und Elektronikgeräten

[ROPO09] Ropohl, G.: Allgemeine Technologie: eine Systemtheorie der Technik. 3. Aufl. Karlsruhe, Universitätsverlag Karlsruhe, 2009

[RORO13] Robertson, S.; Robertson, J.: Mastering the requirements process: Getting requirements right. 3. Aufl. New Jersey: Pearson Education, 2013

[RUPP07] Rupp, C., die SOPHISTen: Requirements-Engineering und -Management. Professionelle, iterative Anforderungsanalyse für die Praxis. 4. Aufl. München: Carl Hanser Verlag, 2007

[RUPP14] Rupp, C., die SOPHISTen: Requirements-Engineering und -Management. Aus der Praxis von klassisch bis agil. 6. Aufl. München: Carl Hanser Verlag, 2014

[RYAN93] Ryan, K.: The role of natural language in requirements engineering. In: Proceedings of IEEE International Symposium on Requirements Engineering. IEEE, 1993. S. 240-242

[SCHA00] Schanz, G.: Wissenschaftsprogramme der Betriebswirtschaftslehre. In: Bea, F. X.; Dichtl, E.; Schweitzer, M. (Hrsg.): Grundfragen (Reihe: Allgemeine Betriebswirtschaftslehre, Bd. 1). Stuttgart: Lucius & Lucius, 2000, S. 80-161

[SCHE09] Schedl, S.: Integration von Anforderungsmanagement in den mechatronischen Entwicklungsprozess. München: Herbert Utz Verlag, 2009. Zugl.: Diss. Techn. Univ. München, 2008

[SCHL99] Schlicksupp, H.: Innovation, Kreativität und Ideenfindung. 5. Aufl. Würzburg: Vogel, 1999

[SCHO14] Schoeneberg, K.-P.: Komplexität – Einführung in die Komplexitätsforschung und Herausforderungen für die Praxis. In: Schoeneberg, K.-P. (Hrsg.): Komplexitätsmanagement in Unternehmen. Herausforderungen im Umgang mit Dynamik, Unsicherheit und Komplexität meistern. Wiesbaden: Springer Gabler, 2014, S. 13-27

[SCHU12] Schuh, G. (Hrsg.): Innovationsmanagement: Handbuch Produktion und Management 3. 2. Aufl. Berlin Heidelberg: Springer-Verlag, 2012

[SCHU13] Schuh, G.: Lean innovation. Berlin Heidelberg: Springer-Verlag, 2013

[SCHU14] Schuh, G.: Produktkomplexität managen: Strategien–Methoden–Tools. München Wien: Carl Hanser Verlag, 2014

[SCPF15] Schmitt, R.; Pfeifer, T.: Qualitätsmanagement. Strategien–Methoden–Techniken. 5. Aufl. München Wien: Carl Hanser Verlag, 2015

[SCSC15] Schenk, M.; Schumann, M.: Einleitung – Herausforderungen für die Produktion mit Zukunft. In: Schenk, M. (Hrsg.): Produktion und Logistik mit Zukunft. Heidelberg: Springer-Verlag, 2015

[SEIL16] Seilevel: Requirements Management Tool Evaluation Report. Seilevel, 2016

[SHWE64] Shannon, C. E.; Weaver, W.: The mathematical theory of communication. 2. Aufl. Urbana: University of Illinois, 1964

[SIBO13] Siddiqui, S. T.; Bokhari, M. U.: Needs, Types and Benefits of Requirements Management Tools. In: International Journal of Trends in Computer Science. 2. Jg., 2013, Nr. 11, S. 365-368

[SIEM17] Siemens PLM Software: Systems-driven cross-industry product development. Development of complex products through a systems-driven process. White Paper, URL: https://www.plm.automation.siemens.com/en/products/teamcenter/requirements-management [Stand: 28.11.2017]

[SIMO12] Simon, H.: Hidden Champions – Aufbruch nach Globalia: Die Erfolgsstrategien unbekannter Weltmarktführer. Frankfurt/Main: Campus Verlag, 2012

[SIWI05] Sitte, J.; Winzer, P.: Demand Compliant Design of Robotic Systems. In: Proceedings of IEEE International Conference on Mechatronics and Automation ICMA. IEEE, 2005, S. 1953–1958

[SIWI11] Sitte, J.; Winzer, P.: Demand-Compliant Design. In: IEEE Transaction on Systems Man and Cybernetics - Part A: Systems and Humans. 41. Jg., 2011, Nr. 3, S. 434–448

[SOPH16] Die SOPHISTen: MASTER. Schablonen für alle Fälle. Nürnberg: SOPHIST, 2016

[SPAR14] Sparx Systems: Requirements Management with Enterprise Architect. Sparx Systems, 2014

[SPWC13] Socher, R.; Perelygin, A.; Wu, J. Y.; Chuang, J.; Manning. C. D.; Ng, A. J.; Potts, C.: Recursive deep models for semantic compositionality over a sentiment treebank. In: Proceedings of the 2013 conference on empirical methods in natural language processing EMNLP. SIGDAT, 2013. S.

1631-1642

[SRHD15] Schuh, G.; Reuter, C.; Hauptvogel, A.; Dölle, C.: Hypotheses for a Theory of Production in the Context of Industrie 4.0. In: Advances in production technology. Cham Heidelberg New York Dordrecht London: Springer-Verlag, 2015. S. 11-23

[STAC73] Stachowiak, H.: Allgemeine Modelltheorie. Wien: Springer-Verlag, 1973

[SUH05] Suh, N. P.: Complexity: theory and applications. New York: Oxford University Press on Demand, 2005

[TARO00] Tatikonda, M. V.; Rosenthal, S. R.: Technology novelty, project complexity, and product development project execution success: a deeper look at task uncertainty in product innovation. In: IEEE Transactions on Engineering Management. 47. Jg., 2000, Nr. 1, S. 74-87

[ULHI76] Ulrich, P.; Hill, W.: Wissenschaftstheoretische Grundlagen der Betriebswirtschaftslehre (Teil I). In: WiSt Zeitschrift für Ausbildung und Hochschulkontakt. Heft 7, 1976, S. 304-309

[ULPR88] Ulrich, H.; Probst, G. J. B.: Anleitung zum ganzheitlichen Denken und Handeln: ein Brevier für Führungskräfte. Bern: Haupt, 1988

[ULRI81] Ulrich, H.: Die Betriebswirtschaftslehre als Anwendungsorientierte Sozialwissenschaft. In: Geist, M.; Köhler, R. (Hrsg.): Die Führung des Betriebes. Curt Sandig zu seinem 80. Geburtstag gewidmet. Stuttgart: Poeschel, 1981, S. 1-25

[ULRI84] Ulrich, H.: Management. Dyllick, T.; Probst, G.J.B: (Hrsg.). Bern: Haupt, 1984.

[ULRI01] Ulrich, H.: Die Unternehmung als produktives soziales System (Text folgt der 2. überarbeiteten Aufl. von 1970). In: Ulrich, H.: Gesammelte Schriften. Band I. Bern Stuttgart Wien: Verlag Paul Haupt, 2001, S. 9-443

[VAJN13] Vajna, S.: Produktdokumentation. In: Feldhusen, J.; Grote, K.-H.: Pahl/Beitz Konstruktionslehre. Methoden und Anwendung erfolgreicher Produktentwicklung. 8. Aufl. Berlin: Springer-Verlag, 2013, S. 99-110

[VDA06] Verband der Automobilindustrie e. V.: Sicherung der Qualität vor Serieneinsatz. Band 4 Kapitel: Produkt- und Prozess-FMEA. In: Qualitätsmanagement in der Automobilindustrie. 2. Aufl. Frankfurt am Main: Heinrich Druck + Medien, 2009

[VDA09] Verband der Automobilindustrie e. V.: Produktentstehung. Reifegradabsicherung für Neuteile. Methoden, Messgrößen, Dokumentationen, Checklisten. In: VDA – Das gemeinsame Qualitätsmanagement in der Lieferkette. 2. Aufl. Frankfurt am Main: Heinrich Druck + Medien, 2009

[VDI93] VDI-Fachbereich Produktentwicklung und Mechatronik: Richtlinie VDI 2221: Methodik zum Entwickeln und Konstruieren technischer Systeme und Produkte. Berlin: Beuth Verlag, 1993

[VDI04] VDI-Fachbereich Produktentwicklung und Mechatronik: Richtlinie VDI 2206: Entwicklungsmethodik für mechatronische Systeme. Berlin: Beuth Verlag, 2004

[VDI07] VDI-Gesellschaft Systementwicklung und Projektgestaltung, Ausschuss Zuverlässigkeit: Technische Regel VDI 4003: Zuverlässigkeitsmanagement. Berlin: Beuth Verlag, 2007

[VERS04a] Versteegen, G.: Einführung in Anforderungsmanagement. In: Versteegen, G. (Hrsg.); Heßeler, A.; Hood, C.; Missling, C.; Stücka, R.: Anforderungsmanagement. Formale Prozesse, Praxiserfahrungen, Einführungsstrategien und Toolauswahl. Berlin Heidelberg: Springer-Verlag, 2004, S. 1-38

[VERS04b] Versteegen, G.: Die Formulierung von Anforderungen. In: Versteegen, G. (Hrsg.); Heßeler, A.; Hood, C.; Missling, C.; Stücka, R.: Anforderungsmanagement. Formale Prozesse, Praxiserfahrungen, Einführungsstrategien und Toolauswahl. Berlin Heidelberg: Springer-Verlag, 2004, S. 39-64

[VHHM04] Versteegen, G.; Heßeler, A.; Hood, C.; Missling, C.; Stücka, R.: Anforderungsmanagement. Formale Prozesse, Praxiserfahrungen, Einführungsstrategien und Toolauswahl. Berlin: Springer, 2004

[VITH15] Vithana, V. N.: Scrum Requirements Engineering Practices and Challenges in Offshore Software Development. In: International Journal of Computer Applications. 116. Jg., 2015, Nr. 22, S. 43-49

[VRIN10] Vrinat, M.: Integrating Requirements Management Across Product Development. Scorecard on Requirements Management Tools. Riverside: Collaborative Product Development Associates, 2010

[WAGN14] Wagner, S. M.: Lieferantenmanagement. In: Pfeifer, T.; Schmitt, R. (Hrsg.): Masing Handbuch Qualitätsmanagement. 6. Aufl. München Wien: Carl Hanser Verlag, 2014, S. 551-579

[WART13] Wartzack, S.: Auswahl- und Bewertungsmethoden. In: Feldhusen, J.; Grote, K.-H.: Pahl/Beitz Konstruktionslehre. Methoden und Anwendung erfolgreicher Produktentwicklung. 8. Aufl. Berlin: Springer-Verlag, 2013, S. 380-404

[WEBE08] Weber, K. H.: Dokumentation verfahrenstechnischer Anlagen. Praxishandbuch mit Checklisten und Beispielen. Berlin Heidelberg: Springer-Verlag, 2008

[WEIL08] Weilkiens, T.: Systems Engineering mit SysML/UML. Modellierung, Analyse, Design. 2. Aufl. Heidelberg: dpunkt.verlag, 2008

[WIEN14] Wiendahl, H.-P.: Betriebsorganisation für Ingenieure. 8. Aufl. München: Carl Hanser Verlag, 2014

[WILL17] Willert, A.: Anforderungsmanagement. Konsistente Dokumente im V-Modell. White Paper V7.0 URL: https://www.willert.de/assets/Datenblaetter/DatBl-Req.-Engineering-V7.0.pdf [Stand: 09.08.2017].

[WINZ16] Winzer, P.: Generic Systems Engineering: Ein methodischer Ansatz zur Komplexitätsbewältigung. 2. Aufl. Berlin Heidelberg: Springer-Verlag, 2016.

[WLWZ12] Wang, J.; Li, J.; Wang, Q.; Zhang, H.; Wang, H.: A simulation approach for impact analysis of requirement volatility considering dependency change. In: International Working Conference on Requirements Engineering: Foundation for Software Quality. Berlin, Heidelberg: Springer-Verlag, 2012, S. 59-76

[WOJR90] Womack, J. P.; Jones, D. T.; Roos, D.: The Machine that Changed the World. The Story of Lean Production. New York: Harper Perennial, 1990

[YOUN04] Young, R. R.: The requirements engineering handbook. Artech House, 2004.

[ZAFI14] Zafirov, R.: Modellbildung und Spezifikation. In: Eigner, M.; Roubanov, D.; Zafirov, R. (Hrsg.): Modellbasierte virtuelle Produktentwicklung. Springer Berlin Heidelberg, 2014

[ZWIC66] Zwicky, F.: Entdecken, Erfinden, Forschen im Morphologischen Weltbild. München: Droemer Knaur, 1966

A. Anhang

A.1 Qualitätskriterien an einzelne Anforderungen nach RUPP [RUPP14, S. 26-29]

Qualitätskriterium	Beschreibung
Vollständigkeit	Jede einzelne Anforderung muss die geforderte und zu liefernde Funktionalität vollständig beschreiben. Anforderungen, die noch unvollständig sind, sollten auch als solche gekennzeichnet werden.
Atomar	Jeder Anforderungssatz enthält genau eine Anforderung, das heißt, genau ein Vollverb (Prozesswort). Konjunktionen, die mehrere Anforderungen in einem Anforderungssatz ermöglichen, werden nicht verwendet.
Konsistenz	Anforderungen müssen gegenüber allen anderen Anforderungen und in sich konsistent, sprich widerspruchsfrei sein - unabhängig vom Abstraktionsgrad oder der Art.
Prüfbarkeit	Eine Anforderung muss so beschrieben sein, dass sie testbar ist. Das heißt, eine Funktionalität, die durch eine Anforderung gefordert wird, muss sich durch einen Test oder eine Messung nachweisen lassen.
Eindeutigkeit	Eine eindeutige Anforderung kann nur auf eine Art und Weise verstanden werden. Es darf nicht möglich sein, andere Sachverhalte hineinzuinterpretieren. Alle Leser einer Anforderung sollten zu einer einzigen, konsequenten Interpretation der Anforderung gelangen.
Technisch lösungsneutral	Jede Anforderung beschreibt nur, was gefordert wird, nicht wie die Anforderung umgesetzt werden soll. Bei der Beschreibung der notwendigen und hinreichenden Eigenschaften und Funktionalitäten des Systems muss darauf geachtet werden, dass sie keine unnötigen Einschränkungen für die Architektur und Entwicklung enthält. Das Ziel der technischen Lösungsneutralität von Anforderungen besteht darin, mögliche technische Lösungen nicht von vornherein auszuschließen, solange keine Randbedingung existiert, die eine bestimmte Lösung vorschreibt.
Umsetzbarkeit / Realisierbarkeit	Es muss möglich sein, jede Anforderung innerhalb der bekannten Fähigkeiten, der Grenzen des Systems und seiner Umgebung umzusetzen. Dies bedeutet, dass sowohl die technologischen als auch finanziellen Grenzen abgesteckt werden müssen.
Notwendigkeit	Jede Anforderung sollte eine Leistung oder Eigenschaft fordern, die der Kunde tatsächlich benötigt oder die zur Anpassung an ein externes System benötigt wird. Eine Anforderung ist nur dann wirklich notwendig, wenn sie der Erfüllung eines Systemziels dient.
Verfolgbarkeit	Jede Anforderung muss sowohl zu ihren Quellen, z. B. einer spezifischen Stakeholder-Aussage oder einer abstrakteren Anforderung, und zu ihren nachgelagerten Artefakten, z. B. abgeleiteten Anforderungen oder Entwicklungsartefakten, verfolgbar sein.

A.2 SysML Diagrammtypen und ihre Beziehung zur UML [OMG17, S. 194]

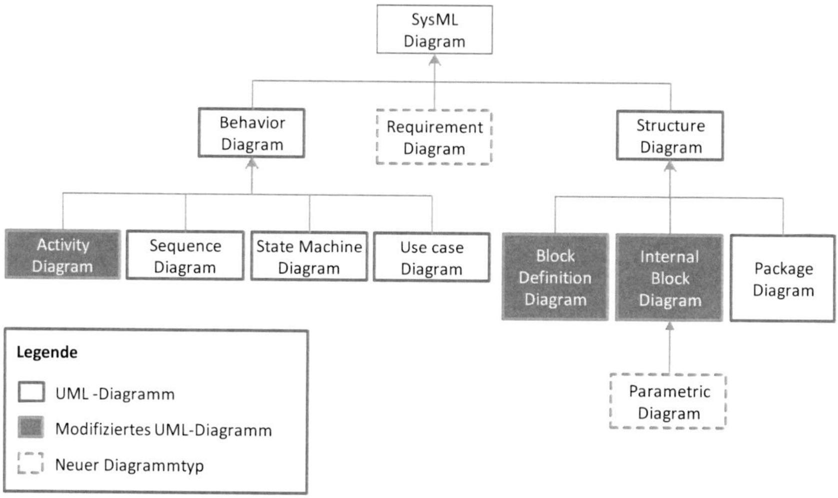

A.3 Detailanalyse der Anforderungen an ein AMS

ID	Anforderung	Schedl	Mayer-Bachmann	Maletz	Ott	Ilie	Kommerzielle AMSW	Rationale
-	**Beherrschung der Komplexität der Produktarchitektur**	●	◕	●	●	◕	●	
R01	Anforderungen, Funktionen und Lösungselemente müssen hierarchisch strukturierbar sein	●	●	●	●	●	●	Übersichtlichkeit über Systemelemente für Anwender sonst zu kompliziert
R02	Es müssen attributierbare Beziehungen zwischen Anforderungen, Funktionen und Lösungselementen erzeugt werden können	●	●	●	●	●	●	Übersichtlichkeit über Systemverhalten für Anwender sonst zu kompliziert
R03	Das AMSW muss Anforderungen, Funktionen und Lösungselemente so ablegen, dass diese in anderen Projekten wiedergenutzt werden können (auch inklusive ihrer Attribute und Beziehungen)	◕	◑	●	●	●	●	Menschliche Fehler, insbesondere Wiederholungsfehler vermeiden
R04	Beziehungen und Hierarchien zwischen zwischen Anforderungen, Funktionen und Lösungselementen müssen visualisierbar gemacht werden können	◑	◑	◕	◑	○	●	Übersichtlichkeit über Systemverhalten für Menschen sonst zu kompliziert
R05	Allen Systemelementen müssen (änderbare und obligatorische) Attribute zugeordnet werden können	●	●	●	●	●	●	Grundlage für verschiedene Maßnahmen zur Komplexitätsreduzeirung, insbesondere für Filter, Sortierungen und Analysen
-	**Beherrschung der Komplexität des Lösungsraums**	◔	◑	◑	◕	◕	◕	
R06	Anforderungen müssen durch die Anwender priorisiert werden können	n.e.	◑	●	●	●	●	Effizienz bei der Abarbeitungsreihenfolge von Aufgaben und Problemstellungen
R07	Lösungselemente müssen durch die Anwender bewertet werden können	n.e.	◑	●	●	●	◑	Gemeinsames rationales Verständnis von Lösungsentscheidungen schaffen
R08	Systemelemente sollten mit absoluten und relativen Werten attributiert werden können	●	◔	●	●	◑	◕	Gemeinsames rationales Verständnis von Lösungsentscheidungen schaffen
R09	Die Identifikation, Darstellung und Dokumentation von Anforderungskonflikten muss prozessual und technisch durchgeführt werden können	n.e.	n.e.	n.e.	●	◕	◑	Frühzeitiges Erkennen von Fehlern und Problemen
R10	Ein technisches Glossar muss prozessual wie technisch anlegbar und zu Analysezwecken nutzbar sein.	n.e.	●	n.e.	n.e.	○	●	Vermeiden von Missverständnissen, schnelleres Einarbeiten neuer Projektbeteiligter
-	**Beherrschung der Komplexität heterogener Datenstrukturen**	◕	○	●	◕	◔	●	
R11	Externe Datenquellen und Dokumente müssen verlinkbar bzw. referenzierbar sein	◕	n.e.	●	◕	◔	●	Vermeidung von Zeitverschwendung durch Suchen, Vermeidung von redundanten und nicht-aktuellen Datenbanken
R12	Daten müssen aus anderen Quellen in das AMSW integrierbar sein	●	n.e.	●	●	◔	●	Effizienz im Informationsmanagement
-	**Beherrschung der Kommunikationskomplexität bei der Anforderungsermittlung**	◔	◕	○	◑	○	◑	
R13	Die Sicherstellung der Anforderungsqualität muss Teil des Anforderungsprozesses sein	◕	●	n.e.	n.e.	○	○	Vermeiden von Missverständnissen, frühzeitiges Erkennen von Fehlern und Problemen, Erhöhen der Zuverlässigkeit der Anforderungserfüllung
R14	Es soll eine automatisierte Überprüfung von Anforderungen durch Gegenprüfen konfigurierbarer Anforderungsschablonen möglich sein	○	●	n.e.	○	◔	◕	Vermeiden von Missverständnissen, Erhöhen der Zuverlässigkeit der Anforderungserfüllung
R15	Es soll eine Formulierung von Anforderungen an das Systemverhalten durch Darstellungsformen für Use Cases möglich sein	○	○	n.e.	◑	○	●	Vermeiden von Missverständnissen, Erhöhen der Zuverlässigkeit der Anforderungserfüllung
-	**Beherrschung der Komplexität durch Verfügbarkeits- und Aufbereitungsdefizite von Informationen im Produktentwicklungsprozess**	◑	◔	○	◑	◑	●	
R16	Das AMSW muss es ermöglichen, rollenspezifische und individuell anpassbare Ansichten auf die Daten entwerfen und wiederverwenden zu können	○	◕	○	●	○	●	Effiziente und aktuelle Informationsbereitstellung
R17	Das AMSW muss über effektive Suchfunktionen verfügen	n.e.	n.e.	n.e.	n.e.	◕	●	Effizienz (minimierte Zeitverschwendung durch Suchen)
R18	Alle Systemelemente und Beziehungen müssen mit einer Rationale und einem Verantwortlichen versehen werden können	●	○	○	n.e.	●	◕	Erhöhung der Informationsdichte, Vermeiden von Missverständnissen
R19	Systemelemente müssen kommentierbar sein und mit Skizzen, Bildern und Textelementen angereichert werden können	◑	○	○	◑	◔	◕	Erhöhung der Informationsdichte, Vermeiden von Missverständnissen

A.3 (Fortsetzung) Detailanalyse der Anforderungen an ein AMS

ID	Anforderung	Schedl	Mayer-Bachmann	Maletz	Ott	Ilie	Kommerzielle AMSW	Rationale
-	**Beherrschung der Komplexität durch Aufwand bei der Anforderungsdokumentation**	◔	○	◑	○	○	●	
R20	Systemelemente (und ein bereits vorhandener technischer Glossar) sollen automatisch eingelesen werden können	◔	○	●	n.e.	○	●	Vermeiden von menschlichen Fehlern, Effizienz durch Automatisierung
R21	Es soll eine automatisierte Überprüfung von Textbausteinen durch Gegenprüfen eines definierten Glossars möglich sein	○	n.e.	n.e.	○	○	◕	Frühzeitiges Entdecken von menschlichen Fehlern, Effizienz durch Automatisierung
-	**Beherrschung der Komplexität durch Änderungen und Erweiterung von Systemelementen**	◑	●	◕	●	◕	◕	
R22	Es muss eine eindeutige Identifikationsnummer für alle Systemelemente unabhängig von Änderungen vergeben werden	◕	●	●	●	●	●	Gewährleistung der Übersicht bei vielen Änderungen und vielen Autoren, dadurch Vermeiden von Missverständnissen
R23	Alle Änderungen an einzelnen Systemelementen und Beziehungen müssen im Rahmen einer Änderungshistorie und durch Versionierung eindeutig nachvollziehbar sein	●	●	◕	●	●	●	Gewährleistung der Übersicht bei vielen Änderungen und vielen Autoren, dadurch Vermeiden von Missverständnissen und besseres Lernen aus Fehlern
R24	Neue Systemelemente und Änderungen müssen automatisch mit dem Urheber und dem Entstehungszeitpunkt versehen werden und Änderungen sollen um eine Rationale ergänzt werden können	●	●	◕	◑	◔	●	Gewährleistung der Übersicht bei vielen Änderungen und vielen Autoren, dadurch Vermeiden von Missverständnissen und besseres Lernen aus Fehlern
R25	Der Freigabestatus einer Anforderung muss festgelegt und geändert werden können	n.e.	●	●	●	●	●	Verhindern von menschlichen Fehlern
R26	Es muss ein Freigabeprozess eingeführt werden können, der die Verantwortlichkeiten regelt und technisch durch Rechtemanagement abgesichert werden sollte	n.e.	◔	◕	●	◑	○	Erhöhung der Zuverlässigkeit von Prozessen, Verhindern von menschlichen Fehlern
-	**Beherrschung der Komplexität der Informationsverfügbarkeit in prozessinduzierten Entscheidungssituationen**	◔	◔	◑	●	◑	●	
R27	Der Erfüllungsstatus von Anforderungen muss auswertbar sein	n.e.	●	●	●	●	●	Effiziente und aktuelle Informationsbereitstellung
R28	Der Zuordnungs- und Erfüllungsstatus von Testfällen muss auswertbar sein	n.e.	n.e.	●	●	●	●	Effiziente und aktuelle Informationsbereitstellung
R29	Das AMSW muss die Analyse von Auswirkungen durch Änderungen an Systemelementen auf andere Systemelemente ermöglichen (Change Impact Analysis)	●	◑	◑	●	◑	●	Vermeiden von Missverständnissen, frühzeitiges Erkennen von Fehlern und Problemen, Erhöhen der Zuverlässigkeit der Anforderungserfüllung
R30	Die Pflege der Vollständigkeit und Korrektheit der Beziehungen zwischen Systemelementen muss im AM-Prozess verankert sein	n.e.	◑	n.e.	●	◕	◑	Vermeiden von Missverständnissen, frühzeitiges Erkennen von Fehlern und Problemen, Erhöhen der Zuverlässigkeit der Anforderungserfüllung
R31	Momentaufnahmen des Systems müssen eingefroren und später miteinander verglichen werden können	n.e.	n.e.	●	●	n.e.	●	Effiziente und aktuelle Informationsbereitstellung, frühzeitiges Erkennen von Fehlern und Problemen
R32	Änderungsberichte zwischen Momentaufnahmen des Systems müssen in standardisierter, konfigurierbarer Form verfügbar gemacht werden können	n.e.	n.e.	n.e.	n.e.	n.e.	●	Effiziente und aktuelle Informationsbereitstellung, frühzeitiges Erkennen von Fehlern und Problemen
-	**Beherrschung der Prozesskomplexität durch Prozessanforderungen**	◔	○	◑	◕	◔	◑	
R33	Der AM-Prozess muss Momentaufnahmen des Projektstatus in Form von Prozessanforderungen erfassen und mit Metriken (Input, Output, Messgröße) verarbeiten können	n.e.	○	●	●	○	○	Effiziente und aktuelle Informationsbereitstellung, frühzeitiges Erkennen von Fehlern und Problemen
R34	Prozessinformationen müssen als Attribute hinterlegt werden können	●	○	●	●	●	●	Effiziente und aktuelle Informationsbereitstellung, frühzeitiges Erkennen von Fehlern und Problemen
R35	Im AM-Prozess muss der Umgang mit Anforderungen aus Lebenszyklusphasen nach der Produktentwicklung definiert sein	○	○	◔	●	n.e.	◔	Erhöhen der Zuverlässigkeit der Anforderungserfüllung
R36	Die Generierung individualisierbarer standardisierter Dokumente durch die Anwender muss möglich sein	n.e.	○	n.e.	n.e.	n.e.	◕	Vermeiden von Missverständnissen und menschlichen Fehlern, effiziente und aktuelle Informationsbereitstellung

A.3 (Fortsetzung) Detailanalyse der Anforderungen an ein AMS

ID	Anforderung	Schedl	Mayer-Bachmann	Maletz	Ott	Ilie	Kommerzielle AMSW	Rationale
-	**Beherrschung der Komplexität der Verantwortlichkeitsbeziehungen**	○	○	◑	◔	○	◕	
R37	Das AMSW muss die Definition und Zuweisung von Rollen an die Anwender ermöglichen	n.e.	n.e.	●	◑	n.e.	●	Effiziente und standardisierte Arbeitsweise
R38	Die Anwender müssen im AMSW dedizierte Lese- und Schreibrechte für einzelne Attribute und Systemelementtypen vergeben können	n.e.	n.e.	◑	◑	n.e.	●	Vermeiden von Missverständnissen und menschlichen Fehlern, Erhöhen der Zuverlässigkeit der Anforderungserfüllung
R39	Die Lese- und Schreiberechte müssen so vergeben werden, dass sie eine Fehlervermeidung im AM-Prozess begünstigen	○	n.e.	n.e.	n.e.	n.e.	○	Vermeiden von Missverständnissen und menschlichen Fehlern, Erhöhen der Zuverlässigkeit der Anforderungserfüllung
-	**Beherrschung der Schnittstellenkomplexität zu anderen softwarebasierten Werkzeugen**	◕	○	●	◑	◔	◕	
R40	Die Echtzeitdaten des AMSW müssen über eine Schnittstelle von externen softwarebasierten Werkzeugen lesbar sein	◑	n.e.	◕	●	n.e.	◑	Effiziente und aktuelle Informationsbereitstellung
R41	Das AMSW muss den Export und Import von Daten aus gängigen Dateiformaten ermöglichen	●	n.e.	●	n.e.	◑	●	Effiziente und aktuelle Informationsbereitstellung
-	**Anforderungen aus übergeordneten Projektmanagementaktivitäten**	◔	○	●	●	○	●	
R42	In einem Projektcockpit sollen alle laufenden Projekte übersichtlich mit relevanten aktuellen Informationen dargestellt werden	◔	n.e.	●	●	n.e.	●	Effiziente und aktuelle Informationsbereitstellung
-	**Lösungsunabhängige technische Anforderungen**	●	○	◕	○	○	●	
R43	Das AMSW muss eine hohe Softwarequalität haben	◕	○	●	○	n.e.	◕	Gebrauchstauglichkeit
R44	Das AMSW muss echtzeitfähig sein und Multi-User-Bearbeitung erlauben	●	○	●	○	n.e.	●	Gebrauchstauglichkeit
R45	Das AMSW muss Anforderungen in Bearbeitung automatisch ausloggen	●	○	n.e.	○	n.e.	●	Gebrauchstauglichkeit
R46	Es muss eine gut verständliche digitale Dokumentation verfügbar sein	◕	○	●	○	n.e.	◕	Gebrauchstauglichkeit
-	**Anforderungen an die generelle Adaptivität**	◑	◔	◔	◔	◔	○	
R47	Das AMS muss entweder den spezifischen Kontext des Einsatzes und seiner Grenzen spezifizieren oder über eine entsprechend hohe Adaptivität verfügen, um dem jeweiligen Kontext angepasst werden zu können	◑	◔	◔	◔	◔	○	Gebrauchstauglichkeit
-	**Anforderungen an die projektbezogene Adaptivität**	◑	○	◕	◑	○	◑	
R48	Das AMS muss für unterschiedliche Entwicklungsprojekttypen innerhalb eines Anwenderkreises auf die projektbedingten Unterschiede anpassbar sein	◑	○	◕	◑	○	◑	Höhere Unternehmensdurchdringung und dadurch höhere Nutzerakzeptanz, bessere Adaptivität bei internen Veränderungen
-	**Anforderungen an die anwenderbezogene Adaptivität**	◑	○	◕	○	◔	◑	
R49	Das AMS muss ein SPH sein	●	◔	●	◔	◔	◑	Reine Softwarelösungen oder reine Vorgehensmodelle haben in der Praxis nicht die beschriebenen Probleme bei der Komplexitätsbeherrschung beheben können
R50	Unternehmensprozesse müssen mit dem SPH verknüpft werden können, es soll aber keinen „Prozesszwang" durch den SPH geben	◕	○	●	○	◔	○	Erhöhung der Zuverlässigkeit von Prozessen, Wahrung der Nachhaltigkeit des AMS hinsichtlich interner Veränderungen
R51	Das AMSW muss sowohl die Verwaltung reiner Anforderungsobjekte ermöglichen, als auch das ganzheitliche Managen von Systemelementen wie Funktionen, Lösungselementen und Testfällen	○	○	●	○	n.e.	◑	Wahrung der Nachhaltigkeit des AMS hinsichtlich interner Veränderungen
R52	Das AMSW muss über notwendige Schnittstellen zu unternehmensindividuellen IT-Systemen verfügen und auf Änderungen in der Prozesslandschaft im laufen-den Betrieb anpassbar sein	◑	○	◕	○	n.e.	◔	Wahrung der Nachhaltigkeit des AMS hinsichtlich interner und externer Veränderungen
R53	Das AMS muss externe Anwendungspartner auch während eine Projekts Zugang zu dem AMSW gewähren können, wobei eine Sicherstellung der Gewährung exklusiver Lese- und Schreibrechte durch den AM-Prozess gewährleistet werden muss	n.e.	n.e.	◕	n.e.	n.e.	◕	Effiziente und aktuelle Informationsbereitstellung, Wahrung von Geheimhaltungsinteressen
R54	Das AMSW muss einen Vendor-Lock-In vermeiden	●	○	◑	○	◔	◔	Wahrung der Nachhaltigkeit des AMS hinsichtlich interner und externer Veränderungen
-	**Anforderungen an die Messbarkeit vom Nutzen des Konzepts**	○	○	○	○	○	◔	
R55	Die Messbarkeit vom Nutzen des Konzepts muss für Anwender nachgewiesen werden können	○	○	○	○	○	◔	Nachweis der Wirtschaftlichkeit

A.4 Detaillierte Aufführung der Gegenüberstellung von Anforderungen und der sie erfüllenden Systemelemente aus Tabelle 5-1

ID	Anforderung	Erfüllt durch
R01	Anforderungen, Funktionen und Lösungselemente müssen durch die Anwender hierarchisch strukturierbar sein	EM: Entitätsmodell F01: Anforderungsermittlung und -dokumentation PP01: Aufnahme und Verfeinerung von Anforderungen und Systemelementen
R02	Es müssen durch die Anwender attribuierbare Beziehungen zwischen Anforderungen, Funktionen und Lösungselementen erzeugt werden können	EM: Entitätsmodell F01: Anforderungsermittlung und -dokumentation PP01: Aufnahme und Verfeinerung von Anforderungen und Systemelementen
R03	Das AMSW muss Anforderungen, Funktionen und Lösungselemente so ablegen, dass diese in anderen Projekten wiedergenutzt werden können (auch inklusive ihrer Attribute und Beziehungen)	F04: Projektmanagement
R04	Beziehungen und Hierarchien zwischen Anforderungen, Funktionen und Lösungselementen müssen durch die Anwender visualisierbar gemacht werden können	EM: Entitätsmodell F02: Anforderungsverwaltung PP04: Analyse von Anforderungen und des Systems
R05	Allen Systemelementen müssen durch die Anwender (änderbare und obligatorische) Attribute zugeordnet werden können	EM: Entitätsmodell F01: Anforderungsermittlung und -dokumentation
R06	Anforderungen müssen durch die Anwender priorisiert werden können	EM: Entitätsmodell F01: Anforderungsermittlung und -dokumentation
R07	Lösungselemente müssen durch die Anwender bewertet werden können	EM: Entitätsmodell AF01: Bewertung von Lösungskonzepten
R08	Systemelemente sollten mit absoluten und relativen Werten attribuiert werden können	EM: Entitätsmodell AF01: Bewertung von Lösungskonzepten
R09	Die Identifikation, Darstellung und Dokumentation von Anforderungskonflikten muss prozessual und technisch durch die Anwender durchgeführt werden können	AF02: Anforderungskonflikte
R10	Ein technisches Glossar muss prozessual wie technisch durch die Anwender angelegt werden können und zu Analysezwecken nutzbar sein	F01: Anforderungsermittlung und -dokumentation AF03: Nutzung eines technischen Glossars
R11	Externe Datenquellen und Dokumente müssen verlinkbar bzw. referenzierbar sein	F01: Anforderungsermittlung und -dokumentation
R12	Daten müssen aus anderen Quellen in das AMSW integrierbar sein	F01: Anforderungsermittlung und -dokumentation
R13	Die Sicherstellung der Anforderungsqualität muss Teil des Anforderungsprozesses sein	PP02: Überprüfung der Anforderungs- und Systemqualität PP03: Ändern von Systemelementen
R14	Es soll eine automatisierte Überprüfung von Anforderungen durch Gegenprüfen konfigurierbarer Anforderungsschablonen möglich sein	F01: Anforderungsermittlung und -dokumentation PP01: Aufnahme und Verfeinerung von Anforderungen und Systemelementen
R15	Es soll eine Formulierung von Anforderungen an das Systemverhalten durch Darstellungsformen für Use Cases möglich sein	AF04: Verhaltensdarstellung
R16	Das AMSW muss es ermöglichen, rollenspezifische und individuell anpassbare Ansichten auf die Daten entwerfen und wiederverwenden zu können	AF05: Rollenspezifische Filter
R17	Das AMSW muss über effektive Suchfunktionen verfügen	F02: Anforderungsverwaltung
R18	Alle Systemelemente und Beziehungen müssen mit einer Rationale und einem Verantwortlichen versehen werden können	EM: Entitätsmodell F01: Anforderungsermittlung und -dokumentation OP02: Festlegung von Verantwortlichkeiten im AM-Prozess PP01: Aufnahme und Verfeinerung von Anforderungen und Systemelementen
R19	Systemelemente müssen kommentierbar sein und mit Skizzen, Bildern und Textelementen angereichert werden können	AF06: Kommentarfunktionen
R20	Systemelemente (und ein bereits vorhandenes technisches Glossar) sollen automatisch eingelesen werden können	AF03: Nutzung eines technischen Glossars AF07: Automatisches Einlesen
R21	Es soll eine automatisierte Überprüfung von Systemelementen durch Gegenprüfen eines technischen Glossars möglich sein	AF03: Nutzung eines technischen Glossars
R22	Es muss eine eindeutige Identifikationsnummer für alle Systemelemente unabhängig von Änderungen vergeben	EM: Entitätsmodell F01: Anforderungsermittlung und -dokumentation

	werden	
R23	Alle Änderungen an einzelnen Systemelementen und Beziehungen müssen im Rahmen einer Änderungshistorie und durch Versionierung eindeutig nachvollziehbar sein	EM: Entitätsmodell F01: Anforderungsermittlung und -dokumentation
R24	Neue Systemelemente und Änderungen müssen automatisch mit dem Urheber und dem Entstehungszeitpunkt versehen werden und Änderungen sollen um eine Rationale ergänzt werden können	EM: Entitätsmodell F01: Anforderungsermittlung und -dokumentation
R25	Der Freigabestatus einer Anforderung muss festgelegt und geändert werden können	EM: Entitätsmodell AP01: Anforderungsfreigabeprozess
R26	Es muss ein Freigabeprozess eingeführt werden können, der die Verantwortlichkeiten regelt und technisch durch Rechtemanagement abgesichert werden sollte	OP02: Festlegung von Verantwortlichkeiten im AM-Prozess AP01: Anforderungsfreigabeprozess
R27	Der Erfüllungsstatus von Anforderungen muss auswertbar sein	EM: Entitätsmodell F03: Anforderungsanalyse PP04 (Prozess)
R28	Der Zuordnungs- und Erfüllungsstatus von Testfällen muss auswertbar sein	EM: Entitätsmodell AP02: Testmanagementprozess
R29	Das AMSW muss die Analyse von Auswirkungen durch Änderungen an Systemelementen auf andere Systemelemente ermöglichen (Change-Impact-Analyse)	F03: Anforderungsanalyse PP04 (Prozess)
R30	Die Pflege der Vollständigkeit und Korrektheit der Beziehungen zwischen Systemelementen muss im AM-Prozess verankert sein	PP02: Überprüfung der Anforderungs- und Systemqualität PP03: Ändern von Systemelementen
R31	Momentaufnahmen des Systems müssen eingefroren und später miteinander verglichen werden können	EM: Entitätsmodell F03: Anforderungsanalyse PP04 (Prozess)
R32	Änderungsberichte zwischen Momentaufnahmen des Systems müssen in standardisierter, konfigurierbarer Form verfügbar gemacht werden können	PP04: Analyse von Anforderungen und des Systems
R33	Der AM-Prozess muss Momentaufnahmen des Projektstatus in Form von Prozessanforderungen erfassen und mit Metriken (Input, Output, Messgröße) verarbeiten können	AP03: Prozesszustände
R34	Prozessinformationen müssen als Attribute hinterlegt werden können	EM: Entitätsmodell F01: Anforderungsermittlung und -dokumentation PP01: Aufnahme und Verfeinerung von Anforderungen und Systemelementen
R35	Im AM-Prozess muss der Umgang mit Anforderungen aus Lebenszyklusphasen nach der Produktentwicklung definiert sein	AP04: Lebenszyklusprozess
R36	Die Generierung individualisierbarer standardisierter Dokumente durch die Anwender muss möglich sein	F04: Projektmanagement
R37	Das AMSW muss die Definition und Zuweisung von Rollen an die Anwender ermöglichen	RoM: Rollenmodell
R38	Die Anwender müssen im AMSW dedizierte Lese- und Schreibrechte für einzelne Attribute und Systemelementtypen vergeben können	AP05: Erweitertes Nutzerrechtemanagement
R39	Die Lese- und Schreiberechte müssen so vergeben werden, dass sie eine Fehlervermeidung im AM-Prozess begünstigen	AP05: Erweitertes Nutzerrechtemanagement
R40	Die Echtzeitdaten des AMSW müssen über eine Schnittstelle von externen softwarebasierten Werkzeugen lesbar sein	OP03: Festlegung eines AMSW und seiner Schnittstellen
R41	Das AMSW muss den Export und Import von Daten aus gängigen Dateiformaten ermöglichen	F02: Anforderungsverwaltung
R42	In einem Projektcockpit sollen alle laufenden Projekte übersichtlich mit relevanten aktuellen Informationen dargestellt werden	F04: Projektmanagement
R43	Das AMSW muss eine hohe Softwarequalität haben	OP03: Festlegung eines AMSW und seiner Schnittstellen
R44	Das AMSW muss echtzeitfähig sein und Multi-User-Bearbeitung erlauben	OP03: Festlegung eines AMSW und seiner Schnittstellen
R45	Das AMSW muss Anforderungen in Bearbeitung automatisch ausloggen	OP03: Festlegung eines AMSW und seiner Schnittstellen
R46	Es muss eine gut verständliche digitale Dokumentation verfügbar sein	OP03: Festlegung eines AMSW und seiner Schnittstellen
R47	Das AMS muss entweder den spezifischen Kontext des Einsatzes und seiner Grenzen spezifizieren oder über eine entsprechend hohe Adaptivität verfügen, um dem	Gesamtkonzept

	jeweiligen Kontext angepasst werden zu können	
R48	Das AMS muss für unterschiedliche Entwicklungsprojekttypen innerhalb eines Anwenderkreises auf die projektbedingten Unterschiede anpassbar sein	F04: Projektmanagement OP01: Definition eines unternehmensindividuellen AM-Prozesses und seiner Varianten, Grenzen und Ausnahmen
R49	Das AMS muss ein SPH sein	Gesamtkonzept
R50	Unternehmensprozesse müssen mit dem SPH verknüpft werden können, es soll aber keinen „Prozesszwang" durch den SPH geben	F04: Projektmanagement OP01: Definition eines unternehmensindividuellen AM-Prozesses und seiner Varianten, Grenzen und Ausnahmen
R51	Das AMSW muss sowohl die Verwaltung reiner Anforderungsobjekte ermöglichen, als auch das ganzheitliche Managen von Systemelementen wie Funktionen, Lösungselementen und Testfällen	F04: Projektmanagement OP01: Definition eines unternehmensindividuellen AM-Prozesses und seiner Varianten, Grenzen und Ausnahmen
R52	Das AMSW muss über notwendige Schnittstellen zu unternehmensindividuellen IT-Systemen verfügen und auf Änderungen in der Prozesslandschaft im laufenden Betrieb anpassbar sein	OP03: Festlegung eines AMSW und seiner Schnittstellen
R53	Das AMS muss externe Anwendungspartner auch während eine Projekts Zugang zu dem AMSW gewähren können, wobei eine Sicherstellung der Gewährung exklusiver Lese- und Schreibrechte durch den AM-Prozess gewährleistet werden muss	F04: Projektmanagement OP01: Definition eines unternehmensindividuellen AM-Prozesses und seiner Varianten, Grenzen und Ausnahmen
R54	Das AMSW muss einen Vendor-Lock-In vermeiden	OP03: Festlegung eines AMSW und seiner Schnittstellen
R55	Die Messbarkeit vom Nutzen des Konzepts muss für Anwender nachgewiesen werden können	Gesamtmodell

A.5 Detailliertes Beispiel für ein Aktivitätsdiagramm eines Unternehmens zu Prozess OP01 (ohne weitere, unternehmensspezifische Ausgestaltung der Aktivitätsparameterknoten)

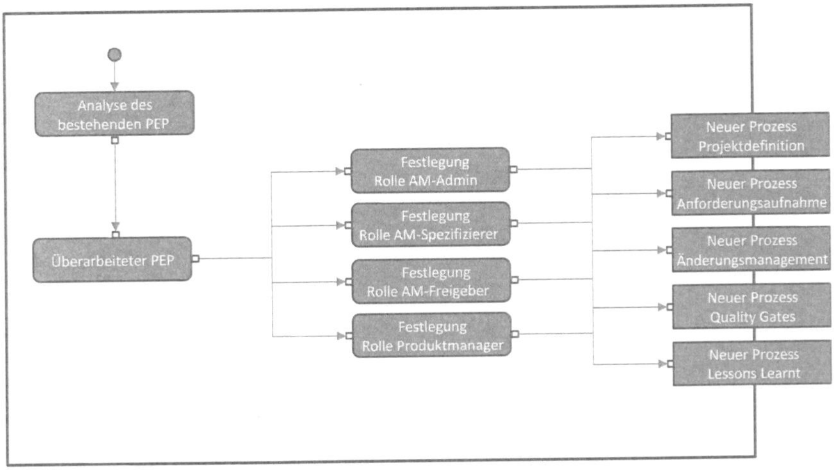

A.6 Bei der Expertenbefragung verwendeter Fragebogen [eigene Darstellung]

Teil 1: Selbstbewertung des Entwicklungsvorgehens und des Anforderungsmanagement

Zur Vorbereitung zunächst einige Fragen zum Ist-Zustand. Gerne nur in kurzen Stichworten zu beantworten.

1.1. Wie wird das Anforderungsmanagement (AM) aktuell bzw. zum Zeitpunkt unserer gemeinsamen Arbeit „gelebt"?

[mögliche Themenblöcke: Einbindung von AM in Entwicklungsprozess, Anzahl beteiligter MA/Projekt, Austausch von Daten und Zwischenergebnissen, Form der Verschriftlichung/Digitalisierung, Einbindung externer Partner/Kunden, Einbindung der Anforderungen in anderen Tools (bspw. CAD/CAE, Strukturbaum, ERP, PLM)]

1.2. Welches sind die größten „Schwachstellen/Probleme" dabei (max. 3)?

[z.B.: zusätzl. Iterationen durch mangelnden Informationsaustausch, zusätzl. Iterationen durch mangelnde frühzeitige Detailanalysen, Kostensteigerungen durch nicht vorhersehbare nötige Investitionen, Anforderungen werden „vergessen", späte Änderungen durch intern oder extern, zu wenig Pufferzeiten, mangelnde Kapazitäten]

Teil 2: Betrachtung möglicher Bausteine eines idealen Anforderungsmanagementsystems

2.1. Ein „ideales" Anforderungsmanagement wird folgendem Daten-Konzept folgen:

☐ Keins: Arbeiten wie in Teil 1 beschrieben ist „Komplexitätsoptimal"

☐ Leicht: nur Anforderungen werden in einer Software spezifiziert (keine Lösungskonzepte); trotzdem ist eine flexible Baumstruktur, Multi-User-Management (mehrere können gleichzeitig arbeiten), Rechtemanagement (wer kann was sehen/bearbeiten), dezentraler Zugriff (von unterwegs), Auswertemöglichkeiten, hohe Verfügbarkeit und Datensicherheit notwendig

☐ Mittel: Wie Leicht, zusätzlich werden Anforderungen, Lösungselemente und Funktionen spezifiziert und müssen miteinander in Relation gebracht werden. Auf Grund der höheren Anzahl von Elementen ist eine Wiedernutzbarkeit in Folgeprojekten und Variantenprojekten notwendig. Auswertemöglichkeiten müssen gegenüber der leichten Variante über mehr Möglichkeiten verfügen (z.B. Konzeptvergleich, Erfüllungsgrad über Relationen statt über „Status-Attribute")

☐ Hoch: Wie mittel; zusätzlich ist es auf Grund der Systemkomplexität sinnvoll, auch grafisch arbeiten zu können, bspw. mit Use Case-Diagrammen und Abhängigkeitsgraphen (um z.B. zu sehen, welche Anforderungen/Elemente betroffen sind, wenn ein Systemelement/eine andere Anforderung geändert wird)

2.2. Ein „ideales" Anforderungsmanagement wird folgende Prozesse beinhalten (Mehrfachnennungen möglich!):

☐ Einen Prozess, wie, wann und durch wen Projekte im Anforderungsmanagementsystem anzulegen sind

☐ Einen Prozess zur Anlage von Rollen, die mit speziellen Rechten ausgestattet sind (z.B. Entwicklungsleitung, Projektleitung, Entwickler, externer Mitarbeiter)

☐ Eine Einbindung in den existierenden Entwicklungsprozess inkl. Anweisungen, wann in welchem Umfang die Software durch wen zu benutzen ist (bspw. Bei Meilensteintreffen)

☐ Fester Einbezug konkreter Anforderungsstati als Prozesstrigger in Standardprozesse wie die VDA-Reifegradsystematik oder Quality Gates (bspw. „Alle Anforderungen müssen beim „Concept Freeze" den Status „angenommen" haben, sonst geht Prozess nicht weiter")

☐ Eine Datenbank mit wiederverwendbaren Systembausteinen oder häufigen Anforderungen soll angelegt werden

☐ Lessons-Learned-Prozesse auf Basis und unter Zuhilfenahme der Anforderungen und ihrer Erfüllungsgrade

☐ Prozess zur Testfallerstellung auf Basis der Anforderungen

☐ Weitere wichtige Prozesse:

____

2.3. Lösungselemente müssen durch den Anwender bewertet werden können (um bspw. Im Nachhinein nachvollziehbar zu machen, warum eine Konzeptvariante genommen wurde):

☐ Ja

□ Nein

2.4. Anforderungen, Funktionen und/oder Lösungselemente sollen mit absoluten und relativen Werten attributiert werden können (bspw. Gewichtung, Erfüllungsgrad in %, spezifische Eigenschaften)

□ Ja, weil________________________

□ Nein

2.5. Anforderungskonflikte sollen...

□ Nur durch den Anwender erkannt werden und ggf. manuell „kommentiert" werden

□ In der Software durch Relationen darstellbar sein (v.a. grafisch)

□ Auch über Relationen zwischen Anforderungen und Lösungselementen darstellbar sein (bspw. Lösung X erfüllt Anf. A, aber nicht Anf. B, Lösung Y erfüllt B, aber nicht A)

□ Zusätzlich auch automatisch über den Vergleich attributierter Werte (dafür muss Frage 2.4 mit „ja" beantwortet sein; bspw. könnte eine Anforderung zum Druck mit dem Wert „<800bar" belegt sein, Lösungskonzepte entsprechend mit abgeschätzten Werten, die dann automatisch verglichen werden

2.6. Ist ein technisches Glossar innerhalb des Anforderungsmanagements notwendig?

□ Ja, auch per Einlesefunktion bspw. aus Kundendokumenten UND mit Autokorrektur/Hinweisfunktion für neu eingegebene Anforderungen

□ Ja, auch per Einlesefunktion bspw. aus Kundendokumenten

□ Ja, manuell zu erstellen, in anderen Projekten nutzbar

□ Nein

2.7. Sollen Daten aus anderen Quellen eingelesen werden können (ReqIF-Datei von Kunden, BoM aus STEP-Datei, etc.)

□ Ja, und zwar______________________________

□ Nein

2.8. Soll eine automatische Qualitätsprüfung von Anforderungen auf Basis von Anforderungsschablonen erfolgen (die erstellt und geschult werden müssen)?

□ Ja

□ Nein

2.9. Soll das Systemverhalten oder der Systemaufbau durch Diagramme visualisiert werden können? (Mehrfachnennungen möglich!)

□ Ja, Systemverhalten

□ Ja Systemaufbau

□ Ja, weiteres:_____________________-

□ Nein

2.10. Ist es gewünscht, dass über Kommentarfunktionen auch ein Meinungsaustausch zu Lösungen dokumentiert werden kann (auch inkl. einfügbarer Skizzen, Fotos etc.)?

□ Ja

□ Nein

2.11. Sollen Rollenspezifische Filterfunktionen konfigurierbar sein (bspw. sehen Teilprojektleiter oder Spezialisten nur „ihre" Anforderungen und Lösungselemente □höhere Übersichtlichkeit, höherer Konfigurationsaufwand)?

□ Ja

□ Nein

2.12. Soll die Eingabe einer „Rationale" (Begründung) für Anforderungen, Funktionen, Änderungen und Relationen verpflichtend sein (minimiert das Risiko, überflüssige Anforderungen aufzuschreiben, aber mehr Aufwand)

□ Ja

□ Nein

2.13. Sollen Anforderungen einen Freigabestatus (bspw. „neu“, „abgelehnt“, „freigeben“) erhalten (der dann nur durch bestimmte Rollen geändert werden kann, siehe Frage 2.2)?

□ Ja

□ Nein

2.14. Wie soll der Erfüllungsstatus von Anforderungen dokumentiert werden

□ Über ein Attribut „Erfüllungsstatus“, das der Anwender auf z.B: „erfüllt“ oder „teilweise erfüllt setzen kann“

□ Über per Relationen zugeordnete Lösungskonzepte (Frage 2.1 Konzepte „mittel“ und „hoch“)

□ Wird manuell/schriftlich/in anderem Tool gemacht

2.15. Sollen Testfälle/Prüfungen auch mit den Anforderungen verknüpft werden?

□ Ja, auch auswertbar mit Attributen oder Relationen

□ Ja, ohne Auswertefeatures

□ Nein

2.16. Ist es wichtig, bei späten Änderungen eine Change-Impact-analyse durchführen zu können (also: welche Anforderungen/Systemelemente sind möglicherweise betroffen)?

□ Ja, toolgestützt

□ Ja, manuell

□ Nein

2.17. Sollen „Änderungsberichte“ zwischen 2 Dokumentationsständen (z.B. heute vs. Vor 4 Wochen oder zwischen Meilenstein M3 und M4) ausgebbar und konfigurierbar sein?

□ Ja, nur für interne Qualitäts- und Fortschrittskontrollen (vorkonfigurierte Berichte)

□ Ja, müssen individualisierbar sein (z.B. für standardisierte Ablage oder als Kundenanforderung □ höherer Aufwand)

□ Nein

2.18. Werden auch Anforderungen aus Lebenszyklusphasen nach der Entwicklung berücksichtigt (bspw. Produktionsanforderungen, Serviceanforderungen, Inbetriebnahmeanforderungen?

□ Ja, werden wie Produktanforderungen behandelt

□ Ja, werden mit eigenem Prozess verbunden (bspw. Meilensteintreffen mit Stakeholdern)

□ Nein

2.19. Sollen Projektmanagement-Reporte standardisiert aus der AM-Software heraus erzeugt werden können (Fortschrittsberichte, Konfliktberichte, Erfüllungsgradanalysen)?

□ Ja, und zwar:____________________________

□ Nein

2.20. Soll es innerhalb der AM-Software auch übergeordnete Projektcockpits geben, in denen bspw. alle laufenden Projekte mit verdichteten Kennzahlen (Dauer, Budget, aktuelle Projektphase, Anzahl Anforderungen, Erfüllungsgrad) aufgeführt sind?

□ Ja

□ Nein

2.21. Sollen externe Partner mit in die AM-Software eingebunden werden können?

□ Ja. Kundenmitarbeiter

□ Ja, externe Dienstleister

□ Nein

2.22. Sollen andere Werkzeuge die erzeugten Elemente (Anforderungen, Lösungselemente) auslesen können (bspw. Bill of Material für CAD-Software)?

- ☐ Ja, und zwar________________________________
- ☐ Nein

2.23. Sollen in Projekten unterschiedlicher Komplexität auch unterschiedliche Arbeitsweisen mit der AM-Software (und damit auch unterschiedliche AM-Prozesse) festgelegt werden?

- ☐ Ja
- ☐ Nein (oder zumindest nicht standardisiert)

Teil 3: Bewertung des Nutzenpotenzials

3.1. Nennen Sie für ein (durchschnittliches Beispielprojekt die reale Entwicklungszeit (Projektdauer), die realen Entwicklungskosten (inkl. Personal, abgeschätzt) und – ebenfalls abgeschätzt – den Anteil, der davon vermeidbar gewesen wäre.

Reale Entwicklungszeit: _______- Wochen

Anteil vermeidbarer Zeitaufwand (Verschwendung): ________ %

Reale Entwicklungskosten: ______________ €

Anteil vermeidbare Kosten (Verschwendung): ________ %

Projektunabhängig: verschwendete Zeit der an Entwicklung beteiligten Mitarbeiter durch allgemeine Faktoren wie Suchen von Infomationen, Wartezeiten, intern notwendige nicht-wertschöpfende Arbeiten: __________ %

3.2. Wie hoch wäre etwa die Einsparung von zeitlichen Mehraufwendungen durch ein „ideales" Anforderungsmanagementsystem (aus Teil 2), welches früher wichtige Anforderungen und damit verbundene Probleme erkennen lässt bzw. Fehler früher entdeckbar macht? [Durchschnitt je Projekt, in %]

________________________ %

3.3. Wie hoch wäre etwa die Einsparung von finanziellen Mehraufwendungen durch ein „ideales" Anforderungsmanagementsystem (aus Abschnitt 2), welches früher wichtige Anforderungen und damit verbundene Probleme erkennen lässt bzw. Fehler früher entdeckbar macht? [Durchschnitt je Projekt, in %]

________________________ %

3.4. Wie hoch wäre etwa die Einsparung von zeitlichen Mehraufwendungen durch ein „ideales" Anforderungsmanagementsystem (aus Abschnitt 2), die aktuell durch das Zusammensuchen von Informationen zu Anforderungen/Risiken/Projektstatus entstehen? [Durchschnitt je Projekt, in %]

________________________ %

3.5. Um wieviel besser hätten vergangene Entwicklungsprojekte die realen (auch impliziten) Kundenanforderungen erfüllt, wenn Sie (mit Hilfe des idealen Anforderungsmanagements) alle Anforderungen frühestmöglich in der richtigen Qualität identifiziert hätten und die Realisierung der zuletzt aktuellsten Anforderungen so "gut wie möglich" umgesetzt hätten? [Prozentuale, rein qualitative Verbesserung des Produkts, soweit möglich ☐ bei durch den Kunden geforderten Nachbesserungen bezogen auf die erste Version des Produkts]

________________________ %

A.7 Im Kontext dieser Dissertation betreute studentische Arbeiten

Verfasser	Art der Arbeit	Titel
Berisha, Dardan	Masterarbeit	Development of an Approach for the Integration of FMEA into a Design Process based on Modelled Requirements
Ebosele, Godwin	Masterarbeit	Development of an Approach to Model and Elicit Production related Requirements for Mechatronics products
Hesse, Stephan	Bachelorarbeit	Branchenspezifische Anforderungen an softwaregestützte Anforderungsmanagementsysteme für produzierende Unternehmen
Hykes, Benjamin	Masterarbeit	Komplexitätsbeherrschung im Anforderungsmanagement modulbasierter mechatronischer Systeme durch eine systematische, softwaregestützte Methodik
Stahl, Janik	Bachelorarbeit	Analyse und Differenzierung produkt- und entwicklungsspezifischer Anforderungen kleiner und mittlerer Unternehmen an softwarebasierte Anforderungsmanagementsysteme

In der Reihe **Ergebnisse aus der Produktionstechnik** zuletzt erschienen:

Ochel, Tim:
Prognostik zur Resilienzsteigerung im Werkzeugbau
ISBN: 978-3-98555-161-3
Erscheinungsdatum: 22.05.2023

Greipel, Jonathan:
Grouping of Inspection Characteristics to Reduce Costs of Adaptive Inspection Planning in Variant Production
ISBN: 978-3-98555-157-6
Erscheinungsdatum: 03.05.2023

Troß, Nico:
Mehrskalenmodellierung der thermomechanischen Werkzeugbelastung beim Trockenwälzfräsen
ISBN: 978-3-98555-158-3
Erscheinungsdatum: 19.04.2023

Nicksch, Christoph:
Konfiguration verteilter Large-Scale Metrology Systeme in rekonfigurierbaren Montageumgebungen
ISBN: 978-3-98555-152-1
Erscheinungsdatum: 20.03.2023

Ahmad, Mubarik:
Anregungsgerechte Auslegung und Tolerierung schnelllaufender Getriebe unter Berücksichtigung kurz- und langwelliger Verzahnungsabweichungen
ISBN: 978-3-98555-130-9
Erscheinungsdatum: 06.03.2023

Schneidermann, Dennis:
Orchestration von Vertrauen in interorganisationalen Wissensnetzwerken der Fabrikplanung
ISBN: 978-3-98555-153-8
Erscheinungsdatum: 15.05.2023

Welsing, Martin:
Bewertung der ökologischen Nachhaltigkeit von Produktionsnetzwerkkonfigurationen
ISBN: 978-3-98555-155-2
Erscheinungsdatum: 19.04.2023

Beckers, Alexander:
Auslegung wirtschaftlich-technologisch optimierter Fertigungsprozessfolgen mittels prozessübergreifender Modellierung
ISBN: 978-3-98555-154-5
Erscheinungsdatum: 18.04.2023

Gipperich, Marius:
Untersuchung eines Zweistrahlprozesses als Ansatz zur Prozessstabilitätserhöhung des drahtbasierten Laserauftragschweißens
ISBN: 978-3-98555-151-4
Erscheinungsdatum: 15.03.2023

Motschke, Tobias:
Analyse und Modellierung der Dämpfungseigenschaften von Spindellagern
ISBN: 978-3-98555-148-4
Erscheinungsdatum: 06.03.2023

Edition Wissenschaft
Apprimus

Priwisch, Martin:

Kontaktfreie Bahnlaufregelung zur Herstellung funktionaler Mehrlagensysteme in einem kontinuierlichen Laminierprozess

ISBN: 978-3-98555-139-2

Erscheinungsdatum: 27.02.2023

Cremer, Sven:

Controlling der Migration in Produktionsnetzwerken

ISBN: 978-3-98555-145-3

Erscheinungsdatum: 09.02.2023

Ohlert, Marius:

Contact between Abrasive Media and Workpiece in Robot-guided Centrifugal Finishing

ISBN: 978-3-98555- 144-6

Erscheinungsdatum: 07.02.2023

Graberg, Tim:

Operationalisierung von digitalen Schatten im Werkzeugbau

ISBN: 978-3-98555-141-5

Erscheinungsdatum: 06.02.2023

Müller, Tobias:

Modellbildung mittels Symbolischer Regression zur Messunsicherheitsbestimmung komplexer Messprozesse

ISBN: 978-3-98555-146-0

Erscheinungsdatum: 30.01.2023

Behrens, Jan:

Selbstkalibrierung von 5-Achs-Bearbeitungszentren mit Dreh-/Schwenktisch

ISBN: 978-3-98555-124-8

Erscheinungsdatum: 24.01.2023

Frye, Maik:

Recommending Data Preprocessing Pipelines for Machine Learning Applications in Production

ISBN: 978-3-98555-147-7

Erscheinungsdatum: 15.02.2023

Schmidhuber, Matthias:

Sozio-technische Problemlösungsfähigkeit von PPS-Systemen

ISBN: 978-3-98555- 143-9

Erscheinungsdatum: 07.02.2023

Schwarberg, Thomas:

Bestimmung der Logik von Innovationsideen für technische Systeme

ISBN: 978-3-98555- 142-2

Erscheinungsdatum: 07.02.2023

Nienheysen, Philipp:

Werkstattgerechte Schadensanalyse in CFK-Strukturbauteilen mit optisch georteter Ultraschallmesstechnik

ISBN: 978-3-98555-136-1

Erscheinungsdatum: 30.01.2023

Kreß, Julian Maximilian:

Erbringung hybrider Leistungsangebote in Wertschöpfungsnetzwerken

ISBN: 978-3-98555-128-6

Erscheinungsdatum: 24.01.2023

Bickendorf, Philipp:

Tribologische und geometrische Auslegung von additiv hergestellten Werkzeug-einsätzen zur Feinblech-umformung

ISBN: 978-3-98555-133-0

Erscheinungsdatum: 24.01.2023

Edition Wissenschaft
Apprimus

FSC
www.fsc.org
MIX
Papier | Fördert gute Waldnutzung
FSC® C083411

Zeitfracht Medien GmbH
Ferdinand-Jühlke-Straße 7
99095 Erfurt, Deutschland
produktsicherheit@kolibri360.de